ライブラリ新数学大系＝E4

理工系のための
微分積分入門

米田　元　著

サイエンス社

サイエンス社のホームページのご案内
http://www.saiensu.co.jp
ご意見・ご要望は　rikei@saiensu.co.jp　まで.

まえがき

いうまでもなく，微分積分学と線形代数学は理工系大学生にとって，学ぶべき最も重要な数学である．本書では微分積分学を，なるべくスタンダードに，平易に，しかも豊富な図と問題と共に説明した．タイトルに「理工系のための」とついているが，高校の数学 III C まで既習の者ならば誰でも読めるようにした．

本書の使い方　節の題目に♣がついているのは，都合によって省略してもよいと思われる節であることを表している．付録にある節は全てこれに該当している．本書は約 25～30 回分の 90 分授業で習得することを想定している．つまり，週 1 回の授業では 1 年間，週 2 回の授業では半年間で修了するよう考えた．1 回あたり 2 節分くらいが適当であろう．ただしこれは，♣がついた節は扱わず，節末問題なども省略する場合の話である．これらを省略せずに扱ったり，授業中の演習のやり方によっては，倍くらいの時間がかかることもあるだろう．そのような扱いにも対応できるように，内容と問題数を充実させた．逆に，半期の週 1 回で扱う場合には，次のように 14 回で行えば可能であると思う．第 1 章（1.4～1.6 節，1.8, 1.9 節，1.11, 1.12 節）を 3 回，第 2 章（2.1～2.4 節，2.5, 2.6 節，2.7～2.10 節）を 3 回，第 3 章（3.1, 3.2 節，3.3, 3.4 節，3.5, 3.6 節，3.7, 3.8 節，3.10 節）を 5 回，第 4 章（4.1, 4.2 節，4.3, 4.6 節，4.7, 4.8 節）を 3 回というように．一方で，独習書としても成り立つように，学生諸君が自分で読み，自分で問題を解けるように工夫もしてある．

各節の中では，徹底して

基本事項（定義や定理）→ **例題** → **問題**

というパターンにこだわった（1.1 節などの例外もあるが）．この 3 点セットで，1 つの事項をマスターしていってほしい．

本文中に出てくる問題は，その直前の例題と解法が同じものばかりである．そういう意味で平易である．各節の最後にある節末問題はこの限りではない．また各章の終りには，演習問題を設けてある．各章のまとめとして，章の複数の節に渡る複合問題として，あるいは発展的な学習としての問題を列挙した．問題の答は巻末に略解を記したが，途中で参照する都合上，その場で答を記したものもある．

証明はなぜ大切か？　数学者としていえば，「正しいことを確認し，決して覆ることのない事実を作る」という意味で大切である．教科書としての証明に限っていえば，次のような大切さがあると思う．「正しさを納得できない公式を使う気持ち悪さを避ける」「論証能力を養う」「適用してよい場合と，適用してはいけない場合をはっきりさせ，正確な定理の適用ができるようにする」最後のことは教科書の場だけに限れば，あまり重要ではない．定理の直後に出てくる例や問は，おそらく定理を適用してよいものばかりだろうからである．しかし諸君がこの教科書外で出会った問題等に，その定理を適用してよいか判断するときには，この能力は非常に重要である．しかしながら，これらの欠如をある程度自覚しながらであれば，最初に学習するときは，証明にあまりこだわり過ぎないほうがよいと思う．

謝辞　このライブラリの編者であり，この本を書く機会を与えて頂いた足立恒雄先生に感謝します．先生は，この本の原稿を丁寧に読んで下さり，まことに適切な助言を下さいました．また，出版にあたりお手数をかけましたサイエンス社の田島伸彦氏，鈴木綾子氏，中田真央氏，校正などを手伝ってくれた米田研究室の学生諸君，応用化学科の学生諸君にも感謝します．

2009 年 10 月

米田　元

この本で使う記号

$[a,b]$	$a \leqq x \leqq b$ となる実数 x の集合（閉区間）
(a,b)	$a < x < b$ となる実数 x の集合（開区間）
$(a,b]$	$a < x \leqq b$ となる実数 x の集合
$[a,b)$	$a \leqq x < b$ となる実数 x の集合
$\exp x$	e^x のこと
$\log x$	自然対数（ネピア数 e を底とした対数）
$\mathbf{R}$	実数全体のなす集合
$\mathbf{R}^2$	2 次元ベクトル全体のなす集合（xy 平面全体）
$\mathbf{R}^3$	3 次元ベクトル全体のなす集合（xyz 空間全体）
$f^{(n)}(x)$	$f(x)$ の n 階導関数
$\lim_{x \to a+0} f(x)$	a より大きい方向から a に近づける右極限
$\lim_{x \to a-0} f(x)$	a より小さい方向から a に近づける左極限
$n!$	n の階乗
$A \Leftrightarrow B$	A と B は同値

本書では，複素数は考えない．実数の変数は主に x, y, z，実数の定数は主に $a, b, c, \cdots$ とした．一方，自然数や整数は主に $m, n, \cdots$ という文字を用いた．

ギリシャ文字

読み方	大文字	小文字	読み方	大文字	小文字
アルファ	A	α	ニュー	N	ν
ベータ	B	β	クシー	Ξ	ξ
ガンマ	$\varGamma$	γ	オミクロン	O	o
デルタ	Δ	δ	パイ	Π	π
イプシロン	E	ε	ロー	P	ρ
ゼータ	Z	ζ	シグマ	Σ	σ
イータ	H	η	タウ	T	τ
シータ	Θ	θ	ウプシロン	Υ	υ
イオタ	I	ι	ファイ	Φ	ϕ
カッパ	K	κ	カイ	X	χ
ラムダ	Λ	λ	プサイ	Ψ	ψ
ミュー	M	μ	オメガ	Ω	ω

目　　次

第1章

1変数関数の微分

この章では1変数関数の微分について学習する．1変数関数というのは，$f(x)$ のように変数 x の値が1つ決まると値 $f(x)$ が決まる構図をもった関数のこと．高校で登場した関数は全て1変数関数である．関数は英語で function といい，$f(x)$ の f はこの頭文字をとったものである．

1.1 基本的な関数

この節では高校で習った関数を復習するだけである．次の関数の定義，グラフ，よくある公式が分かるようであれば，この節は読み飛ばそう．

多項式関数	整数定数 n と変数 x に対し x^n
べき関数	定数 a と正変数 x に対し x^a
指数関数	正定数 a ($\neq 1$) と変数 x に対し a^x
対数関数	正定数 a ($\neq 1$) と正変数 x に対し $\log_a x$
三角関数	変数 x に対し $\sin x$, $\cos x$, $\tan x$

多項式関数　整数 n と実数 x に対し，x^n を次のように定義する：
n が正のときは

$$x^n = x\,x \cdots x \ (n \text{ 個の積})$$

とする．n が負で，$x \neq 0$ に対しては

$$x^n = \frac{1}{x^{-n}}$$

とする．n が0で，$x \neq 0$ に対しては $x^0 = 1$ とする($x = 0$ に対しては，負の整数乗と0乗は定義しない)．このような関数の定数倍や和を多項式関数という．

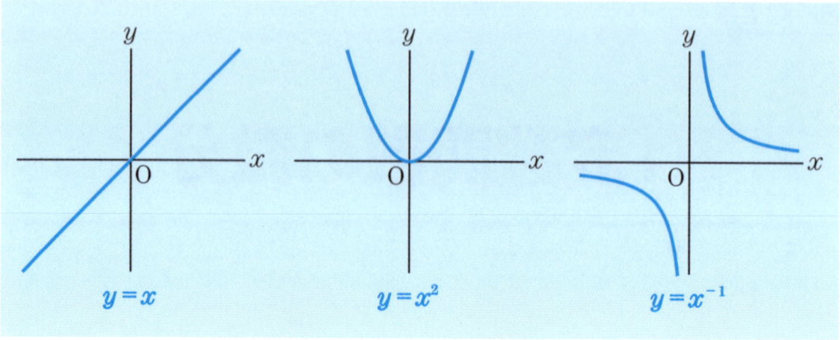

べき関数 自然数 n と正変数 x に対し

$$(x^{1/n})^n = x$$

となる正の $x^{1/n}$ を定める．また有理数 m/n（m は整数，n は自然数）に対しては

$$x^{m/n} = (x^{1/n})^m$$

と定める．一般の実数 a に対しては，a に収束する有理数列 a_n を考えて，その x^{a_n} の極限で定義する．

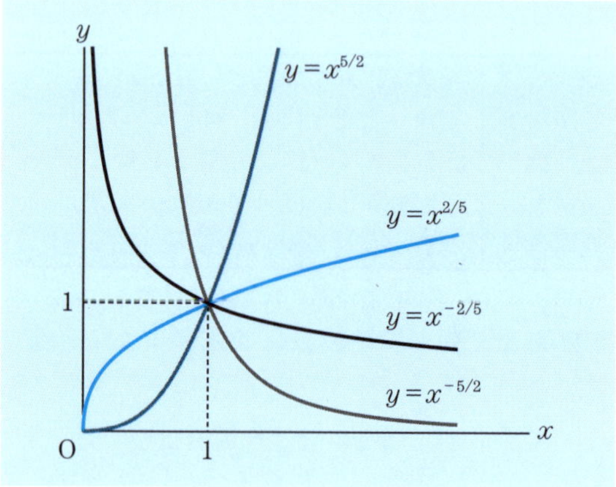

指数の公式

$$x^a x^b = x^{a+b}, \quad \frac{x^a}{x^b} = x^{a-b}, \quad (x^a)^b = x^{ab}$$

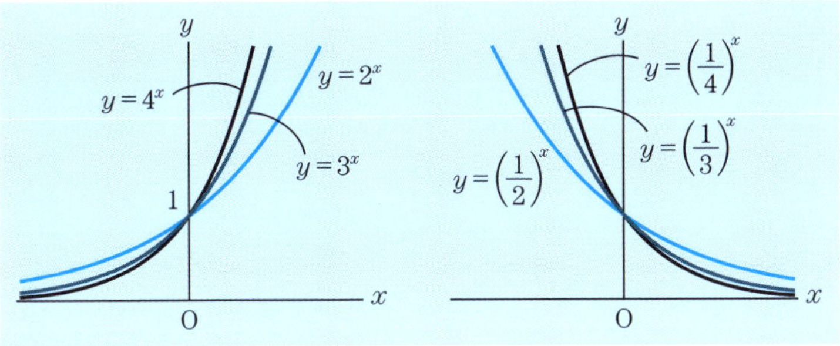

指数関数　正定数 a ($\fallingdotseq 1$) と変数 x に対し，$f(x)=a^x$ としたものを指数関数という．底^{指数}という形で，前述のべき関数は底は正変数，指数は定数であった．逆に底を正定数，指数を変数にしたものが指数関数である．また，例えば $f(x)=2^x$ は指数関数であるが，$g(x)=(-2)^x$ は実数の範囲では x が整数のときにしか定義されないので，指数関数とはいわない．

対数関数　1 でない正定数 a と正変数 x に対し，$a^y=x$ となる y のことを $\log_a x$ と表す．

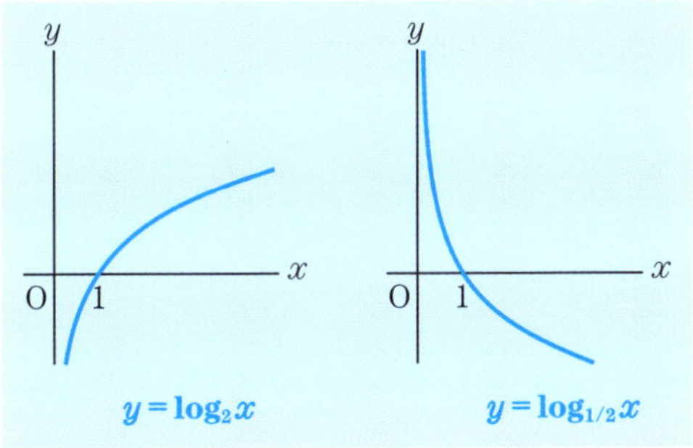

対数関数の公式

$$\log_a(x_1x_2)=\log_a x_1+\log_a x_2,\quad \log_a(x^b)=b\log_a x,$$
$$\log_a x=\log_b x/\log_b a$$

注釈　$\log x$ は底の $e\left(=\lim_{x\to\infty}(1+1/x)^x\right)$ が省略されているもので，自然対数と呼ばれる．この本では $\log x$ は自然対数のこととし，常用対数（底が 10）は使わない．

三角関数　xy 平面上の単位円 $(x^2+y^2=1)$ の上を，毎秒１の速さで左回りに回り続ける点 P について，時刻 $t=0$ で $(1,0)$ にあったとする．このとき，時刻 t での x 座標を $\cos t$，y 座標を $\sin t$ と定義する．さらに $\tan t = \sin t/\cos t$ と定義する．

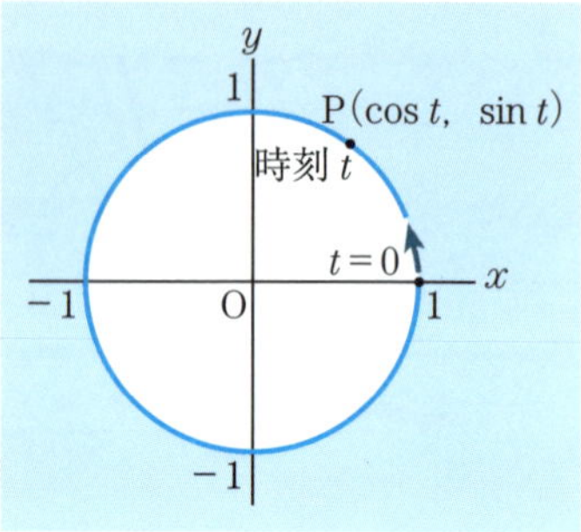

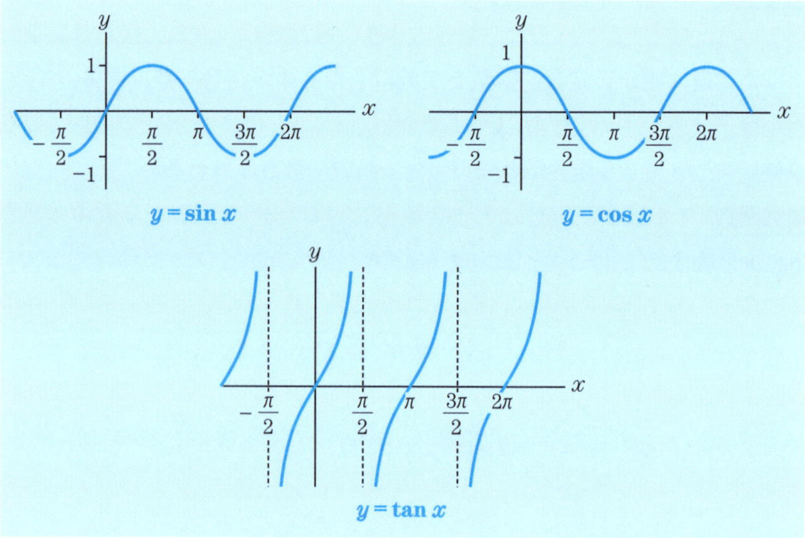

$y=\sin x$　　$y=\cos x$

$y=\tan x$

この本では弧度法（1 周が 2π ラジアン）を用い，度数法（1 周が 360 度）は使わない．$f(x)=\tan x$ は $x=\pi/2+\pi n$（n は整数）では定義されない，こういう点を**無定義点**という．

公式	$\sin^2 x + \cos^2 x = 1, \quad 1 + \tan^2 x = \dfrac{1}{\cos^2 x}$
加法定理	$\sin(x \pm y) = \sin x \cos y \pm \cos x \sin y$　(複号同順) $\cos(x \pm y) = \cos x \cos y \mp \sin x \sin y$　(複号同順) $\tan(x \pm y) = \dfrac{\tan x \pm \tan y}{1 \mp \tan x \tan y}$　(複号同順)
倍角	$\sin 2x = 2 \sin x \cos x$ $\cos 2x = 2\cos^2 x - 1 = 1 - 2\sin^2 x = \cos^2 x - \sin^2 x$ $\tan 2x = \dfrac{2\tan x}{1 - \tan^2 x}$ $\tan x = t$ と置く. $\sin 2x = \dfrac{2t}{1+t^2}, \quad \cos 2x = \dfrac{1-t^2}{1+t^2}, \quad \tan 2x = \dfrac{2t}{1-t^2}$
半角	$\sin^2 \dfrac{x}{2} = \dfrac{1 - \cos x}{2}, \quad \cos^2 \dfrac{x}{2} = \dfrac{1 + \cos x}{2}$
3 倍角	$\sin 3x = 3\sin x - 4\sin^3 x, \quad \cos 3x = 4\cos^3 x - 3\cos x$ $\tan 3x = \dfrac{3\tan x - \tan^3 x}{1 - 3\tan^2 x}$
積和	$\sin x \cos y = \frac{1}{2}\{\sin(x+y) + \sin(x-y)\}$ $\cos x \sin y = \frac{1}{2}\{\sin(x+y) - \sin(x-y)\}$ $\cos x \cos y = \frac{1}{2}\{\cos(x+y) + \cos(x-y)\}$ $\sin x \sin y = -\frac{1}{2}\{\cos(x+y) - \cos(x-y)\}$
和積	$\sin x + \sin y = 2\sin\dfrac{x+y}{2}\cos\dfrac{x-y}{2}$ $\sin x - \sin y = 2\cos\dfrac{x+y}{2}\sin\dfrac{x-y}{2}$ $\cos x + \cos y = 2\cos\dfrac{x+y}{2}\cos\dfrac{x-y}{2}$ $\cos x - \cos y = -2\sin\dfrac{x+y}{2}\sin\dfrac{x-y}{2}$
合成	$a\sin x + b\cos x = \sqrt{a^2+b^2}\,\sin(x+\alpha)$ $\cos\alpha = \dfrac{a}{\sqrt{a^2+b^2}}, \quad \sin\alpha = \dfrac{b}{\sqrt{a^2+b^2}}$

注釈　関数 $f(x)$ に対し，x のとり得る範囲を**定義域**，それに対応して $f(x)$ のとり得る範囲を**値域**（ちいき）という.

節末問題

1.1.1 ${}_n\mathrm{C}_k = \dfrac{n!}{(n-k)!\,k!}$ とする．

$$(x+y)^n = \sum_{k=0}^{n} {}_n\mathrm{C}_k\, x^k\, y^{n-k} \qquad \textbf{(2 項定理)}$$

を用いて，$(2x - 1/x^2)^{10}$ の x^4 の係数を求めよ．

ヒント　x^4 に相当する k を求める．

1.1.2 関数 $y = x^2 + x + 1$ の最小値を求めよ．

ヒント　$y = (x + 1/2)^2 + 3/4$

1.1.3 a, b, c は定数で，$a^2 + b^2 \neq 0$ とする．

直線 $ax + by + c = 0$ の方向ベクトルと法線ベクトルを答えよ．

ヒント　$y = px + q$ の方向ベクトルは $(1, p)$，法線ベクトルは $(p, -1)$ である．

1.1.4 $y = \dfrac{2x-3}{3x+1}$ のグラフをかけ．

ヒント　$y = \dfrac{2}{3} - \dfrac{11/9}{x + (1/3)}$

1.1.5 $f(x) = \sqrt{1 - 2x - x^2}$ の定義域と値域を求めよ．

ヒント　$f(x) = \sqrt{-(x+1)^2 + 2}$

1.1.6 公式 $\log(ab) = \log a + \log b$ を証明せよ．

ヒント　exp(左辺 − 右辺) を計算する．

1.1.7 sin と cos の加法定理を用いて，tan の加法定理を証明せよ．

ヒント　$\tan(x \pm y) = \dfrac{\sin(x \pm y)}{\cos(x \pm y)}$

1.1.8 $x^2 + y^2 = 1$ を満たす (x, y) について

$$x = \cos\theta, \quad y = \sin\theta, \quad 0 \leqq \theta < 2\pi$$

となる θ が存在することを示せ．

ヒント　まず $x = \cos\theta,\ 0 \leqq \theta \leqq 2\pi$ を満たす θ を 2 つ定める．

1.1.9 $\sin(\pi - \theta)\cos(\pi/2 + \theta) + \tan(\pi/2 - \theta)\sin(3\pi + \theta)\cos(2\pi - \theta)$ を簡単にせよ．

ヒント　$\sin(\pi - \theta) = \sin\theta$ などの公式を使う．

1.1.10 $f(x) = 2\sin x - 3\cos x$ の最大値を求めよ（最大となるときの x は求めなくてもよい）．

ヒント　三角関数の合成．

1.2　数列と関数の極限

ここでは数列と関数の極限について扱う．また関数の連続性についても扱う．lim という表記を使うが，limit（極限）のことである．

自然数 n に対して実数 a_n が定められていれば，数列 a_n が定められているという．丁寧に書けば $\{a_n\}_{n=1,2,3,\cdots}$ というように書く．

定義 1.2.1（極限（数列））

(1)　自然数 n を限りなく大きくしたときに，数列 a_n が定数 a に限りなく近づくことを $\lim_{n\to\infty} a_n = a$ と書き，"a_n は（a に）**収束する**" という．

(2)　自然数 n を限りなく大きくしたときに，数列 a_n が限りなく大きく（小さく）なることを $\lim_{n\to\infty} a_n = \infty\ (-\infty)$ と書き，"a_n は ∞（$-\infty$）に**発散する**" という．

注釈

- a_n がある定数 a に収束するとき，"a_n は収束" という．
- a_n が収束しないとき，"a_n は発散" という．
- a_n が収束するか，∞ または $-\infty$ に発散するとき，"$\lim_{n\to\infty} a_n$ は存在する" という．
- a_n が収束せず，∞ または $-\infty$ に発散もしないとき，"$\lim_{n\to\infty} a_n$ は存在しない（あるいは**振動する**）" という．

補足　"近づく" というのは，"近づくときもある" という意味ではなくて，"ある n 以降の a_n 全てが a に近い" という意味である．より正確に記すと，次のようになる：

- （a に収束の場合）任意の $\varepsilon > 0$ に対し，ある n_ε が存在して，
  $n \geqq n_\varepsilon$ ならば $|a_n - a| < \varepsilon$ となる．
- （∞ に発散の場合）任意の $M > 0$ に対し，ある n_M が存在して，
  $n \geqq n_M$ ならば $a_n > M$ となる．
- （$-\infty$ に発散の場合）任意の $M > 0$ に対し，ある n_M が存在して，
  $n \geqq n_M$ ならば $a_n < -M$ となる．

定理 1.2.1（数列の極限の性質）

$\lim_{n\to\infty} a_n = a,\ \lim_{n\to\infty} b_n = b$ と収束するとき，次のことが成り立つ：

(1) $\lim_{n\to\infty}(k\,a_n + l\,b_n) = k\,a + l\,b$ （k, l は定数）

(2) $\lim_{n\to\infty} a_n\,b_n = a\,b$

(3) $b \fallingdotseq 0$ のとき $\lim_{n\to\infty}\dfrac{a_n}{b_n} = \dfrac{a}{b}$

(4) $a_n \leqq c_n \leqq b_n$ が成り立ち，$a = b$ であるとき

$\lim_{n\to\infty} c_n = a = b$ （はさみうちの定理）

証明の略解 (1) $|(k\,a_n + l\,b_n) - (k\,a + l\,b)| \leqq |k||a_n - a| + |l||b_n - b|$ を使う．

(2) $|a_n\,b_n - ab| \leqq |a_n|\,|b_n - b| + |a_n - a|\,|b|$ であるが，a_n が収束するので，$|a_n| < c$ となる c が存在する．

(3) $c_n = 1/b_n$ として (2) を適用．

(4) $|c_n - a| \leqq \max(|a_n - a|, |b_n - a|)$ を使う．◆

例題 1.2.1

(1) $\lim_{n\to\infty}\dfrac{2^n}{n!}$ を求めよ．

(2) 正定数 a について，$\lim_{n\to\infty}\dfrac{a^n}{n!}$ を求めよ．

解答 (1) $0 \leqq \dfrac{2^n}{n!} = \dfrac{2}{1}\dfrac{2}{2}\dfrac{2}{3}\cdots\dfrac{2}{n} \leqq \dfrac{2}{1}\dfrac{2}{2}\left(\dfrac{2}{3}\right)^{n-2} \to 0 \quad (n\to\infty)$

よって $\lim_{n\to\infty}\dfrac{2^n}{n!} = 0$ となる．

(2) a 以上の自然数 n_0 をとれば

$$0 \leqq \frac{a^n}{n!} = \frac{a}{1}\frac{a}{2}\frac{a}{3}\cdots\frac{a}{n} \leqq \frac{a}{1}\frac{a}{2}\cdots\frac{a}{n_0-1}\left(\frac{a}{n_0}\right)^{n-n_0+1} \to 0 \quad (n\to\infty)$$

となるので，$\lim_{n\to\infty}\dfrac{a^n}{n!} = 0$ となる．◆

問　題

1.2.1 $\lim_{n\to\infty}\dfrac{n!}{3^n}$ を求めよ．

1.2.2 $e = \lim_{n\to\infty}\left(1+\frac{1}{n}\right)^n$ とする．$\lim_{n\to\infty}\left(1-\frac{1}{n}\right)^n$ を求めよ．

ヒント $1-\frac{1}{n} = \left(1+\frac{1}{n-1}\right)^{-1}$

次に関数の極限を扱う．ある範囲（定義域）の実数 x に対して，実数 $f(x)$ が定められているとき，関数 $f(x)$ が定められているという．数列 a_n の n は自然数だったので離散的であったが，関数 $f(x)$ の x は実数なので連続的である．極限に関しては両者で本質的な違いはあまりない．

定義 1.2.2（極限（関数））

(1) 変数 x を定数 a 以外の値をとりながら限りなく a に近づけたときに，関数 $f(x)$ が定数 b に限りなく近づくことを $\lim_{x\to a} f(x) = b$ と書き，**収束**するという．

(2) 変数 x を定数 a 以外の値をとりながら限りなく a に近づけたときに，関数 $f(x)$ が限りなく大きく（小さく）なることを $\lim_{x\to a} f(x) = \infty$ $(-\infty)$ と書き，**発散**するという．

(3) 変数 x を限りなく大きく（小さく）したとき，関数 $f(x)$ が定数 b に限りなく近づくことを $\lim_{x\to\infty\,(-\infty)} f(x) = b$ と書き，**収束**するという．

(4) 変数 x を限りなく大きく（小さく）したとき，関数 $f(x)$ が限りなく大きく（小さく）なることを $\lim_{x\to\infty\,(-\infty)} f(x) = \infty\,(-\infty)$ と書き，**発散**するという．

注釈

- $f(x) \to b\ (x \to a)$, $f(x) \to \infty\ (x \to \infty)$ などと書くこともある．
- 数列の極限を使って $\lim_{x\to a} f(x) = b$ を次のように表すこともできる：

$$\lim_{n\to\infty} a_n = a\ (a_n \neq a) \text{ となる任意の } a_n \text{に対し } \lim_{n\to\infty} f(a_n) = b \text{ となる．}$$

- 数列の極限と同じように，**収束**とはある定数 b に収束すること，**発散**とは収束しないこと，**存在**とは収束するか無限に発散すること，**振動**とは存在の否定（収束も無限に発散もしない）のことである．

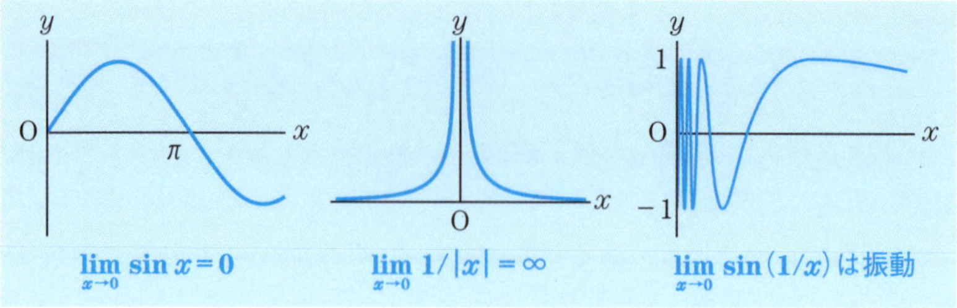
y
O
x
π
1
−1
$\lim_{x\to 0}\sin x = 0$
$\lim_{x\to 0} 1/|x| = \infty$
$\lim_{x\to 0}\sin(1/x)$ は振動

注釈　$\lim_{x\to a} f(x)$ と $f(a)$ を混同してはいけない.

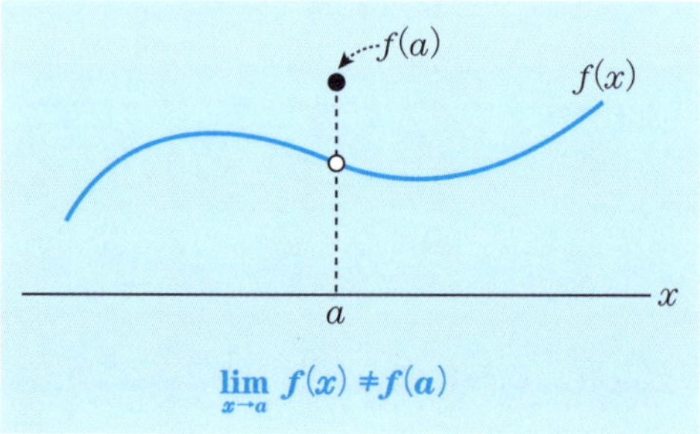
f(a)
f(x)
x
a
$\lim_{x\to a} f(x) \neq f(a)$

補足　$\lim_{x\to a} f(x) = b$ を正確に記すと次のようになる：任意の $\varepsilon > 0$ に対し，ある $\delta > 0$ が存在し，“$0 < |x-a| < \delta$ ならば $|f(x)-b| < \varepsilon$” が成り立つ.

定理 1.2.2（極限の性質）

$\lim_{x\to a} f(x) = b,\ \lim_{x\to a} g(x) = c$ と収束するとき，次のことが成り立つ：

(1)　$\lim_{x\to a}\{k\,f(x) + l\,g(x)\} = k\,b + l\,c$　（k, l は定数）

(2)　$\lim_{x\to a} f(x)\,g(x) = b\,c$

(3)　$c \neq 0$ のとき　$\lim_{x\to a} \dfrac{f(x)}{g(x)} = \dfrac{b}{c}$

(4)　$f(x) \leqq h(x) \leqq g(x)$ が成り立ち，$b = c$ であるとき

$$\lim_{x\to a} h(x) = b = c \quad \text{（はさみうちの定理）}$$

証明　定理 1.2.1（p.8）と基本的に同じ.

注釈　この定理は $x \to a$ の極限の代わりに，$x \to \infty$ や $x \to -\infty$ の極限でも成立する.

定義 1.2.3（右極限，左極限）

(1)　変数 x を定数 a を超える値をとりながら限りなく a に近づけたときに，関数 $f(x)$ が定数 b に限りなく近づくことを $\lim_{x \to a+0} f(x) = b$ と書く．同様に $\lim_{x \to a+0} f(x) = \infty, -\infty$ も定義する．

(2)　変数 x を定数 a 未満の値をとりながら限りなく a に近づけたときに，関数 $f(x)$ が定数 b に限りなく近づくことを $\lim_{x \to a-0} f(x) = b$ と書く．同様に $\lim_{x \to a-0} f(x) = \infty, -\infty$ も定義する．

注釈　$\lim_{x \to a} f(x) = b \iff \lim_{x \to a+0} f(x) = b$ かつ $\lim_{x \to a-0} f(x) = b$

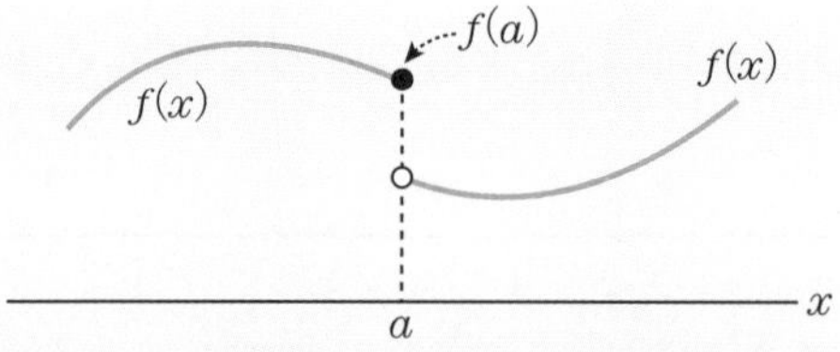

$\lim_{x \to a+0} f(x)$ と $\lim_{x \to a-0} f(x)$ が異なる例

問　題

1.2.3 次の極限を求めよ．証明は不要とする．

(1)　n は正の整数定数　$\lim_{x \to 0} x^n$, $\lim_{x \to \infty} x^n$, $\lim_{x \to -\infty} x^n$

n は負の整数定数　$\lim_{x \to 0} x^n$, $\lim_{x \to 0+0} x^n$, $\lim_{x \to 0-0} x^n$,

$\lim_{x \to \infty} x^n$, $\lim_{x \to -\infty} x^n$

(2)　a は正の実定数　$\lim_{x \to 0+0} x^a$, $\lim_{x \to \infty} x^a$

a は負の実定数　$\lim_{x \to 0+0} x^a$, $\lim_{x \to \infty} x^a$

実定数 $a > 1$　$\lim_{x \to -\infty} a^x$, $\lim_{x \to \infty} a^x$

実定数 $0 < a < 1$　$\lim_{x \to -\infty} a^x$, $\lim_{x \to \infty} a^x$

(3)　$\lim_{x \to 0+0} \log x$, $\lim_{x \to \infty} \log x$

(4)　$\lim_{x \to 0} \sin x$, $\lim_{x \to \infty} \sin x$, $\lim_{x \to 0} \cos x$, $\lim_{x \to \infty} \cos x$,

$\lim_{x \to 0} \tan x$, $\lim_{x \to \infty} \tan x$, $\lim_{x \to \pi/2+0} \tan x$, $\lim_{x \to \pi/2-0} \tan x$, $\lim_{x \to \pi/2} \tan x$

例題 1.2.2

n は自然数とする．$\displaystyle\lim_{x\to 0}\frac{(1+x)^n-1}{x}$ の値を求めよ．

解答 2項定理を用いる．

$$\begin{aligned}\frac{(1+x)^n-1}{x} &= \frac{1}{x}\left\{\left(\sum_{k=0}^{n}{}_n\mathrm{C}_k x^k\right)-1\right\}\\ &= \frac{1}{x}\left\{nx+\frac{n(n-1)}{2}x^2+\cdots+x^n\right\}\\ &= n+\frac{n(n-1)}{2}x+\cdots+x^{n-1}\to n \quad (x\to 0)\end{aligned}$$

◆

問題

1.2.4 n は自然数，a は実定数とする．$\displaystyle\lim_{x\to 0}\frac{(a+x)^n-a^n}{x}$ の値を求めよ．

例題 1.2.3

$\displaystyle\lim_{x\to 0}\frac{\sin x}{x}=1$ となることを証明せよ．

証明 $0<x<\pi/2$ とする．右図において，$\triangle\mathrm{OAB}<$ 扇型 $\mathrm{OAB}<\triangle\mathrm{OAC}$ より

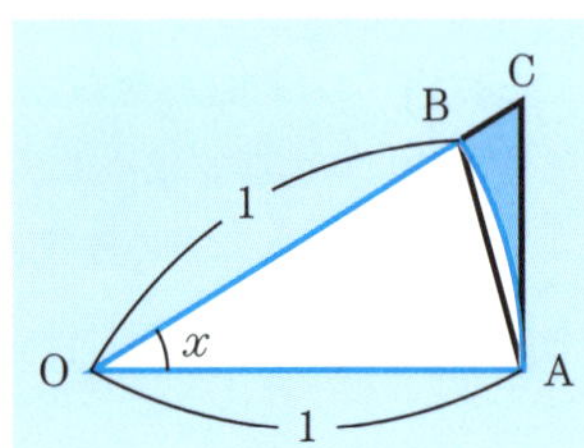

$$\frac{1}{2}\sin x<\frac{1}{2}x<\frac{1}{2}\tan x$$

となる（ここで半径1の円の面積が π になることを使った）．これを2倍して逆数をとり，$\sin x$ をかけると

$$\cos x<\frac{\sin x}{x}<1$$

となる．ここで $x\to 0+0$ とすると，$\displaystyle 1\leqq\lim_{x\to 0+0}\sin x/x\leqq 1$ となり，$\displaystyle\lim_{x\to 0+0}\sin x/x=1$ となる．$x<0$ のとき，分母分子とも奇関数だから，$\displaystyle\lim_{x\to 0-0}\sin x/x=\lim_{x\to 0+0}\sin x/x=1$ である．

◆

問 題

1.2.5 次の極限を求めよ．ただし $e = \lim_{x \to \infty} \left(1 + \dfrac{1}{x}\right)^x$ を使ってよい．

(1) $\displaystyle \lim_{x \to 0+0} (1+x)^{1/x}$ (2) $\displaystyle \lim_{x \to 0-0} (1+x)^{1/x}$

(3) $\displaystyle \lim_{x \to 0} \frac{\log(1+x)}{x}$ (4) $\displaystyle \lim_{x \to 0} \frac{e^x - 1}{x}$

(5) $\displaystyle \lim_{x \to 0} \frac{1 - \cos x}{x^2}$

ヒント (1) $x = \dfrac{1}{t}$ (2) $x = -\dfrac{1}{t}$

(3) $\dfrac{\log(1+x)}{x} = \log(1+x)^{1/x}$

(4) $e^x - 1 = t$

(5) $\dfrac{1 - \cos x}{x^2} = \dfrac{\sin^2 x}{x^2(1 + \cos x)}$

定義 1.2.4（連続） 関数 $f(x)$ が定数 a に対し，$\lim_{x \to a} f(x) = f(a)$ を満たすとき，“$f(x)$ は $x = a$ において連続” という．

注釈

- $f(x)$ が定義域内のどの x においても連続であれば，単に “$f(x)$ は連続” または “$f(x)$ は連続関数” という．
- 例．$\sin x$ は連続．$1/x$ は $x \neq 0$ で連続，$x = 0$ で不連続．

次の 2 つの定理は証明は省略するが，実数の連続性に関係する基本定理である．

定理 1.2.3（最大・最小） 連続関数は有界閉区間 $[a, b]$ で最大・最小をとる．

定理 1.2.4（中間値の定理）　関数 $f(x)$ が $[a,b]$ で連続であるならば，区間 $[a,b]$ 内で $f(a)$ と $f(b)$ の間の任意の値をとり得る．つまり

- $f(a) < f(b)$ ならば，任意の $c \in [f(a), f(b)]$ に対し $f(d) = c$ となる $d \in [a,b]$ が存在する．
- $f(a) > f(b)$ ならば，任意の $c \in [f(b), f(a)]$ に対し $f(d) = c$ となる $d \in [a,b]$ が存在する．

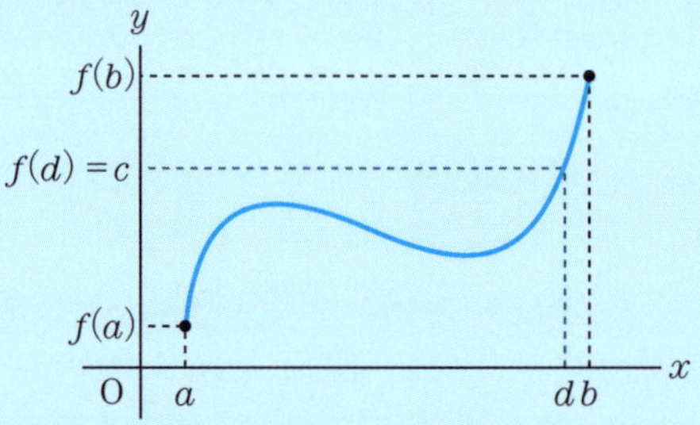

中間値の定理をグラフで説明するなら，次のようになる：
$f(x)$ が連続のとき，$y = f(a)$ と $y = f(b)$ の間に $y =$ 一定 の線を引けば，必ず $y = f(x)$ のグラフと $a \leqq x \leqq b$ の範囲で交差する．

定理 1.2.5（合成関数の連続）　$g(x)$ が $x = a$ で連続，$f(x)$ が $g(a)$ で連続ならば，合成関数 $f(g(x))$ は $x = a$ で連続である．

証明の略解　$x \to a$ のとき $g(x) \to g(a)$ である．さらに f の連続性を使えば，$f(g(x)) \to f(g(a))$ $(x \to a)$ となる．◆

問　題

1.2.6　次の関数に最大・最小があれば求めよ．

(1)　$\cos x \quad (0 \leqq x < \pi)$　　(2)　$\cos x \quad (0 \leqq x \leqq \pi)$

(3)　$\dfrac{1}{\cos x} \quad (0 \leqq x \leqq \pi)$　　(4)　$\dfrac{1}{\cos x} \quad \left(0 \leqq x < \dfrac{\pi}{2}\right)$

節末問題

1.2.7 極限を求めよ．

(1) $\displaystyle\lim_{x\to 0}\frac{\sin(2x)}{x}$　　(2) $\displaystyle\lim_{n\to\infty}\frac{n!}{(-2)^n}$　（n は自然数）

(3) $\displaystyle\lim_{x\to\infty}\left(\sqrt{x+1}-\sqrt{x}\right)$　　(4) $\displaystyle\lim_{x\to-\infty}\left(\sqrt{x^2+1}+x\right)$

ヒント (2) $\displaystyle -\frac{n!}{2^n}\leqq\frac{n!}{(-2)^n}\leqq\frac{n!}{2^n}$

(3) $1/(\sqrt{x+1}+\sqrt{x})$

(4) $1/(\sqrt{x^2+1}-x)$

1.2.8 自然数 n として，$\displaystyle e=\lim_{n\to\infty}\left(1+\frac{1}{n}\right)^n$ と置くと，実数 x に対しても

$$e=\lim_{x\to\infty}\left(1+\frac{1}{x}\right)^x$$

となることを示せ．

ヒント x を超えない最大の自然数を $[x]$ と書くことにする．十分大きい x で次式が成り立つ：

$$\left(1+\frac{1}{[x]+1}\right)^{[x]}\leqq\left(1+\frac{1}{x}\right)^x\leqq\left(1+\frac{1}{[x]}\right)^{[x]+1}$$

1.2.9 a,b を 0 でない定数とする．$\displaystyle\lim_{x\to\infty}\left(1+\frac{a}{x}\right)^{bx}$ の値を求めよ．

1.2.10 連続性を調べよ．

(1) $f(x)=\begin{cases}\sin\dfrac{1}{x} & (x\neq 0\text{ のとき})\\ 0 & (x=0\text{ のとき})\end{cases}$

(2) $f(x)=\begin{cases}x\sin\dfrac{1}{x} & (x\neq 0\text{ のとき})\\ 0 & (x=0\text{ のとき})\end{cases}$

1.2.11 $\sin x=\dfrac{x}{2}$ は解を 3 つ以上もつことを示せ．

ヒント 中間値の定理（定理 1.2.4 (p.14)）を使う．

1.3 導　関　数

ここでは，いよいよ微分を扱う．$y = f(x)$ の瞬間的な傾きを表すものである．

定義 1.3.1（微分） 関数 $f(x)$ に対して

$$\lim_{h \to 0} \frac{f(x+h) - f(x)}{h}$$

が収束するとき，$f(x)$ は x において**微分可能**という．この収束値を $f'(x)$ と書き**微分係数**という．全ての x において微分可能なとき，$f(x)$ は微分可能であるといい，関数 $f'(x)$ を $f(x)$ の**導関数**という．導関数を求めることを "微分する" という．

例題 1.3.1

導関数の定義に戻って微分せよ．

(1)　x^n　（n は自然数）　　(2)　$\sin x$

解答　(1)　問題 1.2.4（p.12）より $\displaystyle\lim_{h \to 0} \frac{(x+h)^n - x^n}{h} = nx^{n-1}$

(2)　$$\lim_{h \to 0} \frac{\sin(x+h) - \sin x}{h} = \lim_{h \to 0} \frac{\sin x \cos h + \cos x \sin h - \sin x}{h}$$

$$= \sin x \lim_{h \to 0} \frac{\cos h - 1}{h} + \cos x \lim_{h \to 0} \frac{\sin h}{h} = \cos x$$ ◆

注釈　問題 1.2.5 (5)（p.13）より $\displaystyle\lim_{h \to 0} (\cos h - 1)/h = 0$,
例題 1.2.3（p.12）より $\displaystyle\lim_{h \to 0} \sin h/h = 1$.

問　題

1.3.1 導関数の定義に戻って微分せよ．

(1)　$\exp x$　　(2)　$\cos x$

定理 1.3.1（基本的な関数の微分） a は定数とする．

$$(x^a)' = a\,x^{a-1}, \quad (a^x)' = \log a \cdot a^x \ (a > 0), \quad (\log x)' = \frac{1}{x},$$

$$(\sin x)' = \cos x, \quad (\cos x)' = -\sin x, \quad (\tan x)' = \frac{1}{\cos^2 x}$$

定理 1.3.2（微分可能なら連続） 関数 $f(x)$ が $x = a$ において微分可能であれば，$x = a$ において連続である．

証明

$$\begin{aligned}\lim_{h\to 0} f(a+h) &= \lim_{h\to 0}\left\{\frac{f(a+h)-f(a)}{h}h + f(a)\right\}\\ &= \left\{\lim_{h\to 0}\frac{f(a+h)-f(a)}{h}\right\}\left(\lim_{h\to 0} h\right) + \lim_{h\to 0} f(a)\\ &= f'(a)\cdot 0 + f(a) = f(a)\end{aligned}$$

◆

例題 1.3.2

$f(x) = |x|$ の $x = 0$ における連続性，微分可能性を調べよ．

解答 $\displaystyle \lim_{h\to 0+0}\frac{|h|-|0|}{h} = \lim_{h\to 0+0}\frac{h}{h} = 1, \quad \lim_{h\to 0-0}\frac{|h|-|0|}{h} = \lim_{h\to 0-0}\frac{-h}{h} = -1$

より $\displaystyle \lim_{h\to 0}\frac{|h|-|0|}{h}$ が存在しないので微分不可能．

$\displaystyle \lim_{x\to 0}|x| = 0 = f(0)$ なので連続． ◆

この例は上の定理 1.3.2（p.17）の逆が成り立たない例である．

問 題

1.3.2 $f(x) = x|x|$ の $x = 0$ における連続性，微分可能性を調べよ．

定理 1.3.3（微分の基本公式） $f(x), g(x)$ は微分可能な関数，a, b は定数とする．

(1) $(a\,f(x) + b\,g(x))' = a\,f'(x) + b\,g'(x)$ （線形性）

(2) $(f(x)\,g(x))' = f'(x)\,g(x) + f(x)\,g'(x)$ （積の微分法則）

(3) $(f(g(x)))' = f'(g(x))\,g'(x)$ （合成関数の微分法則）

証明の略解 (1)

$$\frac{1}{h}\left[a\,f(x+h) + b\,g(x+h) - \{a\,f(x) + b\,g(x)\}\right] = \frac{a}{h}\{f(x+h) - f(x)\} + \frac{b}{h}\{g(x+h) - g(x)\}$$

(2)

$$\frac{1}{h}\{f(x+h)g(x+h) - f(x)g(x)\} = \frac{1}{h}\{f(x+h)g(x+h) - f(x)g(x+h)\} + \frac{1}{h}\{f(x)g(x+h) - f(x)g(x)\}$$

(3)

$$\frac{1}{h}\{f(g(x+h)) - f(g(x))\} = \left\{\frac{f(g(x+h)) - f(g(x))}{g(x+h) - g(x)}\right\} \cdot \frac{1}{h}\{g(x+h) - g(x)\}$$

（$k = g(x+h) - g(x)$ と置く．$h \to 0$ のとき $k \to 0$.）

$$= \frac{1}{k}\{f(g(x) + k) - f(g(x))\} \cdot \frac{1}{h}\{g(x+h) - g(x)\}$$

◆

例題 1.3.3

$f(x)$ と $g(x) \neq 0$ が微分可能のとき，$\dfrac{f(x)}{g(x)}$ を微分せよ．

解答 まず $1/g(x)$ を微分する．$g(x)$ と $h(x) = x^{-1}$ の合成関数であるから

$$\{1/g(x)\}' = h'(g(x))\,g'(x) = -g'(x)g(x)^{-2}$$

となる．

次に積の微分法則を使って

$$\begin{aligned}\{f(x)/g(x)\}' &= f'(x)\,\{1/g(x)\} + f(x)\,\{1/g(x)\}' \\ &= \{f'(x)g(x) - f(x)g'(x)\}\,/g(x)^2\end{aligned}$$

となる．

◆

問題

1.3.3 微分せよ．a は定数．

(1) $(x^2+1)^a$

(2) $\exp(x^2+1)$

(3) $\sin(x^2+1)$

(4) $\log(x^2+1)$

節末問題

1.3.4 導関数の定義に戻って，微分せよ．a は正定数．

(1) x^n （n は整数）

(2) a^x

(3) $\log_a x$

(4) $\tan x$

ヒント (1) n が正の場合は例題 1.3.1（p.16）で求めたので，n が 0 と負の場合のみ導出すればよい．m を自然数とする．

$$\frac{1}{h}\left\{\frac{1}{(x+h)^m}-\frac{1}{x^m}\right\}=\frac{1}{(x+h)^m}\frac{1-\{1+(h/x)\}^m}{h}$$

(2) $\dfrac{a^{x+h}-a^x}{h}=a^x\dfrac{\exp(h\log a)-1}{h}$

(3) $\dfrac{1}{h}\{\log_a(x+h)-\log_a x\}=\dfrac{1}{h}\log_a\left(1+\dfrac{h}{x}\right)$

(4) tan の加法定理を使う．

1.4　逆三角関数

この節ではまず逆関数とは何かを記し，その次に三角関数の逆関数である逆三角関数について扱う．

定義 1.4.1（単調）　関数 $f(x)$ が

$$a \leqq x_1 < x_2 \leqq b \text{ ならば } f(x_1) < f(x_2)$$

が成り立つとき，“$f(x)$ は区間 $[a, b]$ において**単調増加**” という．逆に

$$a \leqq x_1 < x_2 \leqq b \text{ ならば } f(x_1) > f(x_2)$$

が成り立つとき，“$f(x)$ は区間 $[a, b]$ において**単調減少**” という．区間 $[a, b]$ において，単調増加または単調減少するとき，“$f(x)$ は区間 $[a, b]$ において**単調**（性をもつ）” という．

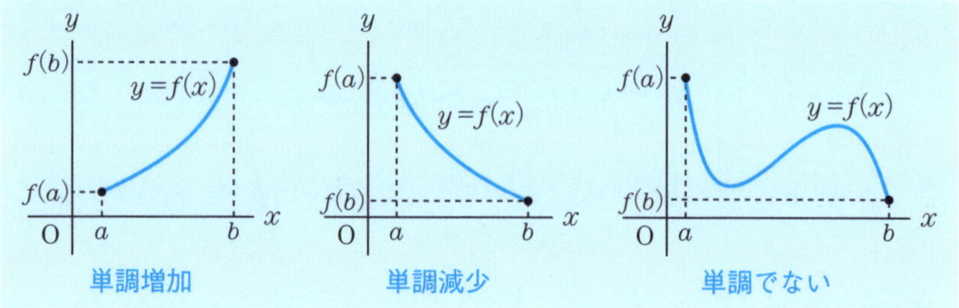

例題 1.4.1

次の関数の単調性を調べよ．

(1)　$f(x) = x^2$　$(0 \leqq x)$

(2)　$f(x) = x^2$　$(x \leqq 0)$

(3)　$f(x) = x^2$　$(-\infty < x < \infty)$

解答　(1)　単調増加　　(2)　単調減少　　(3)　単調でない　◆

問 題

1.4.1 次の関数の単調性を調べよ．

(1) $\exp x \ (-\infty < x < \infty)$　(2) $x^3 - x \ (1 \leqq x)$

(3) $\sin x \ \left(-\frac{\pi}{2} \leqq x \leqq \frac{\pi}{2}\right)$　(4) $\sin x \ (0 \leqq x \leqq 2\pi)$

(5) $\cos x \ (0 \leqq x \leqq \pi)$　(6) $\tan x \ \left(-\frac{\pi}{2} < x < \frac{\pi}{2}\right)$

定理 1.4.1（中間値の定理と単調性） 連続関数 $f(x)$ $(a \leqq x \leqq b)$ が単調であるとき，$f(a)$ と $f(b)$ の間の値 α（$\alpha \in [f(a), f(b)]$ あるいは $\alpha \in [f(b), f(a)]$）に対し，$f(\beta) = \alpha$ となる $\beta \in [a, b]$ がただ 1 つ存在する．

証明 連続関数だから，中間値の定理（定理 1.2.4（p.14））より，β が存在するのが分かる．もし $f(\beta_1) = f(\beta_2) = \alpha$ $(\beta_1 < \beta_2)$ であれば，単調性と矛盾する．よって β が 2 つ以上は存在しないこと（唯一性という）が分かる． ◆

定義 1.4.2（逆関数） 連続関数 $f(x)$ $(a \leqq x \leqq b)$ が単調であるとき，上の定理 1.4.1（p.21）で決まる β を $f^{-1}(\alpha)$ と表す（“エフインバースアルファ” と読む）．ここで，α のことを x，β のことを y と読み替えると，次のように書ける：

$$y = f^{-1}(x) \iff f(y) = x$$

この関数 $f^{-1}(x)$ を $f(x)$ の**逆関数**という．これを “$y = f(x)$ において y から x への対応” または “$x = f(y)$ において x から y への対応” という対応の概念で逆関数を理解してもよいだろう．あるいは，もっと短絡的に

$$f^{-1}(x) = \text{“}f(y) = x \text{ となる } y\text{”}$$

というように理解してもよい．

注釈 定義から即座に $f(f^{-1}(x)) = x$ が成り立つ．この式の両辺に f^{-1} を作用させ，$f^{-1}(x)$ を改めて x と書くことで $f^{-1}(f(x)) = x$ も成り立つことが分かる．また，逆関数の逆関数はもとの関数になる．さらに，もとの関数と逆関数では定義域と値域が入れ替わる．

例題 1.4.2

$y = x^2$ $(0 \leqq x)$ の逆関数を求めよ．またそのグラフをかけ．

解答 $y = x^2$ の x, y を入れ替えて，$x = y^2$ $(0 \leqq y)$ とする．両辺のルートをとって $|y| = \sqrt{x}$ だが，$0 \leqq y$ なので $y = \sqrt{x}$． ◆

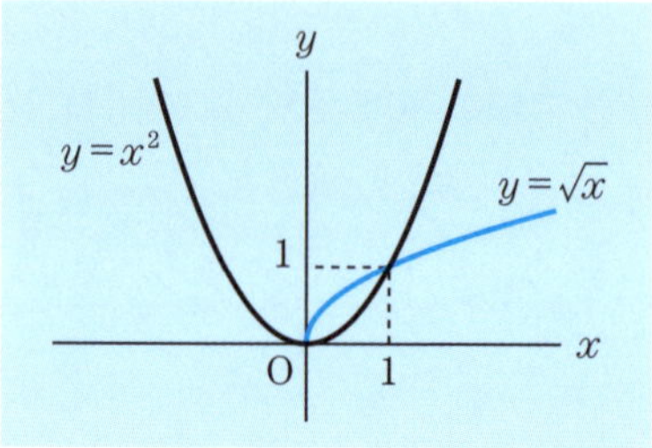

補足

- この例題で $y = x^2$ $(0 \leqq x)$ と x の範囲を実数全体でなく $0 \leqq x$ に絞ったのは，単調性をもたせるためである．x の範囲を $x \leqq 0$ に変更しても，単調性をもつ．そのときの逆関数は $-\sqrt{x}$ になる．
- この例題で $y = f(x)$ のグラフと $y = f^{-1}(x)$ のグラフは直線 $y = x$ に対し対称的になっている．これはこの問題に限ったことだけでなく，一般的にそうなる．(a, b) が $y = f(x)$ のグラフ上にあれば，(b, a) が $y = f^{-1}(x)$ のグラフに上にあるからである．

問 題

1.4.2 $f(x) = \exp x$ $(x \in \mathbf{R})$ の逆関数を求めよ．またそのグラフをかけ．

1.4.3 簡単にせよ．

(1) $(\sqrt{x})^2$ (2) $\sqrt{x^2}$ (3) $\exp(\log x)$ (4) $\log(\exp x)$

ヒント 1 つだけ答が x でないものがある．

定義 1.4.3（逆三角関数）

$f(x) = \sin x\ \left(-\dfrac{\pi}{2} \leqq x \leqq \dfrac{\pi}{2}\right)$ の逆関数を $\sin^{-1} x$ と書く．つまり

$$y = \sin^{-1} x \iff \sin y = x,\ -\frac{\pi}{2} \leqq y \leqq \frac{\pi}{2}$$

である．同様に $f(x) = \cos x\ (0 \leqq x \leqq \pi)$ の逆関数を $\cos^{-1} x$,

$f(x) = \tan x\ \left(-\dfrac{\pi}{2} < x < \dfrac{\pi}{2}\right)$ の逆関数を $\tan^{-1} x$ と書く．つまり

$$y = \cos^{-1} x \iff \cos y = x \quad (0 \leqq y \leqq \pi)$$

$$y = \tan^{-1} x \iff \tan y = x \quad \left(-\frac{\pi}{2} < y < \frac{\pi}{2}\right)$$

である．次のように理解することもできる：

$$\sin^{-1} x = \left(\sin \text{をとると}\ x\ \text{になり},\ \left[-\frac{\pi}{2}, \frac{\pi}{2}\right] \text{にあるもの}\right)$$

$$\cos^{-1} x = (\cos \text{をとると}\ x\ \text{になり},\ [0, \pi]\ \text{にあるもの})$$

$$\tan^{-1} x = \left(\tan \text{をとると}\ x\ \text{になり},\ \left(-\frac{\pi}{2}, \frac{\pi}{2}\right) \text{にあるもの}\right)$$

注釈　$\sin^{-1}$, $\cos^{-1}$, $\tan^{-1}$ の代わりにそれぞれ arcsin, arccos, arctan と書く本もある．arc（アーク）というのは弧という意味である．右図のような座標 x と弧の長さ θ にはある関係がある．弧を与えて座標を求めるのが三角関数 $x = \cos\theta$, 座標を与えて弧を求めるのが逆三角関数 $\theta = \cos^{-1} x = \arccos x$ である．

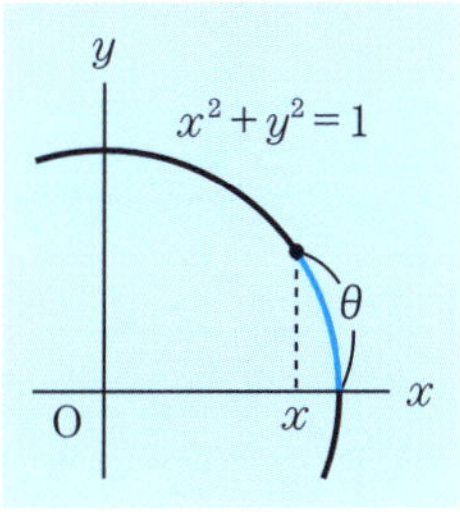

定義よりすぐに次のことが分かる．

$$\sin(\sin^{-1} x) = x \quad (-1 \leqq x \leqq 1), \qquad \sin^{-1}(\sin x) = x \quad \left(-\tfrac{\pi}{2} \leqq x \leqq \tfrac{\pi}{2}\right),$$

$$\cos(\cos^{-1} x) = x \quad (-1 \leqq x \leqq 1), \qquad \cos^{-1}(\cos x) = x \quad (0 \leqq x \leqq \pi),$$

$$\tan(\tan^{-1} x) = x \quad (-\infty < x < \infty), \qquad \tan^{-1}(\tan x) = x \quad \left(-\tfrac{\pi}{2} < x < \tfrac{\pi}{2}\right)$$

例題 1.4.3

(1) $\sin^{-1}\dfrac{1}{2}$ の値を求めよ．

(2) $\sin^{-1}x$ の定義域と値域を求めよ．

(3) $\displaystyle\lim_{x\to\infty}\tan^{-1}x$ を求めよ．

解答 (1) 答を θ とおくと，$\sin\theta = 1/2$ かつ $-\pi/2 \leqq \theta \leqq \pi/2$ なので $\theta = \pi/6$.

(2) もとの関数 $\sin x$ $(-\pi/2 \leqq x \leqq \pi/2)$ と定義域，値域が入れ替わるので，定義域 $[-1, 1]$，値域 $[-\pi/2, \pi/2]$.

(3) $\displaystyle\lim_{x\to\pi/2-0}\tan x = \infty$ なので 与式 $= \pi/2$. ◆

問　題

1.4.4 次の表を完成させよ．

x	-1	$-\frac{\sqrt{3}}{2}$	$-\frac{1}{\sqrt{2}}$	$-\frac{1}{2}$	0	$\frac{1}{2}$	$\frac{1}{\sqrt{2}}$	$\frac{\sqrt{3}}{2}$	1	定義域	値域
$\sin^{-1}x$											
$\cos^{-1}x$											
x	$-\infty$	$-\sqrt{3}$	-1	$-\frac{1}{\sqrt{3}}$	0	$\frac{1}{\sqrt{3}}$	1	$\sqrt{3}$	∞	定義域	値域
$\tan^{-1}x$											

$y = \sin^{-1}x$, $y = \cos^{-1}x$, $y = \tan^{-1}x$ のグラフは以下のようになる．

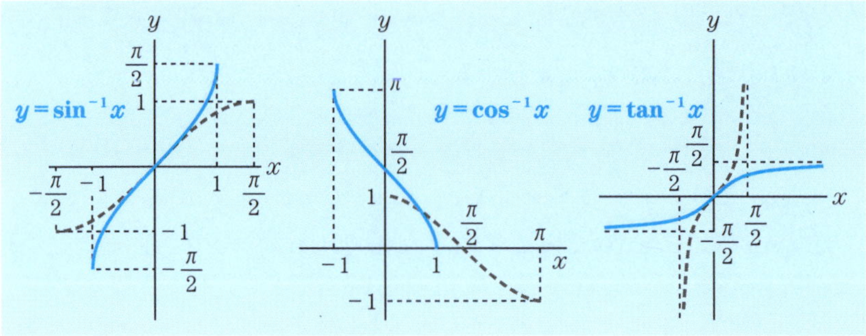

注釈　$\sin^{-1}x$ と $\tan^{-1}x$ は奇関数（全ての x で $f(-x) = -f(x)$ となるもの），$\cos^{-1}x$ は偶関数ではない．

例題 1.4.4

次の式を簡単にせよ．

(1) $\sin^{-1}(\sin 1.8\pi)$ (2) $\cos(\sin^{-1} x)$

(3) $\sin^{-1}\dfrac{3}{5}+\sin^{-1}\dfrac{4}{5}$ (4) $\sin^{-1} x+\sin^{-1}(-x)$

解答 (1) 答を θ とすると，$\sin\theta=\sin 1.8\pi$ かつ $-\pi/2 \leqq \theta \leqq \pi/2$ なので，$\theta=-0.2\pi$.

(2) $\theta=\sin^{-1} x$ と置いて，$\cos\theta$ を求める．$\sin\theta = x$ かつ $-\pi/2 \leqq \theta \leqq \pi/2$ となる．このとき $\cos\theta=\pm\sqrt{1-\sin^2\theta}=\pm\sqrt{1-x^2}$ であるが，$-\pi/2 \leqq \theta \leqq \pi/2$ より $0 \leqq \cos\theta$ なので，$\cos\theta=\sqrt{1-x^2}$ となる．

(3) $\sin^{-1}(3/5)=\alpha$, $\sin^{-1}(4/5)=\beta$ と置いて，$\alpha+\beta$ を求める．$\sin(\alpha+\beta) = \sin\alpha\cos\beta+\cos\alpha\sin\beta = (3/5)(3/5)+(4/5)(4/5) = 1$ なので，$\alpha+\beta = \pi/2+2\pi n$（$n$ は整数）．また $0<\alpha<\pi/2$, $0<\beta<\pi/2$ より $0<\alpha+\beta<\pi$ なので，答は $\alpha+\beta=\pi/2$

(4) $\sin^{-1} x$ は奇関数であり，$\sin^{-1}(-x)=-\sin^{-1} x$ となる．よって与式 $=0$.

◆

注釈 ちょっと不思議だが，(1) のように，$\sin^{-1}(\sin x)=x$ とは限らない．$\sin^{-1}$ は $\sin x$ $(-\pi/2 \leqq x \leqq \pi/2)$ の逆関数にはなっているが，他の定義域を考えたときの $\sin x$ に対しては逆関数ではないからである．$y=\sin^{-1}(\sin x)$ のグラフは右のようになる．

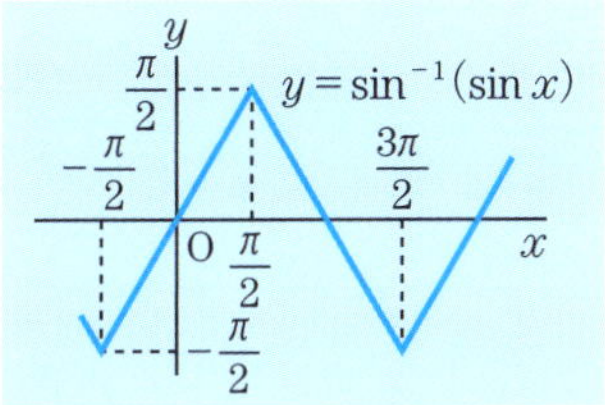

問 題

1.4.5 次の式を簡単にせよ．

(1) $\cos^{-1}(\cos(2.3\pi))$ (2) $\sin(\cos^{-1} x)$ (3) $\cos(\tan^{-1} x)$

(4) $\tan^{-1}\dfrac{1}{2}+\tan^{-1}\dfrac{1}{3}$ (5) $\sin^{-1} x+\cos^{-1} x$

ヒント (1) 与式 $=\theta$ と置く． (2) $\cos^{-1} x=\theta$ と置く．
(3) $\tan^{-1} x=\theta$ と置く． (4) $\tan$(与式) (5) $\sin$(与式)

節末問題

1.4.6 次の関数のグラフをかけ.

(1) $\cos^{-1}(\cos x)$　(2) $\tan^{-1}(\tan x)$

1.4.7 次の式を簡単にせよ.

(1) $\tan(\sin^{-1} x)$　(2) $\tan(\cos^{-1} x)$　(3) $\sin(\tan^{-1} x)$

1.4.8 次の関数のグラフをかけ.

(1) $\sin^{-1}(-\sin x)$　(2) $\sin^{-1}(\cos x)$　(3) $\sin^{-1}(-\cos x)$

(4) $\cos^{-1}(\sin x)$　(5) $\cos^{-1}(-\sin x)$　(6) $\cos^{-1}(-\cos x)$

(7) $\tan^{-1}(-\tan x)$　(8) $\tan^{-1}\left(\dfrac{1}{\tan x}\right)$　(9) $\tan^{-1}\left(\dfrac{-1}{\tan x}\right)$

1.4.9 次の方程式を解け.

(1) $\cos^{-1} x = \sin^{-1}\dfrac{3}{4}$　(2) $\sin^{-1} x = 2\sin^{-1}\left(-\dfrac{3}{5}\right)$

(3) $\tan^{-1} x = 2\tan^{-1}\dfrac{1}{3}$　(4) $\cos^{-1} x = \tan^{-1} 2$

ヒント (1) 与式の両辺に cos を作用させる. 以下同様に,
(2) sin (3) tan (4) cos を作用させる.

1.4.10 次の式が成り立つ条件を求めよ.

ただし (1), (2) において, $|x|, |y| \leqq 1$ は満たされているとする.

(1) $\sin^{-1} x + \sin^{-1} y = \sin^{-1}\left(x\sqrt{1-y^2} + y\sqrt{1-x^2}\right)$

(2) $\cos^{-1} x + \cos^{-1} y = \cos^{-1}\left(xy - \sqrt{(1-x^2)(1-y^2)}\right)$

(3) $\tan^{-1} x + \tan^{-1} y = \tan^{-1}\dfrac{x+y}{1-xy}$

ヒント (1) $-\pi/2 \leqq \sin^{-1} x + \sin^{-1} y \leqq \pi/2$
(2) $0 \leqq \cos^{-1} x + \cos^{-1} y \leqq \pi$
(3) $-\pi/2 < \tan^{-1} x + \tan^{-1} y < \pi/2$

1.4.11 次の式を証明せよ.

(1) $2\sin^{-1}\dfrac{1}{3} + \cos^{-1}\dfrac{4\sqrt{2}}{9} = \dfrac{\pi}{2}$

(2) $2\tan^{-1}\dfrac{1}{2} - \tan^{-1}\dfrac{1}{7} = \dfrac{\pi}{4}$

ヒント (1) $\sin(\text{左辺}) = 1$ と $-3\pi/2 < \text{左辺} < 5\pi/2$ を示す.
(2) $\tan(\text{左辺}) = 1$ と $-\pi/2 < \text{左辺} < \pi/2$ を示す.

1.5　逆関数の微分

ここでは前節で定義した逆関数の導関数を求める．

定理 1.5.1（逆関数の微分）　微分可能で単調な $f(x)$ が，$f'(x) \neq 0$ を満たすとき，その逆関数 $f^{-1}(x)$ も微分可能で，導関数は次のようになる：

$$\{f^{-1}(x)\}' = \frac{1}{f'(f^{-1}(x))}$$

証明　微分可能性についての証明は省略する．$f(f^{-1}(x)) = x$ の両辺を x で微分する．$f'(f^{-1}(x)) \cdot \{f^{-1}(x)\}' = 1$ となる（左辺は合成関数の微分法を使った）．両辺を $f'(f^{-1}(x))$ で割れば，与式を得る．◆

注釈　次のようにも考えられる．$y = f(x)$ において x が y の関数だと考えて，両辺を y で微分すると，$1 = f'(x)\dfrac{dx}{dy} = \dfrac{dy}{dx}\dfrac{dx}{dy}$ となり，次の式を得る：

$$\frac{dx}{dy} = 1\Big/\frac{dy}{dx}$$

例題 1.5.1

定理 1.5.1（p.27）を使って $y = \sqrt{x}$ を微分せよ．

$y = x^{1/2}$ なので，導関数は $y = (1/2)x^{-1/2}$ であるが，ここではあえて上の定理を使って求めてみよう．

解答　$f(x) = x^2$ $(0 \leq x)$，$f^{-1}(x) = \sqrt{x}$ として，定理 1.5.1（p.27）を使う．$f'(x) = 2x$ だから $\{\sqrt{x}\}' = 1/\{2f^{-1}(x)\} = 1/(2\sqrt{x})$ となる．◆

問　題

1.5.1　定理 1.5.1（p.27）を使って $y = \log x$ を微分せよ．

例題 1.5.2

$\sin^{-1} x$ を微分せよ．

解答1　定理 1.5.1（p.27）を使うと，$(\sin^{-1} x)' = \dfrac{1}{\cos(\sin^{-1} x)}$ となる．さらに例題 1.4.4 (2)（p.25）を使うと，$(\sin^{-1} x)' = \dfrac{1}{\sqrt{1-x^2}}$ となる．◆

解答2　$y = \sin^{-1} x$ とおく．$\sin y = x$ となり，この両辺を x で微分する．$\cos y \cdot \dfrac{dy}{dx} = 1$ となり，両辺を $\cos y$ で割って $\dfrac{dy}{dx} = \dfrac{1}{\cos y}$ である．右辺の y を x で書くと $\dfrac{dy}{dx} = \dfrac{1}{\cos(\sin^{-1} x)} = \dfrac{1}{\sqrt{1-x^2}}$ となる．◆

補足　解答 1 は定理 1.5.1（p.27）を使った．解答 2 は定理 1.5.1（p.27）の証明の手法を使った．

問　題

1.5.2　$\cos^{-1} x, \tan^{-1} x$ を微分せよ．

逆三角関数の導関数のまとめ

$$(\sin^{-1} x)' = \frac{1}{\sqrt{1-x^2}}, \quad (\cos^{-1} x)' = -\frac{1}{\sqrt{1-x^2}}, \quad (\tan^{-1} x)' = \frac{1}{1+x^2}$$

節 末 問 題

1.5.3　次の極限の値を求めよ．

(1) $\displaystyle\lim_{x \to -1+0} (\sin^{-1} x)'$　(2) $\displaystyle\lim_{x \to 0} (\sin^{-1} x)'$　(3) $\displaystyle\lim_{x \to 1-0} (\sin^{-1} x)'$

(4) $\displaystyle\lim_{x \to -1+0} (\cos^{-1} x)'$　(5) $\displaystyle\lim_{x \to 0} (\cos^{-1} x)'$　(6) $\displaystyle\lim_{x \to 1-0} (\cos^{-1} x)'$

(7) $\displaystyle\lim_{x \to -\infty} (\tan^{-1} x)'$　(8) $\displaystyle\lim_{x \to 0} (\tan^{-1} x)'$　(9) $\displaystyle\lim_{x \to \infty} (\tan^{-1} x)'$

1.5.4　$f(x) = \sin^{-1} x$ と置く．$|\sin x| \neq 1$ のとき，$f'(\sin x) \cdot \cos x = \pm 1$ となることを示せ．また $+1, -1$ となるのはどんなときか．

1.5.5　$\sin^{-1} x + \cos^{-1} x$ は定数であることを示せ．さらに，その定数の値を求めよ．

1.5.6　
$\overset{\text{コセカント}}{\csc}\, x = \dfrac{1}{\sin x} \quad \left(-\dfrac{\pi}{2} \leqq x \leqq \dfrac{\pi}{2}, x \neq 0\right)$,

$\overset{\text{セカント}}{\sec}\, x = \dfrac{1}{\cos x} \quad \left(0 \leqq x \leqq \pi, x \neq \dfrac{\pi}{2}\right)$,

$\overset{\text{コタンジェント}}{\cot}\, x = \dfrac{1}{\tan x} \quad (0 < x < \pi)$

の逆関数をそれぞれ $\csc^{-1} x, \sec^{-1} x, \cot^{-1} x$ とする．これらの導関数を求めよ．

1.6 双曲線関数

ここでは双曲線関数 $\sinh x$, $\cosh x$, $\tanh x$ について扱う．表記からも予想できる通り三角関数と非常に似た性質がある．読み方は sinh はハイパボリックサインまたはサインエイチ，cosh はハイパボリックコサインまたはコサインエイチ，tanh はハイパボリックタンジェントまたはタンジェントエイチである．

定義 1.6.1（双曲線関数）

$$\sinh x = \frac{e^x - e^{-x}}{2}, \quad \cosh x = \frac{e^x + e^{-x}}{2}, \quad \tanh x = \frac{\sinh x}{\cosh x}$$

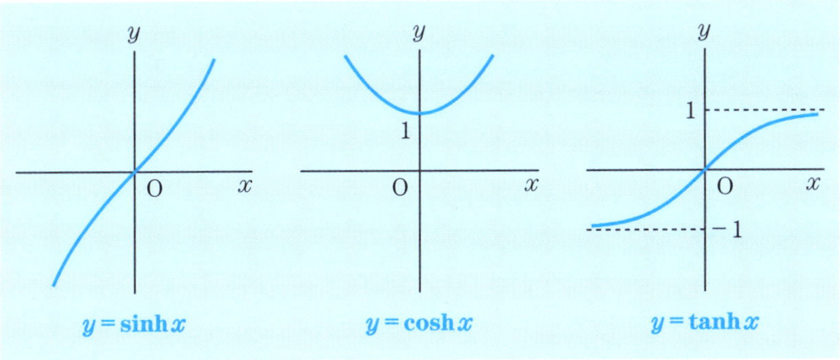

定義とグラフを見ただけでは三角関数と似た感じはしない．似ているのはせいぜい，$\tanh x = \sinh x / \cosh x$, $\sinh x$ は奇関数，$\cosh x$ は偶関数，$\tanh x$ は奇関数，という性質くらいであろう．しかし，次の定理から三角関数と似た性質が分かる．

定理 1.6.1（双曲線関数の性質）

(1) $\cosh^2 x - \sinh^2 x = 1,\ 1 - \tanh^2 x = \dfrac{1}{\cosh^2 x}$

(2) $\sinh(x \pm y) = \sinh x \cosh y \pm \cosh x \sinh y$ （複号同順）

$\cosh(x \pm y) = \cosh x \cosh y \pm \sinh x \sinh y$ （複号同順）

$\tanh(x \pm y) = \dfrac{\tanh x \pm \tanh y}{1 \pm \tanh x \tanh y}$ （複号同順）

(3) $(\sinh x)' = \cosh x, \quad (\cosh x)' = \sinh x, \quad (\tanh x)' = \dfrac{1}{\cosh^2 x}$

注釈　三角関数の公式とよく似ているが，符号が数カ所異なることに注意しよう．

問　題

1.6.1 定理 1.6.1（p.30）を証明せよ．

ヒント　(1), (3)　定義に戻るだけである．

(2)　右辺を定義に戻りながら計算していく．tanh の加法定理は sinh，cosh の加法定理を使う．

注釈　sinh, cosh, tanh の h は hyperbolic（双曲）のことである．$(x, y) = (\cosh t, \sinh t)$ $(t \in \mathbf{R})$ という曲線は $\cosh^2 t - \sinh^2 t = 1$ より，$x^2 - y^2 = 1$ という双曲線になることが分かる．正確には右図の右の曲線だけである．左の曲線は $(x, y) = (-\cosh t, \sinh t)$ $(t \in \mathbf{R})$ と表される．

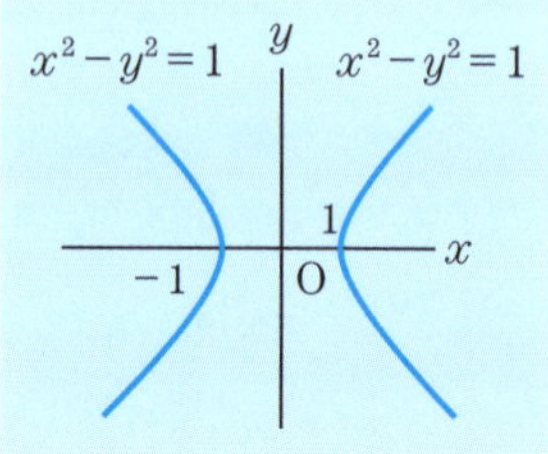

例題 1.6.1

$\sinh x = a$ のとき，$\cosh x$, $\tanh x$ の値を求めよ．

解答　$\cosh^2 x - \sinh^2 x = 1$ より $\cosh x = \pm\sqrt{\sinh^2 x + 1}$ だが，定義より $\cosh x > 0$ なので，$\cosh x = \sqrt{\sinh^2 x + 1}$．よって

$$\cosh x = \sqrt{a^2 + 1}$$

さらに

$$\tanh x = \frac{\sinh x}{\cosh x} = \frac{a}{\sqrt{a^2 + 1}}$$

◆

問 題

1.6.2 (1) $\cosh x = a$ のとき，$\sinh x$, $\tanh x$ の値を求めよ．

(2) $\tanh x = a$ のとき，$\sinh x$, $\cosh x$ の値を求めよ．

ヒント (1) $\cosh x = a$ だけでは x が 1 つに決まらないので，答に $\pm$ が残る．

続いて，双曲線関数の逆関数である逆双曲線関数について扱う．逆三角関数が他の関数では表せなかったのと違い，逆双曲線関数は log を用いて表すことができる．

定理 1.6.2（逆双曲線関数） $\sinh x$, $\cosh x$ $(x \geqq 0)$, $\tanh x$ の逆関数をそれぞれ $\sinh^{-1} x$, $\cosh^{-1} x$, $\tanh^{-1} x$ とすると，次の式が成り立つ：

(1) $\sinh^{-1} x = \log(x + \sqrt{x^2+1}) \quad (x \in \mathbf{R})$

(2) $\cosh^{-1} x = \log(x + \sqrt{x^2-1}) \quad (1 \leqq x)$

(3) $\tanh^{-1} x = \dfrac{1}{2} \log \dfrac{1+x}{1-x} \quad (-1 < x < 1)$

証明 (1) のみ示す．(2), (3) は問題とする．$y = (e^x - e^{-x})/2$ の x と y を入れ替えて $x = (e^y - e^{-y})/2$. これを y について解けばよい．$e^y = Y > 0$ と置くと $2x = Y - 1/Y$, $2xY = Y^2 - 1$, $Y^2 - 2xY - 1 = 0$ となり，これを解いて，$Y = x \pm \sqrt{x^2+1}$. $Y > 0$ を考えると，複号は $+$ に決まる．さらに両辺の log をとると，$y = \log Y = \log(x + \sqrt{x^2+1})$ となる． ◆

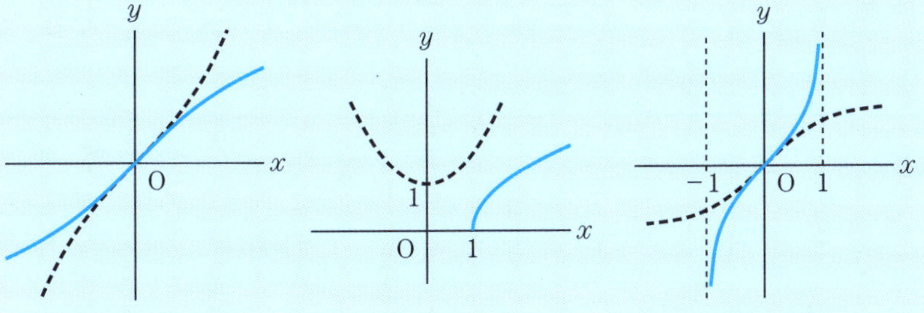

$y = \sinh^{-1} x$
（点線は $y = \sinh x$）

$y = \cosh^{-1} x$
（点線は $y = \cosh x$）

$y = \tanh^{-1} x$
（点線は $y = \tanh x$）

注釈 $\sinh^{-1}$, $\cosh^{-1}$, $\tanh^{-1}$ の代わりにそれぞれ area sinh, area cosh, area tanh と書く本もある．area（エリア）というのは面積という意味である．右図のような座標 x と面積 S にはある関係がある．面積を与えて座標を求めるのが双曲線関数 $x = \cosh S$，座標を与えて面積を求めるのが逆双曲線関数 $S = \cosh^{-1} x = \text{area}\cosh x$ である．この面積については 2.11 節で扱う．

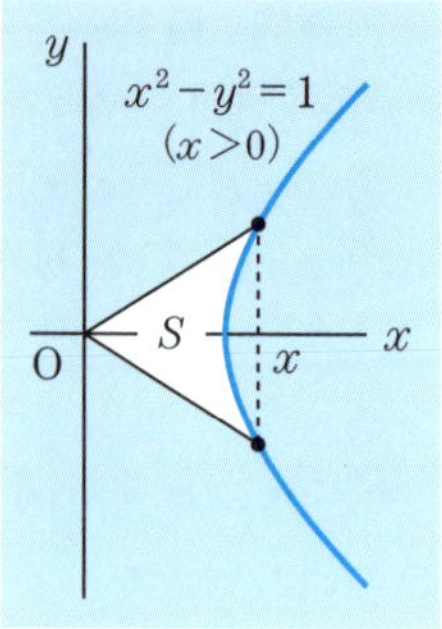

問題

1.6.3 定理 1.6.2 (2), (3)（p.31）を証明せよ．

例題 1.6.2

次の式を簡単にせよ．

(1) $\sinh(\sinh^{-1} x)$ (2) $\cosh(\sinh^{-1} x)$

解答 (1) x

(2) $\sinh^{-1} x = \alpha$ とおくと $\sinh\alpha = x$.

例題 1.6.1（p.30）より $\cosh\alpha = \sqrt{x^2+1}$. ◆

問題

1.6.4 次の式を簡単にせよ．(1) $\cosh^{-1}(\cosh x)$ (2) $\sinh(\cosh^{-1} x)$

例題 1.6.3

$\sinh^{-1} x$ の導関数を求めよ．

解答 $\sinh^{-1} x = \log(x + \sqrt{x^2+1})$ より

$$(\sinh^{-1} x)' = \frac{1 + \frac{x}{\sqrt{x^2+1}}}{x + \sqrt{x^2+1}} = \frac{1}{\sqrt{x^2+1}}$$ ◆

別解 逆関数の微分（定理 1.5.1（p.27））より

$$(\sinh^{-1} x)' = \frac{1}{\sinh'(\sinh^{-1} x)} = \frac{1}{\cosh(\sinh^{-1} x)} = \frac{1}{\sqrt{x^2+1}}$$ ◆

問　題

1.6.5 導関数を求めよ．

(1) $\cosh^{-1} x$ (2) $\tanh^{-1} x$

節 末 問 題

1.6.6 次の式を簡単にせよ．

(1) $\sinh^{-1}(\sinh x)$ (2) $\cosh(\cosh^{-1} x)$

(3) $\tanh(\sinh^{-1} x)$ (4) $\tanh(\cosh^{-1} x)$

(5) $\tanh(\tanh^{-1} x)$ (6) $\sinh(\tanh^{-1} x)$

(7) $\cosh(\tanh^{-1} x)$ (8) $\tanh^{-1}(\tanh x)$

1.6.7 次の式を証明せよ．

(1) $\sinh 2t = 2 \sinh t \cosh t$

(2) $\cosh 2t = 2 \cosh^2 t - 1$

(3) $\sinh^2 t = \dfrac{-1 + \cosh(2t)}{2}$

(4) $\cosh^2 t = \dfrac{1 + \cosh(2t)}{2}$

ヒント 加法定理（定理 1.6.1 (2)（p.30））を使う．

1.6.8 $x^2 - y^2 = 1$ を満たす任意の (x, y) について，$(x, y) = (\cosh t, \sinh t)$ または $(x, y) = (-\cosh t, \sinh t)$ となる $t \in \mathbf{R}$ が存在することを示せ．

ヒント まず $y = \sinh t$ となる t を 1 つ定める．

双曲線関数のまとめ

(1) $\sinh x = \dfrac{e^x - e^{-x}}{2}$, $\cosh x = \dfrac{e^x + e^{-x}}{2}$, $\tanh x = \dfrac{e^x - e^{-x}}{e^x + e^{-x}}$

(2) $(\sinh x)' = \cosh x$, $(\cosh x)' = \sinh x$, $(\tanh x)' = \dfrac{1}{\cosh^2 x}$

(3) $\sinh^{-1} x = \log(x + \sqrt{x^2+1})$,

$\cosh^{-1} x = \log(x + \sqrt{x^2-1})$　$(1 \leqq x)$,

$\tanh^{-1} x = \dfrac{1}{2}\log\dfrac{1+x}{1-x}$　$(|x| < 1)$

(4) $(\sinh^{-1} x)' = \dfrac{1}{\sqrt{x^2+1}}$, $(\cosh^{-1} x)' = \dfrac{1}{\sqrt{x^2-1}}$,

$(\tanh^{-1} x)' = \dfrac{1}{1-x^2}$

●コラム　シグモイド関数

$y = \tanh x$ はグラフ（p.29）を見ると，なかなか面白いグラフである（グラフの形は $y = \tan^{-1} x$ と似ている）．

$$\lim_{x \to \pm\infty} \tanh x = \pm 1 \quad (\text{複号同順})$$

という性質がある．-1 から 1 へつながる微分可能な関数である．これを 2 で割り，上に $\dfrac{1}{2}$ 平行移動すれば，0 から 1 へつながる微分可能な関数ができる．

$$f(x) = \frac{1}{2}\tanh x + \frac{1}{2} = \frac{1}{2}\frac{e^x - e^{-x}}{e^x + e^{-x}} + \frac{1}{2} = \frac{e^x}{e^x + e^{-x}} = \frac{1}{e^{-2x} + 1}$$

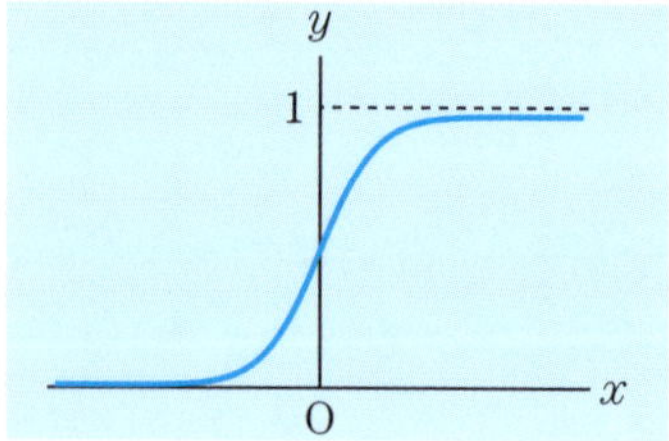

デジタル信号処理では，0 から 1 へつながる微分可能な関数として，擬似的にこの関数が使われることがある．積分記号に出てくる $\int$ のような形をしている．これをシグモイド（sigmoid）関数という．ギリシャ語のシグマの語末形 ς が由来である．生物の個体数の進化を表すロジスティック方程式の解もこの形をしていることが知られている．

1.7 対数微分法

べき関数 $y = x^a$ の微分は高校でも数学 II で微分の最初に扱うもので，$y' = ax^{a-1}$ となる．数学 III になると，指数関数 $y = a^x$ の微分 $y' = \log a \cdot a^x$ を習う．前者は底が変数（あるいは関数），指数が定数で，後者は逆になっている．それでは，底も指数も変数になっている場合はどうか？　例えば $y = x^x$ の微分はどうなるだろうか．

定理 1.7.1（対数微分法）

関数 $f(x) > 0$ と $g(x)$ が微分可能なとき，次の式が成り立つ：

$$\left\{f(x)^{g(x)}\right\}' = g(x)\, f(x)^{g(x)-1}\, f'(x) + \log f(x)\, f(x)^{g(x)} g'(x)$$

証明　$y = f(x)^{g(x)}$ と置いて，両辺の log をとると

$$\log y = \log f(x)^{g(x)} = g(x)\ \log f(x)$$

となる．この両辺を x で微分すると

$$\frac{1}{y}\frac{dy}{dx} = g'(x)\ \log f(x) + g(x)\frac{f'(x)}{f(x)}$$

となり，さらにこの両辺に y をかけると

$$\frac{dy}{dx} = f(x)^{g(x)}\left(g'(x)\ \log f(x) + g(x)\frac{f'(x)}{f(x)}\right)$$

となり整理すれば，与式を得る．◆

補足

- 第 1 項は $f(x)$ の x を変数，$g(x)$ の x を定数と思って微分したもの．第 2 項は逆に $f(x)$ の x を定数，$g(x)$ の x を変数と思って微分したものである．この和が全体の微分である．一般に変数 x が複数箇所に出てくる関数の微分は，この考えに従う．
- 定理 1.7.1（p.35）だけ見ると指数微分法と呼びたくなるが，証明のように対数をとってから微分する方法を**対数微分法**という．定理 1.7.1 を覚えるよりも，この方法を理解して活用すべきであろう．

例題 1.7.1

$f(x) = x^x$ $(0 < x)$ を微分せよ．

解答 与式の両辺の log をとって

$$\log f(x) = x \log x$$

となる．この両辺を x で微分して，左辺は合成関数の微分法則，右辺は積の微分法則より

$$\frac{f'(x)}{f(x)} = \log x + 1$$

となり

$$\begin{aligned} f'(x) &= f(x)(\log x + 1) \\ &= x^x(\log x + 1) \end{aligned}$$

となる． ◆

問　題

1.7.1 微分せよ．

(1) $y = x^{-x} \quad (0 < x)$

(2) $y = (\cos x)^{(x^2)} \quad \left(0 \leqq x < \dfrac{\pi}{2}\right)$

(3) $y = x^{1/x} \quad (0 < x)$

節 末 問 題

1.7.2 微分せよ．

(1) $y = \left(1 + \dfrac{1}{x}\right)^x$

(2) $y = (1 + x)^{1/x}$

1.7.3 $f(x) = x^{(x^x)}$ $(0 < x)$ を微分せよ．

ヒント $g(x) = x^x$ として，$y = x^{g(x)}$ を対数微分法で微分すればよい．

1.8 高階微分とライプニッツの公式

ここでは導関数をさらに微分した2階導関数，さらに微分した3階導関数，といった高い階数の導関数について扱う．また積の微分法則を拡張したライプニッツの公式についても扱う．

定義 1.8.1（高階導関数）

(1) $f(x)$ が微分可能なとき，$f'(x)$ を1階導関数という．

(2) さらに $f'(x)$ が微分可能なとき，$f(x)$ は2階微分可能であるといい，$f''(x) = \left(f'(x)\right)'$ を $f(x)$ の2階導関数という．

(3) さらに $f''(x)$ が微分可能なとき，$f(x)$ は3階微分可能であるといい，$f'''(x) = \left(f''(x)\right)'$ を $f(x)$ の3階導関数という．

$\cdots$

(n) さらに $(n-1)$ 階の導関数 $f^{(n-1)}(x)$ が微分可能なとき，$f(x)$ は n 階微分可能であるといい，$f^{(n)}(x) = \left(f^{(n-1)}(x)\right)'$ を $f(x)$ の n 階導関数という．

注釈 $f^{(n)}(x)$ は $f(x)$ を n 階微分をしたものである．ダッシュが n 個ついている代わりにこう書くという表記法である．便宜上 $f^{(0)}(x) = f(x)$ と定義しておく．

例題 1.8.1

n は自然数とする．次のものを求めよ．

(1) $\left(\dfrac{1}{x}\right)^{(n)}$ (2) $(\cos x)^{(n)}$

解答 (1) $\left(x^{-1}\right)^{(1)} = -x^{-2}$, $\left(x^{-1}\right)^{(2)} = 2x^{-3}$, $\left(x^{-1}\right)^{(3)} = -6x^{-4}$, $\left(x^{-1}\right)^{(4)} = 24x^{-5}$ より $\left(x^{-1}\right)^{(n)} = (-1)^n n!\, x^{-n-1}$ と予想できる（帰納法で証明しておけばなおよい）．

(2) $(\cos x)^{(1)} = -\sin x$, $(\cos x)^{(2)} = -\cos x$, $(\cos x)^{(3)} = \sin x$, $(\cos x)^{(4)} = \cos x$, $\cdots$ の繰り返しであるので，$(\cos x)^{(n)} = \cos\{x + (\pi/2)n\}$ ◆

問　題

1.8.1　n は自然数とする．次の関数の n 階導関数を求めよ．

(1)　$\log x$　(2)　$\sin x$　(3)　e^{ax}（a は定数）(4)　a^x（a は正定数）

定理 1.8.1（ライプニッツの公式）　$f(x), g(x)$ が n 階微分可能なとき

$$\{f(x)g(x)\}^{(n)} = \sum_{k=0}^{n} {}_n\mathrm{C}_k\, f^{(k)}(x)\, g^{(n-k)}(x)$$

が成り立つ．ただし ${}_n\mathrm{C}_k = \dfrac{n!}{(n-k)!\,k!}$ とする．

一般的な証明をする前に $n = 1, 2, 3$ でどんな式になるのか見てみよう．$f(x)$, $g(x)$ の (x) は省略する．

$$(n=1)\ (f\,g)' = f'g + fg'$$

$$(n=2)\ (f\,g)'' = f''g + f'g' + f'g' + fg'' = f''g + 2f'g' + fg''$$

$$(n=3)\ (f\,g)''' = f'''g + f''g' + 2f''g' + 2f'g'' + f'g'' + fg''' = f'''g + 3f''g' + 3f'g'' + fg'''$$

証明　自然数 n に関する数学的帰納法で証明する．

$n=1$ のとき積の微分法則のことであるから成立．ある n で与式が成立すると仮定する．仮定の式の両辺を微分する．

$$\{f(x)g(x)\}^{(n+1)} = \left(\sum_{k=0}^{n} {}_n\mathrm{C}_k f^{(n-k)}(x) g^{(k)}(x)\right)'$$

$$= \sum_{k=0}^{n} {}_n\mathrm{C}_k \{f^{(n-k+1)}(x) g^{(k)}(x) + f^{(n-k)}(x) g^{(k+1)}(x)\}$$

$$= \sum_{k=0}^{n} {}_n\mathrm{C}_k f^{(n-k+1)}(x) g^{(k)}(x) + \sum_{k=1}^{n+1} {}_n\mathrm{C}_{k-1} f^{(n-k+1)}(x) g^{(k)}(x)$$

$$= {}_n\mathrm{C}_0 f^{(n+1)} g^{(0)} + \sum_{k=1}^{n} ({}_n\mathrm{C}_k + {}_n\mathrm{C}_{k-1}) f^{(n-k+1)}(x) g^{(k)}(x) + {}_n\mathrm{C}_n f^{(0)} g^{(n+1)}$$

$$= \sum_{k=0}^{n+1} ({}_{n+1}\mathrm{C}_k) f^{(n-k+1)}(x) g^{(k)}(x)$$

よって与式は $n+1$ でも成立する．◆

注釈

- 上の公式は 2 項定理とよく似ている．もちろん，$f(x)$ と $g(x)$ の微分の階数 (k) と $(n-k)$ を交換してもよい．

- 証明の最後の等号で使った公式：${}_n\mathrm{C}_k + {}_n\mathrm{C}_{k-1} = {}_{n+1}\mathrm{C}_k$ を示しておく．

$$\begin{aligned}
{}_n\mathrm{C}_k + {}_n\mathrm{C}_{k-1} &= \frac{n!}{(n-k)!\,k!} + \frac{n!}{(n-k+1)!\,(k-1)!} \\
&= \frac{n!}{(n-k+1)!\,k!}\{(n-k+1)+k\} \\
&= \frac{(n+1)!}{(n-k+1)!\,k!} = {}_{n+1}\mathrm{C}_k
\end{aligned}$$

- 公式は $n = 0$ でも成立する．

例題 1.8.2

$(x^2e^x)^{(n)}$ を求めよ．

解答　定理 1.8.1（p.38）を用いると

$$\begin{aligned}
(x^2e^x)^{(n)} &= \sum_{k=0}^{n} {}_n\mathrm{C}_k (x^2)^{(k)} (e^x)^{(n-k)} \\
&= {}_n\mathrm{C}_0 (x^2)^{(0)} (e^x)^{(n)} + {}_n\mathrm{C}_1 (x^2)^{(1)} (e^x)^{(n-1)} + {}_n\mathrm{C}_2 (x^2)^{(2)} (e^x)^{(n-2)}
\end{aligned}$$

（$3 \leqq k$ では $(x^2)^{(k)} = 0$ である）

$$\begin{aligned}
&= x^2e^x + n2xe^x + \frac{n(n-1)}{2}2e^x \\
&= e^x\{x^2 + 2nx + n(n-1)\}
\end{aligned}$$

◆

問　題

1.8.2　$(x^2e^{2x})^{(n)}$ を求めよ．

節末問題

1.8.3　次の関数の n 階導関数を求めよ．

(1)　2^x　　(2)　$\log(1+x)$　　(3)　$\sin(2x)$

(4)　$\sin^2 x$　　(5)　$\cos^2 x$

(6)　$(1+x)^a$（a は定数，$-1 < x$）

(7)　$(x^3 + x^2)e^x$　　(8)　$\dfrac{x}{x^2-1}$

ヒント　(8)　$(1+x)^{-1}/2 + (x-1)^{-1}/2$

1.8.4　次のものを求めよ．(1)　$(x^2 \sin x)^{(20)}$　　(2)　$(x^2 \cos x)^{(20)}$

1.9 テイラーの定理とテイラー展開

ここではテイラーの定理を扱う．ほとんど全ての関数を，多項式関数の無限和で書いてしまおうという強力な定理である．

定理 1.9.1（ロルの定理）

関数 $f(x)$ は区間 $[a,b]$ で微分可能とし，$f(a)=f(b)=0$ のとき，$f'(c)=0$ となる $c\in(a,b)$ が存在する．

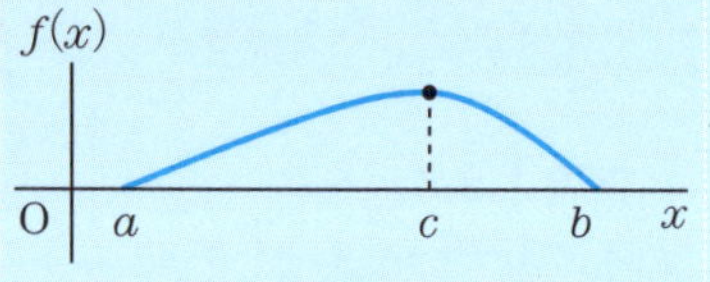

証明 閉区間上の連続関数だから，最大 $f(c_1)$，最小 $f(c_2)$ が存在する．

(i) $f(c_1)>0$ のとき．$c_1\in(a,b)$．$f'(c_1)=\lim_{h\to 0}\{f(c_1+h)-f(c_1)\}/h$ であるが，$f(c_1)$ が最大なので，分子は負である．右極限を考えると $f'(c_1)\leqq 0$，左極限を考えると $f'(c_1)\geqq 0$ であるが，一致するはずなので $f'(c_1)=0$．

(ii) $f(c_2)<0$ のとき．$c_2\in(a,b)$．上と同様にして $f'(c_2)=0$．

(iii) (i) (ii) 以外のとき，つまり $f(c_1)=f(c_2)=0$ のとき．$[a,b]$ では $f(x)=0$ の定数関数であるから c はどこにとっても $f'(c)=0$ となる．いずれの場合も題意を満たす． ◆

定理 1.9.2（平均値の定理（ラグランジュ））

関数 $f(x)$ は区間 $[a,b]$ で微分可能なとき

$$\frac{f(b)-f(a)}{b-a}=f'(c)$$

となる $c\in[a,b]$ が存在する．

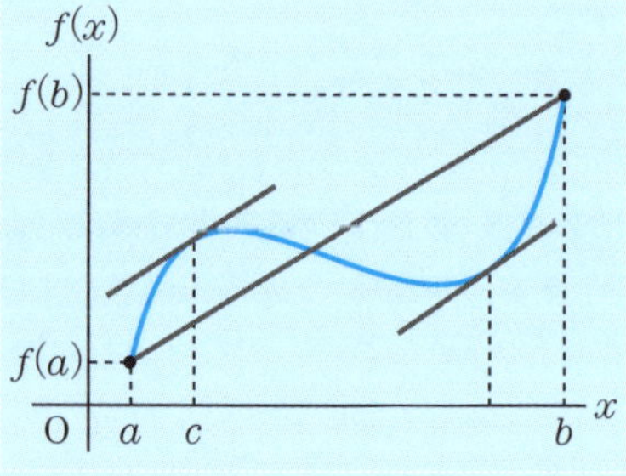

証明

$$g(x)=f(x)-f(a)-\frac{f(b)-f(a)}{b-a}(x-a)$$

と置くと，$g(a)=g(b)=0$ なのでロルの定理（定理 1.9.1 (p.40)）が使える．$g'(c)=0$ を変形すると与式になる． ◆

次の定理は $n=1$ のときに定理 1.9.2（p.40）になり，平均値の定理（ラグランジュ）の拡張である．

定理 1.9.3（テイラーの定理）　関数 $f(x)$ が $x=a$ 付近で n 階微分可能であるならば，$a+h$ がその $x=a$ 付近にあるとき

$$f(a+h)=\left(\sum_{k=0}^{n-1}\frac{f^{(k)}(a)}{k!}h^k\right)+\frac{f^{(n)}(c)}{n!}h^n$$

となる c が a と $a+h$ の間に存在する．これを n 次の**テイラーの定理**という．右辺最終項を**剰余項**（じょうよこう）という．

証明　a と h を固定した上で定数 K を

$$f(a+h)=\left(\sum_{k=0}^{n-1}\frac{f^{(k)}(a)}{k!}h^k\right)+\frac{K}{n!}h^n$$

と置く．さらに $g(x)$ を

$$g(x)=f(a+h)-\left(\sum_{k=0}^{n-1}\frac{f^{(k)}(x)}{k!}(a+h-x)^k\right)-\frac{K}{n!}(a+h-x)^n$$

と置くと，$g(a)=g(a+h)=0$ となりロルの定理（定理 1.9.1（p.40））が使える．$g'(c)=0$ を変形すると

$$K=f^{(n)}(c)$$

となる．◆

注釈　$a+h=x$ と置くと，上の定理は次のようになる：

$$f(x)=\left(\sum_{k=0}^{n-1}\frac{f^{(k)}(a)}{k!}(x-a)^k\right)+\frac{f^{(n)}(c)}{n!}(x-a)^n\qquad (\boldsymbol{c}\text{ は }\boldsymbol{a}\text{ と }\boldsymbol{x}\text{ の間})$$

特に $a=0$ の場合は次のように書け，**マクローリンの定理**という：

$$f(x)=\left(\sum_{k=0}^{n-1}\frac{f^{(k)}(0)}{k!}x^k\right)+\frac{f^{(n)}(c)}{n!}x^n\qquad (\boldsymbol{c}\text{ は }\boldsymbol{0}\text{ と }\boldsymbol{x}\text{ の間})$$

定理 1.9.4（テイラー展開） 関数 $f(x)$ が $x=a$ 付近で何回でも微分可能であって，テイラーの定理の剰余項が $(f^{(n)}(c)/n!)h^n \to 0\ (n\to\infty)$ となるとき，次のようになる：

$$f(x)=\sum_{k=0}^{\infty}\frac{f^{(k)}(a)}{k!}(x-a)^k$$

ここで $a+h=x$ と置いた．これを $x=a$ を中心にした**テイラー展開**という．$\sum\limits_{k=0}^{\infty} a_n x^n$ のような多項式の無限和を整級数というので，テイラー展開は**整級数展開**ともいう．

証明 テイラーの定理（定理 1.9.3（p.41））を使えば

$$f(x)-\sum_{k=0}^{n-1}\frac{f^{(k)}(a)}{k!}(x-a)^k=(f^{(n)}(c)/n!)h^n\to 0 \quad (n\to\infty)$$

となるから． ◆

定理 1.9.4（p.42）で $a=0$ のときのテイラー展開を**マクローリン展開**という：

$$f(x)=\sum_{k=0}^{\infty}\frac{f^{(k)}(0)}{k!}x^k$$

$f(x)$ の $x=a$ を中心にしたテイラー展開は，$g(x)=f(a+x)$ のマクローリン展開と同じであるので，本書ではマクローリン展開を主に扱うことにする．

例題 1.9.1

$\cos x$ はマクローリン展開可能であることを示し，マクローリン展開せよ．

解答 $(\cos x)^{(k)}=\cos(x+(\pi/2)k)$（例題 1.8.1（p.37））であり，テイラーの定理（定理 1.9.3（p.41））の $a=0$ のときより，0 と x の間の値 c が存在して

$$\cos x-\sum_{k=0}^{n-1}\frac{\cos^{(k)}(0)}{k!}x^k=\frac{\cos^{(n)}(c)}{n!}x^n=\cos\left(c+\frac{\pi}{2}n\right)\frac{x^n}{n!}$$

となる．そして

$$-\frac{x^n}{n!}\leqq\cos\left(c+\frac{\pi}{2}n\right)\frac{x^n}{n!}\leqq\frac{x^n}{n!}$$

となる．例題 1.2.1（p.8）より $\lim_{n\to\infty}(x^n/n!) = 0$ となり，はさみうちの定理より剰余項は 0 に収束する．よってマクローリン展開可能である．$\cos^{(2k)}(0) = (-1)^k$，$\cos^{(2k+1)}(0) = 0$ なのでマクローリン展開は次のようになる：

$$\cos x = \sum_{k=0}^{\infty} \frac{(-1)^k}{(2k)!} x^{2k} = 1 - \frac{x^2}{2!} + \frac{x^4}{4!} - \frac{x^6}{6!} + \frac{x^8}{8!} - \cdots$$ ◆

問　題

1.9.1 $\sin x$ はマクローリン展開可能であることを示し，マクローリン展開せよ．

補足　テイラーの定理の剰余項 $f^{(n)}(c)h^n/n!$ が，いつでも 0 に収束する訳ではない．つまりマクローリン展開可能であるとは限らない．例えば上で示したように $\cos x$ はマクローリン展開可能であるが，次の関数は何階でも微分可能だがマクローリン展開可能ではない．

$$f(x) = \begin{cases} \exp\left(-\dfrac{1}{x}\right) & (x > 0 \text{ のとき}) \\ 0 & (x \leqq 0) \end{cases}$$

また，テイラー展開可能性が a や x に依存することもある．だが，本書で出てくるほとんどの何階でも微分可能な関数はテイラー展開可能であるので，今後はこのことは深く問わないことにする．

例題 1.9.2

e^x をマクローリン展開せよ．

解答　$(e^x)^{(k)} = e^x$ であり，これに 0 を代入すると 1 となる．よって次のようになる：$e^x = \sum_{k=0}^{\infty} \frac{1}{k!}x^k = 1 + x + \frac{1}{2!}x^2 + \frac{1}{3!}x^3 + \frac{1}{4!}x^4 + \cdots$ ◆

問　題

1.9.2 マクローリン展開せよ．ただし全て $|x| < 1$ とする．

(1)　$\log(1+x)$　　(2)　$(1+x)^a$　(a は定数)

注釈　(1) は $\log x$ の，(2) は x^a の，それぞれ $x = 1$ を中心にしたテイラー展開ともいえる．

主なマクローリン展開のまとめ

$$\sin x = x - \frac{x^3}{3!} + \frac{x^5}{5!} - \frac{x^7}{7!} + \cdots$$

$$\cos x = 1 - \frac{x^2}{2!} + \frac{x^4}{4!} - \frac{x^6}{6!} + \frac{x^8}{8!} - \cdots$$

$$e^x = 1 + x + \frac{1}{2!}x^2 + \frac{1}{3!}x^3 + \frac{1}{4!}x^4 + \cdots$$

$$\log(1+x) = x - \frac{x^2}{2} + \frac{x^3}{3} - \frac{x^4}{4} + \cdots \quad (-1 < x \leqq 1)$$

$$(1+x)^a = 1 + ax + \frac{a(a-1)}{2!}x^2 + \frac{a(a-1)(a-2)}{3!}x^3 + \cdots \quad (-1 < x < 1)$$

●コラム　一般 2 項定理

y を定数として，$(x+y)^a$ のマクローリン展開は次のようになる：

$$(x+y)^a = \sum_{k=0}^{\infty} \frac{a(a-1)(a-2)\cdots(a-k+1)}{k!} x^k y^{n-k}$$

ただし $|x/y| < 1$ とする．これは a が自然数のときは，2 項定理に相当するものであるが，a が実数の範囲でも成り立つ．

●コラム　オイラーの公式

e^x のマクローリン展開 $e^x = \sum_{k=0}^{\infty} \frac{x^k}{k!}$ を使って，複素数 z に対して，$e^z = \sum_{k=0}^{\infty} \frac{z^k}{k!}$ と定義することにする．その z に ix（i は虚数単位，x は実数）を代入すると，次のようになる：

$$\begin{aligned} e^{ix} &= 1 + (ix) + \frac{1}{2!}(ix)^2 + \frac{1}{3!}(ix)^3 + \frac{1}{4!}(ix)^4 + \frac{1}{5!}(ix)^5 + \cdots \\ &= \left(1 - \frac{1}{2!}x^2 + \frac{1}{4!}x^4 + \cdots\right) + i\left(x - \frac{1}{3!}x^3 + \frac{1}{5!}x^5 + \cdots\right) \\ &= \cos x + i \sin x \end{aligned}$$

節末問題

1.9.3 マクローリン展開せよ． (1) $\sinh x$ (2) $\cosh x$

ヒント e^x のマクローリン展開を利用する．

1.9.4 $f(x)$ は何階でも微分可能とする．$f'(x)$ のマクローリン展開が

$f'(x) = \sum_{k=0}^{\infty} a_k x^k$ であったとき，$f(x)$ のマクローリン展開は

$f(x) = f(0) + \sum_{k=1}^{\infty} \frac{a_{k-1}}{k} x^k$ となることを示せ．

1.9.5 マクローリン展開せよ．ただし全て $|x| < 1$ とする．

(1) $\sin^{-1} x$ (2) $\cos^{-1} x$ (3) $\tan^{-1} x$

ヒント (1) $(\sin^{-1} x)' = (1 - x^2)^{-1/2}$ であるから，前問と $(1 + x)^a$ の マクローリン展開を利用する．(2), (3) も同様．

1.10 マクローリン展開の応用

ここでは前節に扱ったマクローリン展開の応用として，極限の計算法と近似値の計算を扱う．

例題 1.10.1

$\lim_{x \to 0} \frac{\sin x - x}{x^3}$ を求めよ．

解答 $\sin x$ のマクローリン展開を利用する．

$$\frac{\sin x - x}{x^3} = \frac{(x - \frac{x^3}{3!} + \frac{x^5}{5!} - \cdots) - x}{x^3} = -\frac{1}{3!} + \frac{x^2}{5!} - \cdots \to -\frac{1}{6} \quad (x \to 0)$$ ◆

注釈 さらに次のような極限値も分かる：

$$\lim_{x \to 0} \frac{\sin x}{x} = 1, \quad \lim_{x \to 0} \frac{\sin x - x + \frac{x^3}{3!}}{x^5} = \frac{1}{5!}, \quad \cdots$$

$$\lim_{x \to 0} \frac{\sin x - \sum_{k=0}^{n} \frac{(-1)^k}{(2k+1)!} x^{2k+1}}{x^{2n+3}} = \frac{(-1)^{n+1}}{(2n+3)!}$$

問 題

1.10.1 次の極限を求めよ．(1) $\lim_{x \to 0} \frac{e^x - 1 - x}{x^2}$ (2) $\lim_{x \to 0} \frac{\cos x - 1}{x^2}$

マクローリン展開は近似値を求めるにも役に立つ．展開式は高い次数になるほど小さくなるのが一般的なので，（特に $|x|$ が小さいとき）ある程度の次数までで止めて，もとの関数を近似できる．例えば，下図左は $\sin x$ の途中までのマクローリン展開をグラフにしたものと，もとの $y=\sin x$ のグラフを並べてかいたものである．$|x|$ が小さいところでは近似がよい，高い次数まで展開した方が近似がよい，ということを読み取ってほしい．右図のグラフは $y=\exp x$ についての同様の図である．

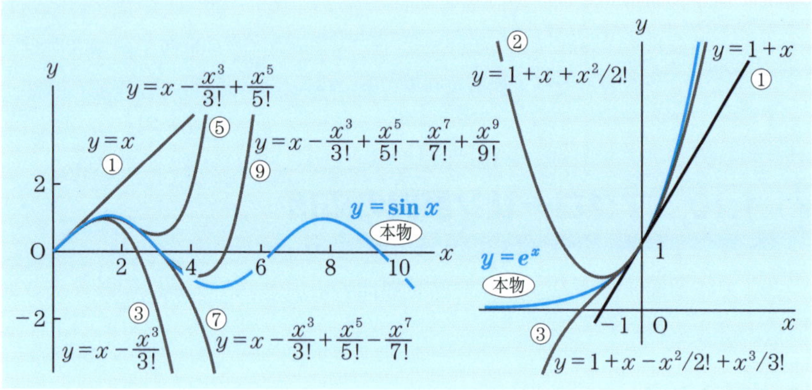

例題 1.10.2

$e^{0.01}$ の値を有効数字 4 桁まで求めよ．

解答　$e^x=\sum_{k=0}^{n-1}\frac{1}{k!}x^k+\frac{f^{(n)}(\theta x)}{n!}(x)^k(0\leqq\theta\leqq 1)$ に $x=0.01$ を代入して

$$e^{0.01}=\sum_{k=0}^{n-1}\frac{1}{k!}0.01^k+\frac{e^{0.01\theta}}{n!}0.01^n,\ 0\leqq\frac{e^{0.01\theta}}{n!}0.01^n\leqq\frac{e}{n!}0.01^n<\frac{3}{n!}0.01^n$$

なので，$n=2$ のとき $0\leqq e^{0.01}-1-0.01\leqq 0.00015,\ 1.010\leqq e^{0.01}\leqq 1.01015.$
よって $e^{0.01}\approx 1.010$ ◆

注釈　剰余項の評価の仕方によって，いくつまで n を考えればよいかということは変わることがある．

問　題

1.10.2　$\log(1.01)$ の値を有効数字 4 桁まで求めよ．

節 末 問 題

1.10.3　$\displaystyle\lim_{x\to 0}\frac{\sin x + ax}{x^3} = b$ を満たすような定数 a, b を求めよ．

1.10.4　次の値を有効数字 4 桁まで求めよ．

(1)　$\sin(0.1)$　　(2)　$(1.01)^{10}$　　(3)　$\sin(46^\circ)$

1.11　ロピタルの定理

不定形の極限というのは，極限値を決めることに関して相反する複数の動きがあるときをいう．例えば $\frac{0}{0}$ 型の不定形（分母も分子も 0 に近づくという意味で，厳密に 0 という意味ではない）においては，分子の 0 は，極限値を 0 にもっていこうとする動きであり，一方，分母の 0 は，極限値を ∞ または $-\infty$ にもっていこうとする動きである．結局，極限値を求めるには，これらの動きのどちらが強いか，という勝負になる．$\frac{\infty}{\infty}$ も同様に不定形である．これらの分数形の不定形の極限を求めるには，ロピタルの定理が有効である．まずその準備として，平均値の定理（定理 1.9.2（p.40））を少し拡張しておく．

定理 1.11.1（平均値の定理（コーシー））

関数 $f(x)$, $g(x)$ は区間 $[a, b]$ で微分可能で，$g(b) \fallingdotseq g(a)$ のとき

$$\frac{f(b)-f(a)}{g(b)-g(a)} = \frac{f'(c)}{g'(c)}$$

となる $c \in [a, b]$ が存在する．

証明　$h(x) = f(b) - f(x) - \dfrac{f(b)-f(a)}{g(b)-g(a)}\{g(b)-g(x)\}$ と置くと，$h(a) = h(b) = 0$ なのでロルの定理（定理 1.9.1（p.40））が使え，$h'(c) = 0$ となる $c \in [a, b]$ が存在する．$h'(c) = 0$ を変形すると与式になる．◆

注釈　$f(x)$ と $g(x)$ それぞれに平均値の定理（ラグランジュ）（定理 1.9.2（p.40））を適用するだけでは，平均値の定理（コーシー）は得られない．

xy 平面上の曲線を使って，上の定理を説明すると次のようになる．曲線 $(g(t), f(t))$ $(a \leqq t \leqq b)$ の両端を結んだ直線と同じ傾きになるような接線が曲線のどこかで引くことができる．

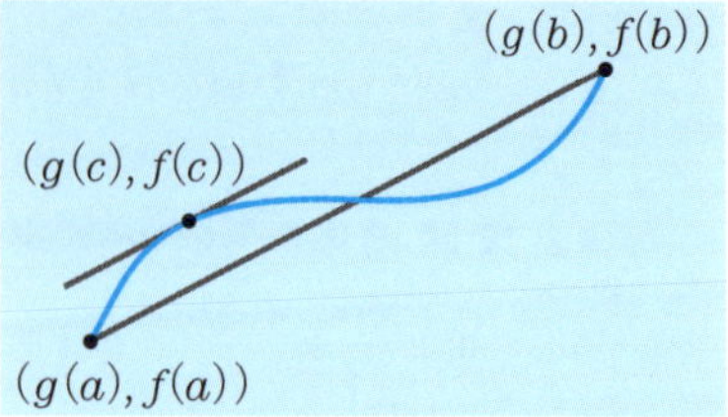

定理 1.11.2（ロピタルの定理）

$\displaystyle\lim_{x\to a}\frac{f(x)}{g(x)}$ が $\dfrac{0}{0}$ または $\dfrac{\infty}{\infty}$ の不定形のとき，$\displaystyle\lim_{x\to a}\frac{f'(x)}{g'(x)}$ が存在すれば

$$\lim_{x\to a}\frac{f(x)}{g(x)} = \lim_{x\to a}\frac{f'(x)}{g'(x)}$$

が成り立つ．

証明　$\frac{0}{0}$ のとき，$\frac{f(x)}{g(x)} = \frac{f(x)-f(a)}{g(x)-g(a)}$ である．一方，平均値の定理（コーシー）（定理 1.11.1 (p.47)）より，$\frac{f(x)-f(a)}{g(x)-g(a)} = \frac{f'(c)}{g'(c)}$ となる c が x と a の間に存在する．ここで x を a に近づけていくと，c も a に近づくので与式が得られる．$\frac{\infty}{\infty}$ のときの証明は省略．◆

注釈　ロピタルの定理で $x \to a$ の極限の代わりに，$x \to \infty$ や $x \to -\infty$ にしても成り立つ．証明は省略する．

例題 1.11.1

極限値を求めよ．

(1) $\displaystyle\lim_{x\to 0}\frac{\sin(2x)}{x}$　　(2) $\displaystyle\lim_{x\to\infty}\frac{-x}{\log x}$　　(3) $\displaystyle\lim_{x\to\infty}\frac{x^2}{e^x}$

解答　(1)　与式 $\displaystyle = \lim_{x\to 0}\frac{2\cos(2x)}{1} = 2$

(2)　与式 $\displaystyle = \lim_{x\to\infty}\frac{-1}{x^{-1}} = -\infty$

$\left(\frac{-\infty}{\infty}, \frac{\infty}{-\infty}, \frac{-\infty}{-\infty}\right.$ の不定形でもロピタルの定理を使ってよい．$\left.\right)$

(3)　与式 $\displaystyle = \lim_{x\to\infty}\frac{2x}{e^x} = \lim_{x\to\infty}\frac{2}{e^x} = 0$　◆

補足 このように不定形である限り何度でもロピタルの定理を使ってよい．

注釈 与式 $= \lim_{x\to 0} \dfrac{x-1}{x+2} = \dfrac{1}{1} = 1$？ これは不定形でないのに，ロピタルの定理を使ってしまった誤答である．正解はもちろん $(-1/2)$ である．

問 題

1.11.1 極限値を求めよ．

(1) $\displaystyle\lim_{x\to 0} \frac{\sin(-3x)}{2x}$ (2) $\displaystyle\lim_{x\to 0} \frac{x-\sin x}{x^3+x^4}$

(3) $\displaystyle\lim_{x\to \infty} \frac{\log(1+e^x)}{x}$ (4) $\displaystyle\lim_{x\to \infty} \frac{\log(1+x^2)}{2x+1}$

節末問題

1.11.2 極限値を求めよ．

(1) $\displaystyle\lim_{x\to 0} \frac{\sinh x}{x}$ (2) $\displaystyle\lim_{x\to 0} \frac{\cosh x - 1}{x^2}$

(3) $\displaystyle\lim_{x\to 0} \frac{\tanh x}{x}$ (4) $\displaystyle\lim_{x\to 0} \frac{\sin^{-1} x}{x}$

●コラム $\lim_{x\to 0} (\sin x/x) = 1$, $\lim_{x\to 0} (e^x - 1)/x = 1$ とロピタルの定理

$\lim_{x\to 0} (\sin x/x) = 1$ を証明するのに，ロピタルの定理を用いてはいけない．なぜなら，$(\sin x)' = \cos x$ を導出するときに，既に $\lim_{x\to 0} (\sin x/x) = 1$ を用いているからだ（例題 1.3.1（p.16）を見よ）．だが，$\sin x$ の導関数は覚えていても，$\lim_{x\to 0} (\sin x/x)$ の値は忘れてしまっている人が，ロピタルの定理を使って思い出す，という行為はあってもよいかもしれない．$\lim_{x\to 0} (e^x - 1)/x = 1$ についても同様である．

1.12 ロピタルの定理の応用

不定形は $\frac{0}{0}, \frac{\infty}{\infty}$ 以外にもいろいろある．例えば $\infty - \infty$ も不定形である．第1項の ∞ は極限値を大きくしようとし，第2項の ∞ は極限値を小さくしようとするので，相反する動きとなる（$0-0$ は不定形ではない）．次に 0^0 も不定形である．底の0は全体を0に近づけ，指数の0は全体を1に近づけようとするので，相反する動きとなる．

テクニック 1.12.1（不定形）

(0) $\dfrac{0}{0}, \dfrac{\infty}{\infty}$ はロピタルの定理を使う．

(1) $\infty - \infty$ は $f(x) - g(x) = \dfrac{\frac{1}{g(x)} - \frac{1}{f(x)}}{\frac{1}{f(x)\,g(x)}}$ と変形して $\dfrac{0}{0}$ 形にする．

(2) $0 \times \infty$ は $f(x)\,g(x) = \dfrac{f(x)}{\frac{1}{g(x)}}$ または $\dfrac{g(x)}{\frac{1}{f(x)}}$ と変形して $\dfrac{0}{0}$ または $\dfrac{\infty}{\infty}$ 形にする．

(3) $1^\infty, 0^0, \infty^0$ は log をとり $\log(f(x)^{g(x)}) = g(x)\,\log f(x)$ と変形して，$0 \times \infty$ 形にする．

例題 1.12.1

極限値を求めよ．

(1) $\displaystyle \lim_{x\to 0}\left(\frac{1}{x} - \frac{1}{\log(x+1)}\right)$

(2) $\displaystyle \lim_{x\to 0+0} x\log x$

(3) $\displaystyle \lim_{x\to 0+0} x^x$

解答 (1) $\infty - \infty$ の不定形.

$$与式 = \lim_{x \to 0} \frac{\log(x+1) - x}{x \log(x+1)} \qquad \left(ここで\ \frac{0}{0}\ 形になった\right)$$

$$= \lim_{x \to 0} \frac{\frac{1}{x+1} - 1}{\log(x+1) + \frac{x}{x+1}} \qquad (整理するため，x+1\ を分母分子にかける)$$

$$= \lim_{x \to 0} \frac{-x}{(x+1)\log(x+1) + x} \qquad \left(また\ \frac{0}{0}\ 形になった\right)$$

$$= \lim_{x \to 0} \frac{-1}{\log(x+1) + 1 + 1} = -\frac{1}{2}$$

(2) $0 \times \infty$ の不定形. 与式 $= \displaystyle\lim_{x \to 0+0} \frac{\log x}{x^{-1}}$ $\left(\frac{\infty}{\infty}\ 形になった\right)$

$$= \lim_{x \to 0+0} \frac{x^{-1}}{-x^{-2}} = \lim_{x \to 0+0} (-x) = 0$$

(3) 0^0 形の不定形なので $\log x^x$ を考える.

$$\lim_{x \to 0+0} \log x^x = \lim_{x \to 0+0} x \log x \qquad (0 \times \infty\ 形になった)$$

$$= \lim_{x \to 0+0} \frac{\log x}{x^{-1}} \qquad \left(\frac{\infty}{\infty}\ 形になった\right)$$

$$= \lim_{x \to 0+0} \frac{x^{-1}}{-x^{-2}} = 0$$

よって与式 $= e^0 = 1$ ◆

注釈

- $0 \times \infty$ 形を変形するとき，どちらを分母にもっていくかは，計算の都合がよい方を選べばよい．例えば上の (2) で $x \log x = \log x / x^{-1}$ と変形したが，$x \log x = x / (\log x)^{-1}$ と変形したら，確かに $\frac{0}{0}$ 形にはなるが以後の計算が面倒になりそうである．
- 指数型の不定形で log をとって考えたとき，その極限値を e の右肩に乗せたものが最終的な答である．忘れがちである．

問　題

1.12.1 極限値を求めよ．

(1) $\displaystyle\lim_{x \to 0+0} \left(\frac{1}{x^2} - \frac{1}{\log(x+1)}\right)$　(2) $\displaystyle\lim_{x \to 0+0} \sqrt{x} \log x$

(3) $\displaystyle\lim_{x \to \infty} \left(1 + \frac{a}{x}\right)^x$　(4) $\displaystyle\lim_{x \to \infty} x^{1/x}$

節末問題

1.12.2 極限値を求めよ．

(1) $\displaystyle\lim_{x\to 0+0}\log x\,\sin^{-1}x$ (2) $\displaystyle\lim_{x\to 0+0}\log x\,\tan x$

(3) $\displaystyle\lim_{x\to -\infty} xe^x$ (4) $\displaystyle\lim_{x\to 0}\left(\frac{1}{\sin x}-\frac{1}{x}\right)$

(5) $\displaystyle\lim_{x\to 0}\left(\frac{1}{x}-\frac{1}{\cos x-1}\right)$ (6) $\displaystyle\lim_{x\to 0+0}(\sin x)^x$

(7) $\displaystyle\lim_{x\to\infty}\left(\frac{2}{\pi}\tan^{-1}x\right)^x$ (8) $\displaystyle\lim_{x\to 1-0}x^{1/(1-x)}$

(9) $\displaystyle\lim_{x\to 0+0}x^a\log x$ （a は正定数） (10) $\displaystyle\lim_{x\to\infty}(\log x)^{1/x}$

1.13 極 値

ここでは極値について扱う．

定理 1.13.1（単調性） 関数 $f(x)$ は区間 $[a,b]$ で微分可能とする．
任意の $x\in(a,b)$ で

$f'(x)>0 \Longrightarrow$ 区間 $[a,b]$ で単調増加する．

$f'(x)<0 \Longrightarrow$ 区間 $[a,b]$ で単調減少する．

$f'(x)=0 \Longrightarrow f(x)$ は $[a,b]$ で定数関数である．

証明 $a\leqq x_1<x_2\leqq b$ とする．平均値の定理（ラグランジュ）（定理 1.9.2（p.40））より $f'(c)=(f(x_2)-f(x_1))/(x_2-x_1)$ となる $c\in[x_1,x_2]$ がある．$x_2-x_1>0$ であるので，$f'(c)$ と $f(x_2)-f(x_1)$ の符号は一致する． ◆

定義 1.13.1（極大・極小）

関数 $f(x)$ について，$x=a$ 付近で

$f(a)$ が最大のとき $f(a)$ は**極大値**

$f(a)$ が最小のとき $f(a)$ は**極小値**

であるという．

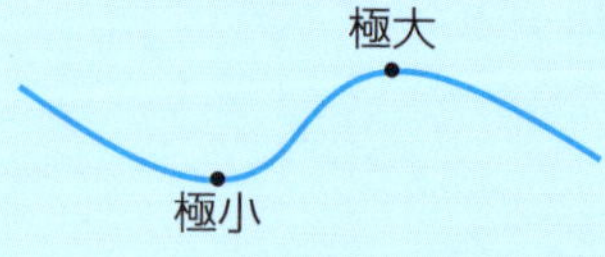

注釈

- $f(a)$ が極大値または極小値のとき，“$f(x)$ は $x = a$ で**極値**をとる” という．
- “$x = a$ 付近で” ということをより正確にいうと，“実数 $\delta > 0$ が存在して，$[a - \delta, a + \delta]$ の範囲で” ということである．
- “$f(a)$ が最大” ということをより正確にいうと，“その範囲内の全ての x について $f(x) \leqq f(a)$ が成り立つ” ということである．

定理 1.13.2（極値と微分）
微分可能な $f(x)$ が $x = a$ で極値をとるならば $f'(a) = 0$ となる．

証明 仮に $f'(a) \neq 0$ とする．$f'(a) > 0$ のときは $x = a$ 付近で $f'(x) > 0$ となり単調増加する．$f'(a) < 0$ であれば単調減少する．いずれの場合も極値になり得ない．◆

注釈

- この定理の逆は成り立たない．つまり $f'(a) = 0$ であっても，$f(a)$ は極値とは限らない．
  例えば $f(x) = x^3$ は，$f'(0) = 0$ であるが，$f(0)$ は極値ではない．$f(x) = x^3$ は $x < 0$ では増加し，$x = 0$ で一瞬停止し，$x > 0$ ではまた増加する．$f(0) = 0$ は極値ではない．極大は増加が減少に転じる瞬間，極小は減少が増加に転じる瞬間である．

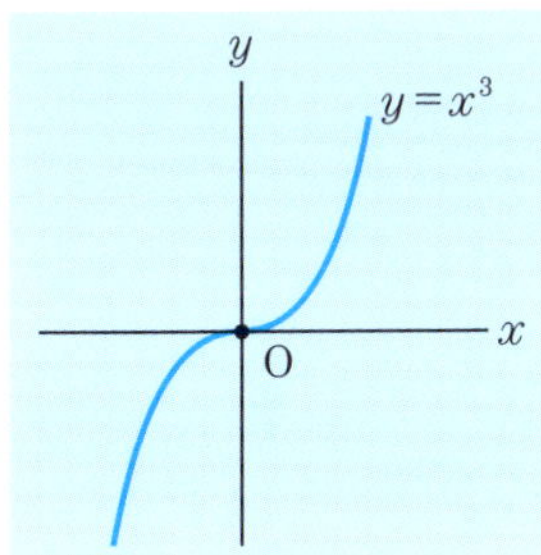

- 極値となる必要条件を述べただけであっても，“極値を調べよ” という問題に対しては，強力な武器となる．$f'(x) = 0$ となる x を全て挙げれば，それが極値の候補であり，それ以外には極値はないことが保証されるからである．
- 極値の候補が実際に極値になるか？　仮になったとして極大なのか極小なのか？ということを判定するための定理を次に述べる．増減表を書いた方が早いことが多いが，多変数関数の場合はそれができないので，練習も兼ねてこの方法を理解しよう．

定理 1.13.3（極値と高階微分）

(1) $f(x)$ は 2 階微分可能とする．

$f'(a) = 0$ かつ $f''(a) < 0$ ならば，$f(a)$ は極大値である．

(2) $f(x)$ は 2 階微分可能とする．

$f'(a) = 0$ かつ $f''(a) > 0$ ならば，$f(a)$ は極小値である．

(3) $f(x)$ は n 階微分可能とする．

$f'(a) = f''(a) = f'''(a) = \cdots = f^{(n-1)}(a) = 0$ かつ $f^{(n)}(a) \neq 0$ のとき．

(a) n が偶数で $f^{(n)}(a) < 0$ のとき，$f(a)$ は極大値．

(b) n が偶数で $f^{(n)}(a) > 0$ のとき，$f(a)$ は極小値．

(c) n が奇数で $f^{(n)}(a) < 0$ のとき，$f(a)$ は極値ではなく，$x = a$ 付近で $f(x)$ は単調減少．

(d) n が奇数で $f^{(n)}(a) > 0$ のとき，$f(a)$ は極値ではなく，$x = a$ 付近で $f(x)$ は単調増加．

注釈 (1), (2) は高校でもやったかもしれない．また (3) は (1), (2) を含んでいる．そういう意味で (1), (2) はここでは書かなくてもいいかもしれないが，いきなり (3) の証明から入るのはやや煩雑なので，練習を兼ねて (1), (2) から示していく．

証明 (1) $f''(a) < 0$ なので，$x = a$ 付近で $f''(x) < 0$ となる．この範囲の x に対し，$n = 2$ のときのテイラーの定理（定理 1.9.3（p.41））より

$$f(x) = f(a) + f'(a)(x-a) + \frac{1}{2}(x-a)^2 f''(c)$$

となる c が a と x の間に存在する．よって c は $f''(x) < 0$ となる範囲内にあり，$f''(c) < 0$ である．ここでは $f'(a) = 0$ なので，$f(x) < f(a)$ が a 付近で成り立つ．よって $f(a)$ は極大である．

(2) $f''(a) > 0$ の場合も (1) と同様にして，$f''(c) > 0$ より $f(x) > f(a)$ となり，極小になる．

(3) $f^{(n)}(a)$ が正であっても，負であっても a のごく近くでは $f^{(n)}(x)$ の符号は $f^{(n)}(a)$ と変わらない．その範囲に x をとって，テイラーの定理（定理 1.9.3（p.41））

より

$$f(x)=\left(\sum_{k=0}^{n-1}\frac{f^{(k)}(a)}{k!}(x-a)^k\right)+\frac{f^{(n)}(c)}{n!}(x-a)^n$$

となる c が a と x の間に存在し，$f^{(n)}(c)$ の符号は $f^{(n)}(a)$ と同じである．仮定よりこの式は次のように整理される：

$$f(x)-f(a)=\frac{f^{(n)}(c)}{n!}(x-a)^n$$

この右辺を K と置いて，以下 (a), (b), (c), (d) では K の符号を調べる．

(a)　n が偶数で $f^{(n)}(c)<0$ なので，$K<0$ である．つまり $x=a$ 付近で $f(a)$ は最大となり，$f(a)$ は極大である．

(b)　n が偶数で $f^{(n)}(c)>0$ なので，$K>0$ である．つまり $x=a$ 付近で $f(a)$ は最小となり，$f(a)$ は極小である．

(c)　n が奇数で $f^{(n)}(c)<0$ なので，$x<a$ ならば $K>0$，$a<x$ ならば $K<0$ である．この状態は a 付近で成り立つので，$f(x)$ は $x=a$ 付近で単調減少する．

(d)　n が奇数で $f^{(n)}(c)>0$ なので，$x<a$ ならば $K<0$，$a<x$ ならば $K>0$ である．この状態は a 付近で成り立つので，$f(x)$ は $x=a$ 付近で単調増加する．◆

例題 1.13.1

極値を調べよ．

(1)　$f(x)=x^n$（n は自然数）　　(2)　$f(x)=x^4+x^3$

解答　(1)　$f'(x)=nx^{n-1}$ だから，$n=1$ の場合は極値なし，$n\geqq 2$ の場合は $x=0$ が極値の候補．$f^{(n)}(x)=n!$ なので

$$1\leqq k\leqq n-1 \text{ で } f^{(k)}(0)=0 \text{ かつ } f^{(n)}(0)>0$$

よって n が偶数のとき $f(0)=0$ が極小，n が奇数のとき極値なし．

(2)　$f'(x)=4x^3+3x^2=x^2(4x+3)=0$ を解いた $x=0,\,-3/4$ が極値の候補．$f''(x)=12x^2+6x$ より，$f''(0)=0,\ f''(-3/4)=9/4>0$．$f'''(x)=24x+6$ より，$f'''(0)=6$．

よって $f(0)$ は極値ではなく，$f(-3/4)=-27/256$ が極小．◆

注釈　(1)　$f(x) = x^n$（n は奇数）は単調増加，$f(x) = x^n$（n は偶数）は $x < 0$ で単調減少，$x > 0$ で単調増加である．

(2)　$f(x) = x^4 + x^3$ の増減表とグラフは以下の通りである．

x	$-\infty$	$\cdots$	$-\frac{3}{4}$	$\cdots$	0	$\cdots$	∞
$f'(x)$	$-$	$-$	0	$+$	0	$+$	$+$
$f(x)$	∞	↘	$-\frac{27}{256}$ 極小	↗	0	↗	∞

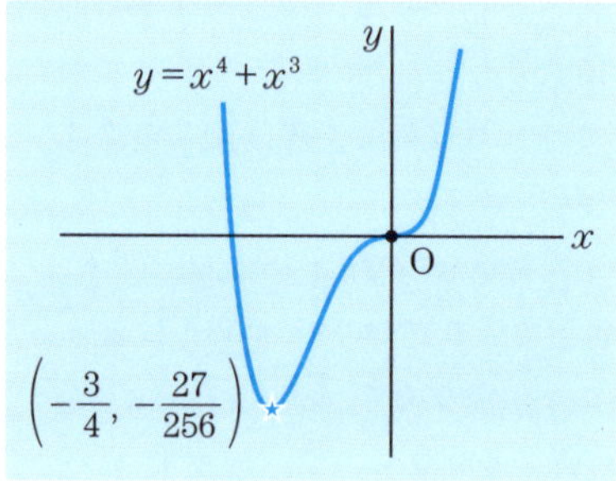

補足　極値を調べよという問には，“$f(a) = b$ は極大” というように x の値，f の値および極大・極小の 3 つをセットで答えるようにしよう．

問　題

1.13.1　極値を調べよ．(1)　$f(x) = 4x^5 + 5x^4$　　(2)　$f(x) = \dfrac{x+1}{x^2+1}$

節末問題

1.13.2　極値を調べ，最大・最小を求めよ．

(1)　$f(x) = \exp(-x^2)$　　$(-1 \leqq x \leqq 2)$

(2)　$f(x) = \log(x^2+1)$　$(-1 \leqq x \leqq 1)$

(3)　$f(x) = \dfrac{x^3}{x^2-2}$　　$(x \fallingdotseq \pm 2)$

(4)　$f(x) = \sin x(1 + \cos x)$　$(0 \leqq x \leqq 2\pi)$

(5)　$f(x) = x^x$　$(0 < x \leqq 1)$

1.14 グラフの凹凸♣

ここではグラフの凹凸(おうとつ)，および変曲について扱う．1 階微分と 2 階微分，増大と下に凸，減少と上に凸，極値と変曲，という対応関係がある．

定義 1.14.1（グラフの凹凸） 関数 $f(x)$ が $x = a$ 付近で

$$f(x) \leqq f'(a)(x-a) + f(a)$$

が成り立つとき，“$f(x)$ は $x = a$ で上に凸” という．逆に

$$f(x) \geqq f'(a)(x-a) + f(a)$$

が成り立つとき，“$f(x)$ は $x = a$ で下に凸” という．

注釈

- 本によっては，“上に凸” のことを “凸”，“下に凸” のことを “凹” と呼ぶものもある．“凹凸を調べよ” という問は上に凸なのか下に凸なのか，あるいはどちらでもないのか，ということを調べよ，という意味である．
- $y = f'(a)(x-a) + f(a)$ は $x = a$ におけるグラフ $y = f(x)$ の接線であるから凹凸は下図のようなイメージである．

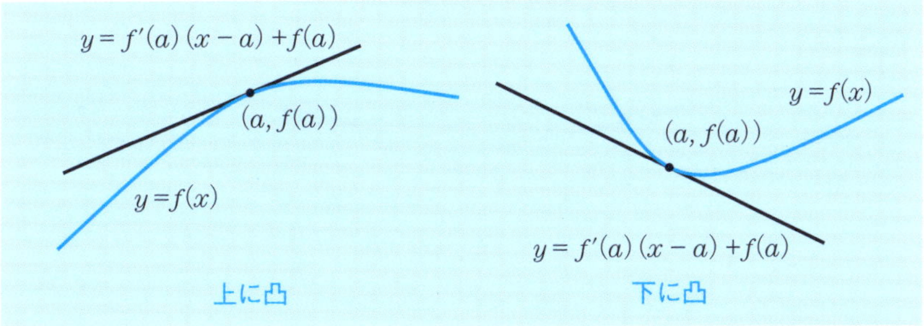

定理 1.14.1（凹凸と 2 階微分） 2 階微分可能な $f(x)$ が $f''(a) > 0$ であれば，$x = a$ で下に凸である．$f''(a) < 0$ であれば，$x = a$ で上に凸である．

証明 $f''(a) > 0$とする．$x = a$付近で$f''(x) > 0$である．この範囲のxに対し，テイラーの定理（定理1.9.3（p.41））の$n = 2$より

$$f(x) = f(a) + f'(a)(x-a) + \frac{1}{2}f''(c)(x-a)^2$$

となるcがaとxの間に存在する．よってcが$f''(x) > 0$となる範囲内にあり，$f''(c) > 0$である．これより上の式の右辺最終項は非負（正または0）であり

$$f(x) \geqq f(a) + f'(a)(x-a)$$

となる．$f''(a) < 0$の場合も同様（不等号の向きが逆転するだけ）． ◆

補足　$f''(a) = 0$の場合は，上に凸になる場合もあり，下に凸になる場合もあり，下に述べる変曲点になる場合もある．

定義 1.14.2（変曲） 関数$f(x)$が$x = a$の前後で，凸の上下が変わるとき，"$x = a$で**変曲**（へんきょく）する" といい，$(a, f(a))$は**変曲点**であるという．

注釈　増加減少が変わるところが極値であった．同様に，凸の上下が変わるところが変曲点である．極値には極大（増加が減少に変わる）と極小（減少が増加に変わる）の2種類があったのと同様に，変曲にも，下の図のように2種類ある．しかしここでは繁雑になるので，この2つは区別しないで，単に変曲点と呼ぶことにする．

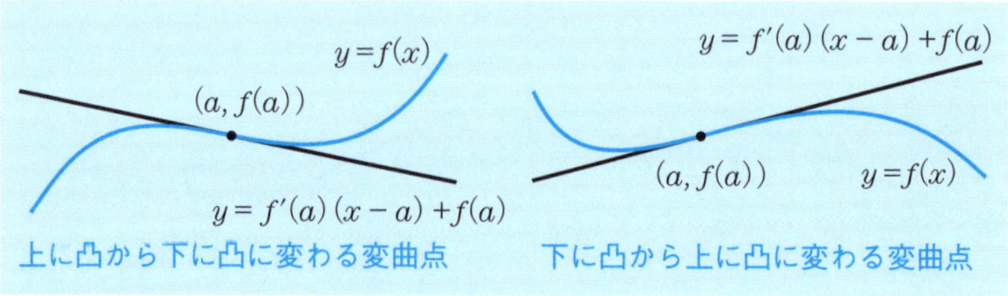

定理 1.14.2（変曲と2階微分）

2階微分可能な関数$f(x)$が$x = a$で変曲するとき，$f''(a) = 0$である．

証明 $x = a$の前後で$f''(x)$の符号が変わるので，$f''(a) = 0$． ◆

注釈　逆は成り立たない．つまり$f''(a) = 0$だが変曲点でないこともある．例えば$f(x) = x^4$では，$f''(x) = 12x^2$なので，$f''(0) = 0$であるが，$x = 0$の前後で$f''(x)$の符号は$+, 0, +$と変化するので変曲点ではない．

定理 1.14.3（変曲と 3 階以上の微分）

(1)　$f(x)$ は 3 階微分可能とする．

$f''(a)=0$ かつ $f'''(a)\neq 0$ ならば，$f(a)$ は変曲点である．

(2)　$f(x)$ は n 階微分可能とする．

$f''(a)=f'''(a)=\cdots=f^{(n-1)}(a)=0$ かつ $f^{(n)}(a)\neq 0$ のとき

n が奇数 $\Longrightarrow f(a)$ は変曲点

n が偶数かつ $f^{(n)}(a)>0 \Longrightarrow x=a$ 付近で $f(x)$ は下に凸

$f^{(n)}(a)<0 \Longrightarrow x=a$ 付近で $f(x)$ は上に凸

証明　この定理は極値と高階微分（定理 1.13.3（p.54））に類似しているので，(2) の証明の要点のみ述べる．仮定とテイラーの定理（定理 1.9.3（p.41））より

$$f(x)-\{f(a)+f'(a)(x-a)\}=\frac{f^{(n)}(c)}{n!}(x-a)^n$$

となる c が x と a の間に存在する．a に十分近い x を考えれば，$f^{(n)}(c)$ の符号は $f^{(n)}(a)$ と同じとしてよい．上式の符号を $x=a$ の前後で調べると，n が奇数のときは変化し，n が偶数のときは変化しない．◆

例題 1.14.1

次の関数の変曲点を調べよ．

$$f(x)=x^n\,(n \text{ は自然数})$$

解答　$n=1$ のとき $f''(x)=0$ なので変曲点なし．

$n=2$ のとき $f''(x)=2$ なので変曲点なし．

$n\geqq 3$ のとき $f'(x)=nx^{n-1}$, $f''(x)=n(n-1)x^{n-2}$ より，$f''(x)=0$ となる $x=0$ が変曲点の候補．

$f^{(n)}(x)=n!$ なので，$n\geqq 3$ の奇数のとき $f(0)$ が変曲点．$n\geqq 3$ の偶数のとき変曲点ではない．◆

例題 1.14.2

$f(x)=x^4+x^3$ の極値および変曲を調べて，グラフをかけ．

解答 極値は例題 1.13.1（p.55）で求めた．

$f''(x)=12x^2+6x=6x(2x+1)$ より，$f''(x)=0$ となるのは $x=-1/2, 0$ のとき．$x=-1/2$ の前後で，$f''(x)$ の符号が $+$, 0, $-$ と変わるので変曲点，$x=0$ の前後で，$f''(x)$ の符号が $-$, 0, $+$ と変わるので変曲点．

まとめると変曲点は $f(-1/2)=-1/16$ と $f(0)=0$ の 2 つ． ◆

x	$-\infty$	$\cdots$	$-\frac{3}{4}$	$\cdots$	$-\frac{1}{2}$	$\cdots$	0	$\cdots$	∞
$f'(x)$	$-$	$-$	0	$+$	$+$	$+$	0	$+$	$+$
$f''(x)$	$+$	$+$	$+$	$+$	0	$-$	0	$+$	$+$
$f(x)$	∞	↘	$-\frac{27}{256}$ 極小	↗	$-\frac{1}{16}$ 変曲点	↗	0 変曲点	↗	∞

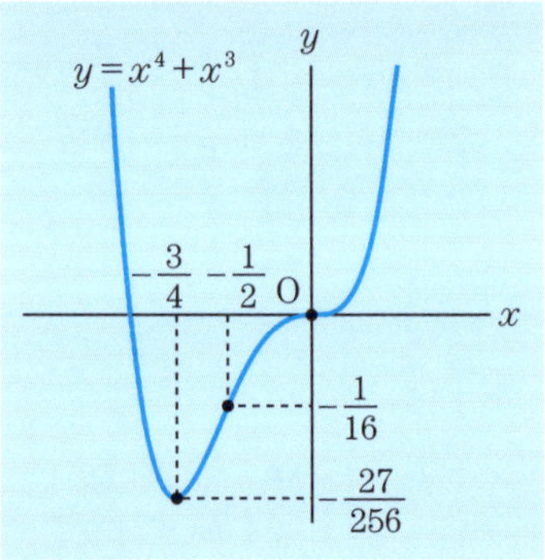

問　題

1.14.1 問題 1.13.1（p.56）の関数について，さらに変曲も調べグラフをかけ．

節 末 問 題

1.14.2 問題 1.13.2（p.56）の関数について，さらに変曲も調べグラフをかけ．

演習問題

◆**1**　次の関数を微分せよ．(1)　$\cos(\log x)$　　(2)　$x^{\exp x}$

◆**2**　次の関数を 5 次までマクローリン展開せよ．

(1)　$\dfrac{x}{1+x}$　　(2)　$e^x \sin x$　　(3)　$\log(1+x)\cos x$

ヒント　形式的に 2 つの関数のマクローリン展開をかければよい．

◆**3**　次の不等式を証明せよ．また等号が成り立つのはどんなときかも考察せよ．

(1)　$1-\dfrac{x^2}{2} \leqq \cos x \leqq 1-\dfrac{x^2}{2}+\dfrac{x^4}{4!}$

(2)　$x-\dfrac{x^3}{3!} \leqq \sin x \leqq x \quad (0 \leqq x)$

ヒント　マクローリンの定理を使う．(1) は $0 \leqq x$ について示せば十分．

◆**4**　次の極限値を求めよ．

(1)　$\displaystyle\lim_{x\to 0} \frac{\tan^{-1} x - x}{x^3}$　　(2)　$\displaystyle\lim_{x\to\infty} \frac{x\log x}{x^x}$

◆**5**　次の関数の極値，変曲を調べ，グラフをかけ．また最大・最小も求めよ．

(1)　$f(x)=\dfrac{x}{2}+\sin x \ (0 \leqq x \leqq 2\pi)$　　(2)　$f(x)=\dfrac{x^3}{x^2-2} \ (x \fallingdotseq \pm\sqrt{2})$

◆**6**　n は 0 または自然数とする．次のことを証明せよ．

(1)　$(\sin x\cos x)^{(2n)} = (-4)^n \sin x\cos x$

(2)　$(e^x \sin x)^{(2n+1)} = (-4)^n(\cos^2 x - \sin^2 x)$

(3)　$(e^x \sin x)^{(n)} = 2^{n/2}e^x \sin\left(x+\dfrac{\pi}{4}n\right)$

ヒント　数学的帰納法を使う．

◆**7**　a, b は正定数とする．

$f(x)=\sqrt{a^2\sin^2 x + b^2\cos^2 x}$ を 4 次までマクローリン展開せよ．

◆**8**　（**フィボナッチ数列**）$a_1=1,\ a_2=1,\ a_{n+2}=a_{n+1}+a_n \ (n=1,2,3,\cdots)$ となる数列について答えよ．

(1)　適当な定数 b, c を用いて，$a_n = b(c^n-(-c)^{-n}) \ (n=1,2,3,\cdots)$ と表せることを示せ．また b, c の値も求めよ．

(2)　$\displaystyle\lim_{n\to\infty}\frac{a_{n+1}}{a_n}$ の値を求めよ．

◆**9**　関数 $f(x)$ は何階でも微分可能とする．次の極限を求めよ．

(1)　$\displaystyle\lim_{h\to 0}\frac{f(x)-f(x-h)}{h}$　　(2)　$\displaystyle\lim_{h\to 0}\frac{f(x+h)-f(x-h)}{2h}$

(3)　$\displaystyle\lim_{h\to 0}\frac{f(x+h)-2f(x)+f(x-h)}{h^2}$

第2章

1変数関数の積分

この章では1変数関数の積分について扱う．様々な関数の不定積分を求めるテクニックを身につけるとともに，定積分の概念をしっかりと理解しよう．

2.1 不定積分

定義 2.1.1（不定積分）

$$\int f(x)\,dx = \text{微分すると } f(x) \text{ になる関数の全体集合}$$

注釈

- 微分すると $f(x)$ になる関数を $f(x)$ の**原始関数**という．つまり不定積分は原始関数の集合である．
- 不定積分は定数分の自由度がある．積分定数 C を使って，この自由度を表現する．例えば x の原始関数は $x^2/2 +$ 任意定数なので

$$\int x\,dx = \frac{x^2}{2} + C$$

と表す．ただし，この本では積分定数 C は省略することにして

$$\int x\,dx = \frac{x^2}{2}$$

と書く．
- 上の不定積分で $f(x)$ を**被積分関数**という．

基本的な関数の微分（定理 1.3.1（p.17））や 1.4 節以降に出てきた微分を利用すると，次の不定積分が分かる．

定理 2.1.1（不定積分の基本例）

微分	不定積分
$(x^a)' = ax^{a-1}$	$\int x^a dx = \frac{x^{a+1}}{a+1} \quad (a \neq -1)$
$(a^x)' = (\log a)\, a^x$	$\int a^x dx = \frac{a^x}{\log a}$
$(\log \vert x\vert)' = \frac{1}{x}$	$\int \frac{dx}{x} = \log \vert x\vert$
$(\sin x)' = \cos x$	$\int \cos x\, dx = \sin x$
$(\cos x)' = -\sin x$	$\int \sin x\, dx = -\cos x$
$(\tan x)' = \frac{1}{\cos^2 x}$	$\int \frac{dx}{\cos^2 x} = \tan x$
$(\sin^{-1} x)' = \frac{1}{\sqrt{1-x^2}}$	$\int \frac{dx}{\sqrt{1-x^2}} = \sin^{-1} x$
$(\tan^{-1} x)' = \frac{1}{1+x^2}$	$\int \frac{dx}{1+x^2} = \tan^{-1} x$
$(\sinh x)' = \cosh x$	$\int \cosh x\, dx = \sinh x$
$(\cosh x)' = \sinh x$	$\int \sinh x\, dx = \cosh x$
$(\tanh x)' = \frac{1}{\cosh^2 x}$	$\int \frac{dx}{\cosh^2 x} = \tanh x$
$(\sinh^{-1} x)' = \frac{1}{\sqrt{x^2+1}}$	$\int \frac{dx}{\sqrt{x^2+1}} = \sinh^{-1} x = \log(x + \sqrt{x^2+1})$
$(\cosh^{-1} x)' = \frac{1}{\sqrt{x^2-1}}$	$\int \frac{dx}{\sqrt{x^2-1}} = \cosh^{-1} x = \log(x + \sqrt{x^2-1})$
$(\tanh^{-1} x)' = \frac{1}{1-x^2}$	$\int \frac{dx}{1-x^2} = \tanh^{-1} x \quad (\vert x\vert < 1) = \frac{1}{2} \log \left\vert \frac{1+x}{1-x} \right\vert$

注釈

- 逆双曲線関数の不定積分は無理に暗記する必要はない（もちろん覚えてもよいのだが）．後に出てくる置換積分を使い，例えば $\int \frac{dx}{\sqrt{x^2+1}}$ であれば $x = \sinh t$ と置いて計算すればよい．
- 不定積分の問題で自分の解いた答と模範解答を比較するのはあまり容易ではない．先にも述べたように積分定数分の自由度があるからだ．積分定数分の自由度といっても＋積分定数と明示的な場合ばかりではない．例えば，上に出てくる不定積分 $\int \frac{dx}{\sqrt{1-x^2}} = \sin^{-1} x$ は $\int \frac{dx}{\sqrt{1-x^2}} = -\cos^{-1} x$ でも正解である．答を微分してみて，被積分関数になるのを確認するのが一番である．

定理 2.1.2（不定積分の性質）　(1) では $f(x)$, $g(x)$ は原始関数をもつとする．(2), (3) では $f(x)$, $g(x)$ は微分可能とする．

(1) $$\int \{k\,f(x)+l\,g(x)\}\,dx = k\int f(x)\,dx + l\int g(x)\,dx \quad (k, l \in \mathbf{R})$$

(2) $$\int \{f'(x)g(x) + f(x)g'(x)\}\,dx = f(x)g(x)$$

(3) $$\int f'(g(x))g'(x)\,dx = f(g(x))$$

証明　定理 1.3.3（p.18）より．◆

問　題

2.1.1　次の不定積分を求めよ．

(1) $\int x\exp(x^2+1)\,dx$　　(2) $\int x\cos(x^2+1)\,dx$

(3) $\int x(x^2+1)^5\,dx$　　(4) $\int x\sqrt{x^2+1}\,dx$

(5) $\int \frac{x}{\sqrt{x^2+1}}\,dx$　　(6) $\int \frac{x}{x^2+1}\,dx$

ヒント　上の定理 2.1.2 (3) で $g(x) = x^2+1$

注釈　これは $x^2+1=t$ として置換積分で解くこともできるが，あっという間に答を出せるようになってほしいものである．問題 1.3.3（p.19）を参考にせよ．

節末問題

2.1.2 次の不定積分を求めよ．

(1) $\displaystyle\int \sqrt{x}\,dx$　(2) $\displaystyle\int \frac{dx}{\sqrt{x}}$

(3) $\displaystyle\int \sqrt[3]{x^5}\,dx$　(4) $\displaystyle\int 2^x\,dx$

(5) $\displaystyle\int \frac{dx}{\sqrt{x}+\sqrt{x+1}}$

ヒント (5) $\sqrt{x+1}-\sqrt{x}$ を分母分子にかける．

2.1.3 次の不定積分を求めよ．

(1) $\displaystyle\int \frac{x\,dx}{\sqrt{1-(x^2+1)^2}}$

(2) $\displaystyle\int \frac{x\,dx}{1+(x^2+1)^2}$

ヒント 問題 2.1.1（p.64）と解法は同じ．

2.1.4 次の不定積分を求めよ．

(1) $\displaystyle\int x^2 \exp(x^3+1)\,dx$

(2) $\displaystyle\int x^2 \cos(x^3+1)\,dx$

(3) $\displaystyle\int x^2 \sinh(x^3+1)\,dx$

(4) $\displaystyle\int \frac{x^2\,dx}{x^3+1}$

(5) $\displaystyle\int x^2\sqrt{x^3+1}\,dx$

(6) $\displaystyle\int \frac{x^2\,dx}{\sqrt{x^3+1}}$

(7) $\displaystyle\int x^2(x^3+1)^7\,dx$

ヒント 定理 2.1.2 (3)（p.64）で $g(x)=x^3+1$．

2.2 定 積 分

ここでは定積分について扱う．前節の不定積分のことは一旦忘れて，定積分の定義について理解してほしい．その後，微積分の基本定理で定積分と不定積分の関係を把握してほしい．

定義 2.2.1（定積分） 区間 $[a,b]$ で連続な関数 $f(x)$ について，次のものを $f(x)$ の $[a,b]$ 上の**定積分**という：

$\displaystyle\int_a^b f(x)\,dx =$ 区間 $[a,b]$ で，$y = f(x)$ と x 軸で囲まれた部分の面積

ただし x 軸より下にある部分の面積は負と勘定する．

さらに $a > b$ のときは $\displaystyle\int_a^b f(x)\,dx = -\int_b^a f(x)\,dx$ とし，

$a = b$ のときは $\displaystyle\int_a^b f(x)\,dx = 0$ とする．

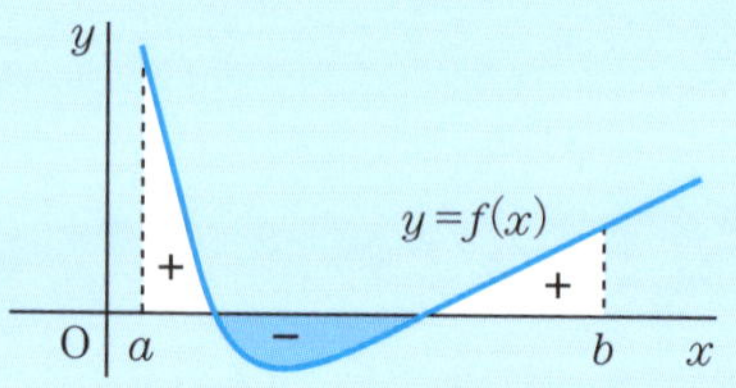

それでは面積とは何かというと，以下のようになる：

$$\int_a^b f(x)\,dx = \lim_{n\to\infty}\sum_{k=0}^{n-1} f(a+k\,dx)dx \qquad \left(dx = \frac{b-a}{n} \text{と置く}\right)$$

$[a,b]$ を均等に n 分割し，その区間ごとに高さを区間の左端の $f(x)$ の値でとったものである．この和を**リーマン和**という．この方法で積分値を求めることを**区分求積法**（くぶんきゅうせきほう）という．

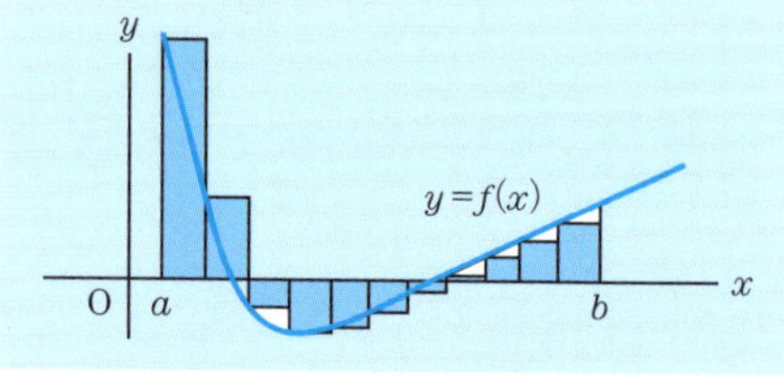

注釈　より厳密にいうと，均等な分割でなくても，最も横幅の大きいものの横幅を 0 に近づければよい．また，高さをとるところも左端に限らず，各区間内のどこで高さをとっても構わない．分割の仕方や高さを各区間内でどこにとるか，という選択肢に依存しないで上の値が決まるときに，その値を定積分とする．均等 n 分割で高さを右端でとった場合は，次のようになる：

$$\int_a^b f(x)\,dx = \lim_{n\to\infty}\sum_{k=1}^{n} f(a+k\,dx)dx \quad \left(dx = \frac{b-a}{n}\text{ と置く}\right)$$

例題 2.2.1

区分求積法で $\int_0^1 x\,dx$ の値を求めよ．

解答　$\text{与式} = \lim_{n\to\infty}\sum_{k=0}^{n-1}(k\,dx)\,dx \quad \left(dx = \frac{1}{n}\text{ と置く}\right)$

$$= \lim_{n\to\infty}\frac{1}{n^2}\sum_{k=0}^{n-1}k$$

$$= \lim_{n\to\infty}\frac{1}{n^2}\left\{\frac{(n-1)n}{2}\right\} = \frac{1}{2} \quad ◆$$

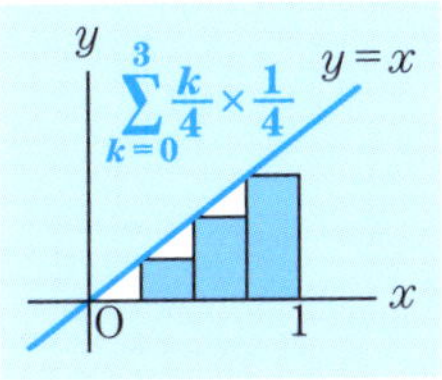

別解　$\text{与式} = \lim_{n\to\infty}\sum_{k=1}^{n}(k\,dx)\,dx \quad \left(dx = \frac{1}{n}\text{ と置く}\right)$

$$= \lim_{n\to\infty}\frac{1}{n^2}\sum_{k=1}^{n}k$$

$$= \lim_{n\to\infty}\frac{1}{n^2}\left\{\frac{n(n+1)}{2}\right\} = \frac{1}{2} \quad ◆$$

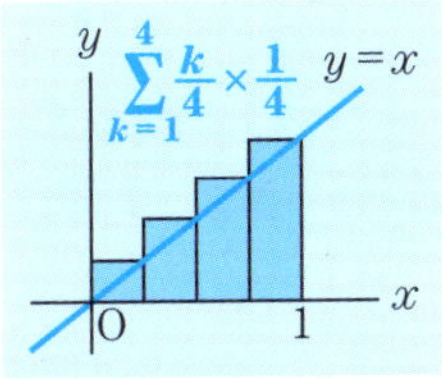

問　題

2.2.1　区分求積法で $\int_0^1 x^2\,dx$ の値を求めよ．

ヒント　$\sum_{k=1}^{n}k^2 = \frac{1}{6}n(n+1)(2n+1)$

補足　$\int_a^b f(x)+g(x)\,dx$ と書くのはよくない．$\int_a^b$ リーマン和の $\sum_{k=1}^{n}$ を表している．dx は x の微小増加量 $\frac{b-a}{n}$ のことである．$\{f(x)+g(x)\}$ に dx をかけたものを足し上げるのだから，$\int_a^b\{f(x)+g(x)\}\,dx$ と書く．dx は微小量であって，ここまでが積分であるという記号ではない．$\int_a^b dx\,\{f(x)+g(x)\}$ と書いてもよい（重積分のときは，変数と変数の範囲の対応が分かりやすいので，こちらの方が都合がよいこともある）．

定理 2.2.1（定積分の性質）　$f(x)$, $g(x)$ は $[a,b]$ で連続とする．

(1) $\displaystyle\int_a^b \{k\,f(x)+l\,g(x)\}\,dx = k\int_a^b f(x)\,dx + l\int_a^b g(x)\,dx$　$(k, l \in \mathbf{R})$

(2) $\displaystyle\int_a^b f(x)\,dx = \int_a^c f(x)\,dx + \int_c^b f(x)\,dx$　（$c \in [a,b]$ とする）

(3) $0 \leqq f(x)$ のとき　$\displaystyle 0 \leqq \int_a^b f(x)\,dx$

(4) $m \leqq f(x) \leqq M$ のとき　$\displaystyle m(b-a) \leqq \int_a^b f(x)\,dx \leqq M(b-a)$

(5) $\displaystyle\int_a^b f(x)\,dx = f(c)(b-a)$ となる $c \in [a,b]$ が存在する．

（積分の平均値の定理）

(6) $\displaystyle\left|\int_a^b f(x)\,dx\right| \leqq \int_a^b |f(x)|\,dx$

(7) $|f(x)| \leqq M$ のとき　$\displaystyle\left|\int_a^b f(x)\,dx\right| \leqq M(b-a)$

証明　概略のみ述べる．(1)〜(4) はリーマン和を考えれば容易に分かる．(5) は (4) において最大値を M，最小値を m とおいて，中間値の定理（定理 1.2.4（p.14））を使えば分かる．(6) はリーマン和の両辺の絶対値をとる．一般に

$$|x+y| \leqq |x| + |y|$$

（等号は x, y の符号が同じとき）が成り立つことを使えばよい．等号は $f(x)$ が $[a,b]$ 上で定符号のときに成立する．(7) は (4) と (6) を使えばよい．◆

定理 2.2.2（微積分の基本定理）

連続関数 $f(x)$ について，次の式が成り立つ．ただし，(2) では $f'(x)$ も連続であるとする：

(1) $\displaystyle\frac{d}{dx}\left\{\int_a^x f(t)dt\right\} = f(x)$

(2) $\displaystyle\int_a^b f'(x)dx = f(b) - f(a)$　$\left(= \Big[f(x)\Big]_a^b \text{と書く}\right)$

証明 (1) 左辺は次の式で $h \to 0$ の極限をとったものである.

$$\frac{1}{h}\left\{\int_a^{x+h} f(t)dt - \int_a^x f(t)dt\right\} = \frac{1}{h}\int_x^{x+h} f(t)dt$$

右辺に積分の平均値の定理（定理 2.2.1 (5)（p.68））を適用すると

$$\frac{1}{h}\int_x^{x+h} f(t)dt = f(c)$$

となる c が x と $x+h$ の間に存在する．ここで $h \to 0$ とすると $c \to x$ となり，$f(c) \to f(x)$ となる．

(2) 両辺の b を変数だと思って，左辺 − 右辺 を b で微分すると，(1) より

$$\frac{d}{db}\left\{\int_a^b f'(x)dx - f(b) + f(a)\right\} = f'(b) - f'(b) = 0$$

となる．また，$b = a$ のとき，左辺も右辺も 0 である．

よって任意の b で与式は成り立つ. ◆

例題 2.2.2

微積分の基本定理（定理 2.2.2 (2)（p.68））を使って

(1) $\displaystyle\int_0^1 x\,dx$　　(2) $\displaystyle\int_0^1 x^2\,dx$

を求めよ.

解答 (1) $\displaystyle\int_0^1 x\,dx = \left[\frac{x^2}{2}\right]_0^1 = \frac{1^2}{2} - \frac{0^2}{2} = \frac{1}{2}$

(2) $\displaystyle\int_0^1 x^2\,dx = \left[\frac{x^3}{3}\right]_0^1 = \frac{1^2}{3} - \frac{0^2}{2} = \frac{1}{3}$ ◆

例題 2.2.1（p.67），問題 2.2.1（p.67）で区分求積法で既に求めた値ともちろん一致している.

問　題

2.2.2 次の定積分の値を求めよ．

(1) $\displaystyle\int_0^1 e^x\,dx$　(2) $\displaystyle\int_0^1 2^x\,dx$　(3) $\displaystyle\int_1^2 \frac{dx}{x}$

(4) $\displaystyle\int_{-2}^{-1} \frac{dx}{x}$　(5) $\displaystyle\int_0^{\pi} \sin x\,dx$　(6) $\displaystyle\int_0^{\pi/2} \cos x\,dx$

(7) $\displaystyle\int_0^{\pi/4} \frac{dx}{\cos^2 x}$　(8) $\displaystyle\int_0^{1/2} \frac{dx}{\sqrt{1-x^2}}$　(9) $\displaystyle\int_0^1 \frac{dx}{1+x^2}$

(10) $\displaystyle\int_0^{\log 2} \cosh x\,dx$　(11) $\displaystyle\int_0^{\log 2} \sinh x\,dx$

(12) $\displaystyle\int_0^{\log 2} \frac{dx}{\cosh^2 x}$　(13) $\displaystyle\int_0^1 \frac{dx}{\sqrt{x^2+1}}$

(14) $\displaystyle\int_2^3 \frac{dx}{\sqrt{x^2-1}}$　(15) $\displaystyle\int_0^{1/2} \frac{dx}{1-x^2}$

ヒント　不定積分は定理 2.1.1（p.63）を参考に．

節 末 問 題

2.2.3 次の値を求めよ．

(1) $\displaystyle\lim_{n\to\infty}\sum_{k=0}^{n-1}\sin\left(\frac{\pi k}{2n}\right)\frac{\pi}{n}$　(2) $\displaystyle\lim_{n\to\infty}\frac{1}{n^{a+1}}\sum_{k=1}^{n}k^a \quad (a \neq -1)$

ヒント　区分求積法で積分に直す．

2.2.4 区分求積法で次の値を求めよ．

(1) $\displaystyle\int_0^1 e^x\,dx$　(2) $\displaystyle\int_0^1 2^x\,dx$

ヒント　微積分の基本定理を使えば簡単であるが，ここでは区分求積法でリーマン和にしてから等比級数を使う．

2.2.5 次の定積分の値を求めよ．

(1) $\displaystyle\int_0^1 x\exp(x^2+1)\,dx$　(2) $\displaystyle\int_0^1 x\cos(x^2+1)\,dx$

(3) $\displaystyle\int_0^1 x(x^2+1)^5\,dx$　(4) $\displaystyle\int_0^1 x\sqrt{x^2+1}\,dx$

(5) $\displaystyle\int_0^1 \frac{x}{\sqrt{x^2+1}}\,dx$　(6) $\displaystyle\int_0^1 \frac{x}{x^2+1}\,dx$

ヒント　不定積分は問題 2.1.1（p.64）を参考に．

2.3 置換積分

ここでは置換(ちかん)積分について扱う．積分の変数変換ともいう．不定積分や定積分を計算するときに，別の変数に変換した方が計算の都合上よい，ということがしばしばある．そのときにこの置換積分を使う．

定理 2.3.1（置換積分） $f(x)$ は連続関数とする．変数 t の連続関数 $x(t)$ が単調であるとき逆関数 $t(x)$ も存在して，以下のような変数変換が可能である：

(1) $\displaystyle\int f(x)\,dx = \int f(x(t))\,\frac{dx}{dt}\,dt$

(2) $\displaystyle\int_a^b f(x)\,dx = \int_{t(a)}^{t(b)} f(x(t))\,\frac{dx}{dt}\,dt$

これを**置換積分**という．

証明 (1) 左辺を t で微分すると

$$\frac{d}{dx}\left\{\int f(x)\,dx\right\}\frac{dx}{dt} = f(x)\frac{dx}{dt}$$

となり，右辺を t で微分したものと同じである．もともと与式の両辺には定数分の自由度があるので，これで証明は十分である．

(2) 両辺の b を変数だと思って，b で微分すると

$$\frac{d}{db}(\text{左辺} - \text{右辺}) = f(b) - \frac{dt}{dx}(b)f(x(t(b)))\frac{dx}{dt}(b) = f(b) - f(b) = 0$$

となる．さらに $b = a$ のとき，両辺とも 0 で一致する． ◆

注釈　$dx = \frac{dx}{dt}dt$ と書けばなんとなく約分して納得させられてしまうが，$\frac{dx}{dt}$ という量は，どういう意味をもっていて，なぜ必要なのだろうか？

置換積分は同じ図形の面積を x ではなく，t を使って評価しようというものである．t が dt だけ微小増加するとき増える領域は，高さは $f(x(t))$ でよいだろう．底辺の長さは t 軸上で評価すれば dt であるが，あくまで x 軸上で評価しなければならないので

$$x(t+dt) - x(t) = \frac{dx}{dt}dt$$

となる．つまり $\frac{dx}{dt}$ は x 軸上での長さと t 軸上での長さのレートなのである．例えば $x = 2t$ と変換したとき，x 軸上で 1 進む間に t は 1/2 しか進まない．底辺の長さを t で評価すると過小評価になってしまうので，2 倍にしておく必要があるのだ．

例題 2.3.1

置換積分で値を求めよ．

$$\int_0^{\pi/4} \sin\left(2x + \frac{\pi}{4}\right) dx$$

解答 $2x + \dfrac{\pi}{4} = t$ と置く．$2\,dx = dt$．$x : 0 \to \dfrac{\pi}{4}$ より $t : \dfrac{\pi}{4} \to \dfrac{3\pi}{4}$．

$$\begin{aligned}与式 &= \int_{\pi/4}^{3\pi/4} \sin t \,\frac{dx}{2} = \frac{1}{2}\Big[-\cos t\Big]_{\pi/4}^{3\pi/4} \\ &= \frac{1}{2}\left\{\left(-\cos\frac{3\pi}{4}\right) - \left(-\cos\frac{\pi}{4}\right)\right\} \\ &= \frac{1}{2}\left(\frac{\sqrt{2}}{2} + \frac{\sqrt{2}}{2}\right) = \frac{\sqrt{2}}{2}\end{aligned}$$

◆

問　題

2.3.1 置換積分で値を求めよ．

$$\int_0^{\pi/6} \cos\left(-2x + \frac{\pi}{3}\right) dx$$

例題 2.3.2

置換積分で値を求めよ．

(1) $\displaystyle\int \cos(ax)\,dx \quad (a \neq 0)$　　(2) $\displaystyle\int \frac{dx}{\sqrt{a^2 - x^2}} \quad (a > 0)$

解答 (1) $t = ax$ と置くと，$dt = a\,dx$．

$$\int \cos(ax)\,dx = \int \cos(t)\,\frac{dt}{a} = \frac{1}{a}\sin t = \frac{1}{a}\sin(ax)$$

(2) $x = at$ と置くと，$dx = a\,dt$．

$$\begin{aligned}\int \frac{dx}{\sqrt{a^2 - x^2}} &= \int \frac{a\,dt}{\sqrt{a^2 - a^2t^2}} = \int \frac{dt}{\sqrt{1 - t^2}} \\ &= \sin^{-1} t = \sin^{-1}\left(\frac{x}{a}\right)\end{aligned}$$

（定理 2.1.1（p.63）より）

◆

補足　この程度の置換積分なら，慣れれば頭の中でやってしまおう．

(2) において，$a \neq 0$ とすれば $\displaystyle\int \frac{dx}{\sqrt{a^2 - x^2}} = \sin^{-1}\left(\frac{x}{|a|}\right)$ である．

問題

2.3.2 a は正定数，b, c は 0 でない定数とする．置換積分で値を求めよ．

(1) $\displaystyle\int (bx)^c\,dx$　(2) $\displaystyle\int a^{bx}\,dx$　(3) $\displaystyle\int \sin(bx)\,dx$

(4) $\displaystyle\int \frac{dx}{\cos^2(bx)}$　(5) $\displaystyle\int \frac{dx}{a^2+x^2}$　(6) $\displaystyle\int \cosh(bx)\,dx$

(7) $\displaystyle\int \sinh(bx)\,dx$　(8) $\displaystyle\int \frac{dx}{\cosh^2(bx)}$　(9) $\displaystyle\int \frac{dx}{\sqrt{x^2+a^2}}$

(10) $\displaystyle\int \frac{dx}{\sqrt{x^2-a^2}}$　(11) $\displaystyle\int \frac{dx}{a^2-x^2}$

ヒント　不定積分の基本例（定理 2.1.1（p.63））を参考に．

例題 2.3.3

置換積分で値を求めよ．

(1) $\displaystyle\int \frac{dx}{\sqrt{1-x^2}}$

(2) $\displaystyle\int_0^{1/2} \frac{dx}{\sqrt{1-x^2}}$

(1) の不定積分は不定積分の基本例（定理 2.1.1（p.63））にもあるように，$\sin^{-1} x$ である．それと，微積分の基本定理（定理 2.2.2 (2)（p.68））を使えば $\left[\sin^{-1} x\right]_0^{1/2}$ として計算可能である．ここでは置換積分を使って解いてみよう．

解答 (1)　$x = \sin t \left(-\dfrac{\pi}{2} < t < \dfrac{\pi}{2}\right)$ と置いて，$dx = \cos t\,dt$

$$\begin{aligned}\text{与式} &= \int \frac{1}{\sqrt{1-\sin^2 t}} \cos t\,dt \qquad (\sin^2 t + \cos^2 t = 1, \cos t > 0 \text{ より})\\ &= t = \sin^{-1} x\end{aligned}$$

(2)　$x = \sin t \left(0 \leqq t \leqq \dfrac{\pi}{6}\right)$ と置いて，$dx = \cos t\,dt$

$$\begin{aligned}\text{与式} &= \int_0^{\pi/6} \frac{1}{\sqrt{1-\sin^2 t}} \cos t\,dt\\ &= \int_0^{\pi/6} dt = \frac{\pi}{6}\end{aligned}$$

◆

問　題

2.3.3　a は正定数とする．置換積分で値を求めよ．

(1) $\displaystyle\int \sqrt{a^2 - x^2}\, dx$　　(2) $\displaystyle\int_{-a}^{a} \sqrt{a^2 - x^2}\, dx$

ヒント　$x = a \sin t \left(-\dfrac{\pi}{2} \leqq t \leqq \dfrac{\pi}{2}\right)$ と置く．

例題 2.3.4

置換積分で値を求めよ．

$$\int_0^{\pi/4} \tan x\, dx$$

解答　$\displaystyle\int_0^{\pi/4} \tan x\, dx = \int_0^{\pi/4} \frac{\sin x}{\cos x}\, dx$

（ここで $t = \cos x$ と置くと，$dt = -\sin x\, dx$ で，$x : 0 \to \frac{\pi}{4}$ より $t : 1 \to \frac{1}{\sqrt{2}}$ となる.）

$$= \int_1^{1/\sqrt{2}} \frac{\sin x}{t} \frac{dt}{-\sin x}$$

$$= \int_{1/\sqrt{2}}^1 \frac{dt}{t} = \Big[\log t\Big]_{1/\sqrt{2}}^1 = \frac{\log 2}{2}$$

◆

注釈　$\displaystyle\int \frac{\sin x}{\cos x}\, dx$ となった時点で，次の公式を使うのもよい：

$$\int \frac{f'(x)}{f(x)} dx = \log |f(x)|$$

問　題

2.3.4　置換積分で値を求めよ．

$$\int_0^1 \tanh x\, dx$$

節 末 問 題

2.3.5　置換積分で値を求めよ．

(1) $\displaystyle\int_0^1 \frac{dx}{1+x^2}$　　(2) $\displaystyle\int_0^1 \frac{e^x}{2+e^x}\, dx$

(3) $\displaystyle\int_1^e \frac{(\log x)^3}{x}\, dx$　　(4) $\displaystyle\int_0^{\pi/2} \sin^2 x \cos x\, dx$

ヒント　(1)　$x = \tan t$　　(2)　$e^x = t$

(3)　$t = \log x$　　(4)　$t = \sin x$

2.4 部分積分

ここでは部分積分を扱う．置換積分と並んで，積分を計算する際の重要な手法の 1 つである．

定理 2.4.1（部分積分）

$f(x)$, $g(x)$ は微分可能で，$f'(x)$, $g'(x)$ は連続であるとする．

(1) $\displaystyle\int f'(x)g(x)dx = f(x)g(x) - \int f(x)g'(x)\,dx$

(2) $\displaystyle\int_a^b f'(x)g(x)dx = \Big[f(x)g(x)\Big]_a^b - \int_a^b f(x)g'(x)\,dx$

証明 (1) 次のように変形すれば，積の微分法則（定理 1.3.3 (2)（p.18））からすぐ分かる．

$$\int \{f'(x)g(x) + f(x)g'(x)\}\,dx = f(x)g(x)$$

(2) は (1) の式と微積分の基本定理（定理 2.2.2 (2)（p.68））を組み合わせただけ． ◆

例題 2.4.1

次の不定積分・定積分を求めよ．

(1) $\displaystyle\int x\sin x\,dx$ (2) $\displaystyle\int_0^1 xe^x\,dx$

解答 (1) 与式 $\displaystyle = \int x(-\cos x)'\,dx = -x\cos x + \int \cos x\,dx$

$= -x\cos x + \sin x$

(2) 与式 $\displaystyle = \int_0^1 x(e^x)'\,dx = \big[xe^x\big]_0^1 - \int_0^1 e^x\,dx = e - \big[e^x\big]_0^1 = 1$ ◆

問題

2.4.1 次の不定積分を求めよ．

(1) $\displaystyle\int x\cos x\,dx$ (2) $\displaystyle\int x^2\sin x\,dx$ (3) $\displaystyle\int x^2e^x\,dx$

例題 2.4.2

$f(x)$ は微分可能とする．次の不定積分を求めよ．

$$\int f'(x)f(x)\,dx$$

解答 与式 $= f(x)f(x) -$ 与式，なので与式 $= \dfrac{1}{2}\{f(x)\}^2$ ◆

別解 $f(x) = t$ と置くと，$f'(x)dx = dt$ なので

$$\int f'(x)f(x)\,dx = \int t\,dt = \frac{t^2}{2} = \frac{1}{2}\{f(x)\}^2$$ ◆

注釈 これを拡張すると，次のようになる：

$$\int f'(x)\{f(x)\}^a\,dx = \frac{1}{a+1}\{f(x)\}^{a+1}$$

問　題

2.4.2 次の不定積分を求めよ．

(1) $\displaystyle\int \sin x\,\cos x\,dx$　　(2) $\displaystyle\int \frac{\tan x}{\cos^2 x}\,dx$

(3) $\displaystyle\int \frac{\log x}{x}\,dx$　　(4) $\displaystyle\int \frac{\sin^{-1} x}{\sqrt{1-x^2}}\,dx$

(5) $\displaystyle\int \frac{\tan^{-1} x}{1+x^2}\,dx$　　(6) $\displaystyle\int \sinh x\,\cosh x\,dx$

(7) $\displaystyle\int \frac{\tanh x}{\cosh^2 x}\,dx$　　(8) $\displaystyle\int \frac{\sinh^{-1} x}{\sqrt{x^2+1}}\,dx$

(9) $\displaystyle\int \frac{\cosh^{-1} x}{\sqrt{x^2-1}}\,dx$　　(10) $\displaystyle\int \frac{\tanh^{-1} x}{1-x^2}\,dx$

例題 2.4.3

次の不定積分を求めよ．

(1) $\displaystyle\int \log x\,dx$　　(2) $\displaystyle\int \sqrt{1+x^2}\,dx$

解答 (1) 与式 $= \displaystyle\int (x)'\log x\,dx = x\log x - \int x\frac{1}{x}\,dx = x\log x - x$

(2)　与式 $= \displaystyle\int (x)'\sqrt{1+x^2}\,dx = x\sqrt{1+x^2} - \int x\frac{x}{\sqrt{1+x^2}}\,dx$

$$= x\sqrt{1+x^2} - \int \frac{1+x^2-1}{\sqrt{1+x^2}}\,dx$$

$$= x\sqrt{1+x^2} - \int \sqrt{1+x^2}\,dx + \int \frac{1}{\sqrt{1+x^2}}\,dx$$

$$= x\sqrt{1+x^2} - 与式 + \sinh^{-1} x$$

なので与式 $= \dfrac{1}{2}x\sqrt{1+x^2} + \dfrac{1}{2}\sinh^{-1} x$ ◆

問　題

2.4.3 次の不定積分を求めよ．

(1) $\displaystyle\int (\log x)^2\,dx$　(2) $\displaystyle\int \sqrt{1-x^2}\,dx$

節 末 問 題

2.4.4 次の不定積分を求めよ．

(1) $\displaystyle\int xe^{-x}\,dx$　(2) $\displaystyle\int xe^{2x}\,dx$　(3) $\displaystyle\int x^3e^{-x^2}\,dx$

2.4.5 次の不定積分を求めよ．

(1) $\displaystyle\int \sin^{-1} x\,dx$　(2) $\displaystyle\int \tan^{-1} x\,dx$

(3) $\displaystyle\int x\log x\,dx$　(4) $\displaystyle\int x(\log x)^2\,dx$

ヒント　(1), (2)　$1 = (x)'$ を被積分関数にかける．
(3), (4)　$x = \left(x^2/2\right)'$.

2.5　有理関数の積分

2.5～2.7 節では，不定積分を計算するテクニックを扱う．1 つの不定積分の問題を解くにも，その方法は 1 通りではない．また，全ての不定積分が解ける（知っている関数で書ける）訳ではない．この節では分数の形をしており，分母も分子も多項式になっている場合の積分について扱う．

定理 2.5.1 (有理関数の積分の基本公式)

a は実定数，n は自然数定数とする．

(1) $$\int \frac{dx}{(x+a)^n} = \begin{cases} \dfrac{1}{(-n+1)\,(x+a)^{n-1}} & (n \geqq 2 \text{ のとき}) \\ \log|x+a| & (n = 1 \text{ のとき}) \end{cases}$$

(2) $$\int \frac{x\,dx}{(x^2+a^2)^n} = \begin{cases} \dfrac{1}{2(-n+1)\,(x^2+a^2)^{n-1}} & (n \geqq 2 \text{ のとき}) \\ \dfrac{1}{2}\log(x^2+a^2) & (n = 1 \text{ のとき}) \end{cases}$$

(3) a は 0 でない定数とする．

$$\int \frac{dx}{(x^2+a^2)^n} = \begin{cases} \dfrac{x}{a^2(2n-2)\,(x^2+a^2)^{n-1}} \\ \qquad + \dfrac{(2n-3)}{a^2(2n-2)} \displaystyle\int \frac{dx}{(x^2+a^2)^{n-1}} \\ \qquad\qquad (n \geqq 2 \text{ のとき}) \\ \dfrac{1}{a}\tan^{-1}\dfrac{x}{a} & (n = 1 \text{ のとき}) \end{cases}$$

これらの式が正しいということを証明するには，右辺を微分して，左辺の被積分関数になることさえ示せばよいので省略する．ここでは証明ではなく，どのようにしてこれらの式を作ったか，ということを示す．これを理解することで，上の公式を覚える代わりにもなる．同様のことは 2.5～2.7 節の不定積分の公式についていえる．

(1) $t = x + a$ と置換積分する．

(2) $t = x^2 + a^2$ と置換積分する．

(3) $$\int \frac{dx}{(x^2+a^2)^n} = \frac{1}{a^2}\int \frac{(x^2+a^2)-x^2}{(x^2+a^2)^n}dx$$

$$= \frac{1}{a^2}\int \frac{1}{(x^2+a^2)^{n-1}}dx - \frac{1}{a^2}\int x\frac{x}{(x^2+a^2)^n}dx$$

$$= \frac{1}{a^2}\int \frac{1}{(x^2+a^2)^{n-1}}dx - \frac{1}{a^2}\int x\left\{\frac{1}{2(-n+1)(x^2+a^2)^{n-1}}\right\}' dx$$

$$= \frac{1}{a^2}\int \frac{1}{(x^2+a^2)^{n-1}}dx$$

$$- \frac{1}{2(-n+1)a^2}\left\{x\frac{1}{(x^2+a^2)^{n-1}} - \int \frac{1}{(x^2+a^2)^{n-1}}dx\right\}$$

$$= \frac{1}{(2n-2)a^2}\frac{x}{(x^2+a^2)^{n-1}} + \frac{2n-3}{(2n-2)a^2}\int \frac{dx}{(x^2+a^2)^{n-1}}$$

例題 2.5.1

次の不定積分を求めよ．

(1) $\displaystyle\int \frac{dx}{(2x-3)^3}$　(2) $\displaystyle\int \frac{2x+5}{x^2+2x+3}dx$

(3) $\displaystyle\int \frac{dx}{(x^2+2)^2}$　(4) $\displaystyle\int \frac{dx}{1-x^2}$

解答　(1)　$t = 2x-3$ と置く．$dt = 2dx$.

$$与式 = \int \frac{1}{t^3}\frac{dt}{2} = \left(-\frac{1}{2t^2}\right)\frac{1}{2} = -\frac{1}{4t^2} = -\frac{1}{4(2x-3)^2}$$

(2)　$\displaystyle 与式 = \int \frac{2(x+1)+3}{(x+1)^2+2}dx$　**($t = x+1$ と置くと $dt = dx$)**

$$= \int \frac{2t+3}{t^2+2}dt = \int \frac{2t}{t^2+2}dt + \int \frac{3}{t^2+2}dt$$

（第 **2** 項は定理 **2.5.1 (3)**（**p.78**）の $n=1$ の場合を使った．）

$$= \log(t^2+2) + \frac{3}{\sqrt{2}}\tan^{-1}\frac{t}{\sqrt{2}}$$

$$= \log(x^2+2x+3) + \frac{3}{\sqrt{2}}\tan^{-1}\frac{x+1}{\sqrt{2}}$$

(3)　$\displaystyle 与式 = \frac{x}{4(x^2+2)} + \frac{1}{4}\int \frac{dx}{x^2+2} = \frac{x}{4(x^2+2)} + \frac{1}{4\sqrt{2}}\tan^{-1}\frac{x}{\sqrt{2}}$

(4)　$\displaystyle 与式 = \int \frac{dx}{(1-x)(1+x)} = \frac{1}{2}\int\left(\frac{1}{1-x} + \frac{1}{1+x}\right)$

$$= \frac{1}{2}(-\log|1-x| + \log|1+x|) = \frac{1}{2}\log\left|\frac{1+x}{1-x}\right|$$ ◆

補足　不定積分の基本例（定理 2.1.1（p.63））で $\int \frac{dx}{1-x^2} = \tanh^{-1}x$ としたが，これは $|x|<1$ でしか成り立たない．上の例題 (4) では $\int \frac{dx}{1-x^2} = \frac{1}{2}\log\left|\frac{1+x}{1-x}\right|$ となったが，これは $x \neq \pm 1$ であれば成り立つ．後者の方が汎用性が高い結果である．

問 題

2.5.1 次の不定積分を求めよ．

(1) $\displaystyle\int \frac{dx}{(2x+1)^2}$ (2) $\displaystyle\int \frac{2x+3}{x^2-2x+4}dx$

(3) $\displaystyle\int \frac{x\,dx}{(x^2+2)^2}$ (4) $\displaystyle\int \frac{dx}{(x^2+3)^2}$

(5) $\displaystyle\int \frac{dx}{x^2-3x+2}$

ヒント (1), (2), (4), (5) はそれぞれ例題 2.5.1 (1), (2), (3), (4) (p.79) を参考に．

(3) は $t = x^2 + 2$ とおく．

例題 2.5.2

次の不定積分を求めよ．

$$\int \frac{x^5 - x^4 + 5x + 13}{x^4 - 4x + 3}dx$$

解答 (i) 分子の次数 < 分母の次数 にする．

$$\frac{x^5 - x^4 + 5x + 13}{x^4 - 4x + 3} = x - 1 + \frac{4x^2 - 2x + 16}{x^4 - 4x + 3}$$

(ii) 分母を因数分解する．

$$x^4 - 4x + 3 = (x-1)^2(x^2+2x+3)$$

(iii) 部分分数分解する．

$$\frac{4x^2 - 2x + 16}{x^4 - 4x + 3} = \frac{x+4}{x^2+2x+3} + \frac{-x+4}{(x-1)^2}$$

(iv) 分母の 2 次式を平方完成する．

$$\frac{x+4}{x^2+2x+3} = \frac{x+1}{(x+1)^2+2} + \frac{3}{(x+1)^2+2}$$

$$\frac{-x+4}{(x-1)^2} = \frac{-(x-1)+3}{(x-1)^2} = -\frac{1}{x-1} + \frac{3}{(x-1)^2}$$

まとめて書くと，次のようになる：

$$
\begin{aligned}
与式 &= \int\left(x-1-\frac{1}{x-1}+\frac{3}{(x-1)^2}+\frac{x+1}{(x+1)^2+2}+\frac{3}{(x+1)^2+2}\right)dx \\
&= \frac{x^2}{2}-x-\log|x-1|-\frac{3}{x-1}+\frac{1}{2}\log(x^2+2x+3)+\frac{3}{\sqrt{2}}\tan^{-1}\frac{x+1}{\sqrt{2}}
\end{aligned}
$$

◆

注釈　上の (iii) で行った部分分数分解は，次のように行う：

まず

$$\frac{4x^2-2x+16}{x^4-4x+3}=\frac{ax+b}{x^2+2x+3}+\frac{cx+d}{(x-1)^2}$$

と置き，右辺を通分して，左辺と等しくなるように a,b,c,d を決めればよい．

問　題

2.5.2　次の不定積分を求めよ．

$$\int\frac{x^4-4x^2-6x-4}{x^3+3x^2+4x+2}dx$$

節 末 問 題

2.5.3　次の不定積分を求めよ．

(1) $\displaystyle\int\frac{dx}{x^4-1}$　(2) $\displaystyle\int\frac{dx}{x^3-x}$　(3) $\displaystyle\int\frac{x\,dx}{x^3-x}$

(4) $\displaystyle\int\frac{x\,dx}{1+x^3}$　(5) $\displaystyle\int\frac{x^2+x+1}{x^2}dx$　(6) $\displaystyle\int\frac{x\,dx}{x^2-x+1}$

2.6　三角関数の積分

ここでは三角関数の不定積分についての解法を扱う．まず基本的な公式は以下のものである：

$$\int\sin x\,dx=-\cos x,\qquad \int\cos x\,dx=\sin x,\qquad \int\frac{dx}{\cos^2 x}=\tan x$$

もう少し複雑でも解けるようになりたい．

テクニック 2.6.1（三角関数の積分）

(1)　三角関数の公式を使う．

1.1 節にあるような三角関数自身の公式を用いて，積分しやすい形に変形していく．

例 $$\int \sin^2 x\,dx = \int \frac{1-\cos(2x)}{2}dx = \frac{x}{2} - \frac{1}{4}\sin(2x)$$

(2)　置換積分を使う．

$\sin x$, $\cos x$, $\tan x$ などを t と置いて置換積分する．合成関数の微分と考えてもよい．

例 $$\int \cos x \sin^2 x\,dx = \int t^2\,dt = \frac{t^3}{3} = \frac{\sin^3 x}{3}$$

($\sin x = t$ と置いた．$dx \cos x = dt$)

(3)　部分積分を使う．

例 $$\begin{aligned}\int \sin^3 x\,dx &= \int \sin^2 x(-\cos x)'\,dx \\ &= -\cos x \sin^2 x + 2\int \sin x \cos^2 x\,dx \\ &= -\cos x \sin^2 x - \frac{2}{3}\cos^3 x\end{aligned}$$

(4)　有理関数に変換する．

(a)　$\tan\frac{x}{2} = t$ と置いて $\sin x = \dfrac{2t}{1+t^2}$, $\cos x = \dfrac{1-t^2}{1+t^2}$,

$\tan x = \dfrac{2t}{1-t^2}$, $dx = \dfrac{2}{1+t^2}dt$ と変換する．

(b)　$\tan x = t$ と置いて $\sin^2 x = \dfrac{t^2}{1+t^2}$, $\cos^2 x = \dfrac{1}{1+t^2}$,

$\sin x \cos x = \dfrac{t}{1+t^2}$, $dx = \dfrac{1}{1+t^2}dt$ と変換する．

例 $$\int \frac{dx}{(1+\cos x)^2} = \int \left(\frac{1+t^2}{2}\right)^2 \frac{2}{1+t^2}dt = \int \frac{1+t^2}{2}dt$$

$$= \frac{t}{2} + \frac{t^3}{6} = \frac{1}{2}\tan\frac{x}{2} + \frac{1}{6}\tan^3\frac{x}{2}$$ ($\tan\frac{x}{2} = t$ と置いた.)

注釈　(a), (b) のどちらを使うかは，被積分関数を見て判断する．(b) は $\sin x$ や $\cos x$ 単独では変換できないことに注意．

例題 2.6.1

上の (a) の変換が正しいことを示せ（(b) は節末問題とする）．

証明
$$\sin x = 2\sin\frac{x}{2}\cos\frac{x}{2} = 2\tan\frac{x}{2}\cos^2\frac{x}{2} = \frac{2\tan\frac{x}{2}}{1+\tan^2\frac{x}{2}}$$
$$\cos x = 2\cos^2\frac{x}{2} - 1 = \frac{2}{1+\tan^2\frac{x}{2}} - 1 = \frac{1-\tan^2\frac{x}{2}}{1+\tan^2\frac{x}{2}}$$
$$d\left(\tan\frac{x}{2}\right) = \frac{dx}{2\cos^2\frac{x}{2}} = \frac{1}{2}\left(1+\tan^2\frac{x}{2}\right)dx \text{ より } dx = \frac{2d(\tan\frac{x}{2})}{1+\tan^2\frac{x}{2}}$$
◆

問　題

2.6.1 次の不定積分を求めよ．

(1) $\displaystyle\int \cos^2(ax)\,dx \quad (a \neq 0)$　　(2) $\displaystyle\int \sin x\cos x\,dx$

(3) $\displaystyle\int \cos^3 x\,dx$　　(4) $\displaystyle\int \frac{dx}{\cos x}$　　(5) $\displaystyle\int \frac{dx}{\sin x\cos^3 x}$

ヒント　(4), (5) はそれぞれテクニック 2.6.1 (4) (a), (b)（p.82）を使う．

定理 2.6.1（三角関数の n 乗の積分）

n は 2 以上の自然数，$a \neq 0$ は定数とする．

(1) $\displaystyle\int \sin^n ax\,dx = -\frac{1}{na}\sin^{n-1} ax\,\cos ax + \frac{n-1}{n}\int \sin^{n-2} ax\,dx$

(2) $\displaystyle\int \cos^n ax\,dx = \frac{1}{na}\cos^{n-1} ax\,\sin ax + \frac{n-1}{n}\int \cos^{n-2} ax\,dx$

(3) $\displaystyle\int \tan^n ax\,dx = \frac{1}{a(n-1)}\tan^{n-1} ax - \int \tan^{n-2} ax\,dx$

注釈　これらは漸化式である．高次から 2 次ずつ下げて求めていく．覚えるときは $a=1$ のときを覚えて，置換積分 $t=ax$ と組み合わせてもよい．

(1) のみ導出する．(2), (3) は次の問題 2.6.2 とする．

証明 $\displaystyle\int \sin^n ax\,dx = -\int \sin^{n-1} ax\,\frac{1}{a}(\cos ax)'\,dx$

$$= -\sin^{n-1} ax\,\frac{1}{a}\cos ax + (n-1)\int \sin^{n-2} ax\,\cos^2 ax\,dx$$

$$= -\frac{1}{a}\sin^{n-1} ax\,\cos ax + (n-1)\int \sin^{n-2} ax\,dx - (n-1)\int \sin^n ax\,dx$$

よって与式を得る. ◆

問　題

2.6.2 定理 2.6.1 (2), (3)（p.83）を導出せよ.

ヒント (2)　$\cos^n ax = \frac{1}{a}\{\cos^{n-1} ax\,(\sin ax)'\}$

(3)　$\tan^n ax = \tan^{n-2} ax\left(\frac{1}{\cos^2 ax} - 1\right) = \tan^{n-2} ax\left\{\frac{\tan(ax)'}{a} - 1\right\}$

例題 2.6.2

$\displaystyle\int \sin^6 x\,dx$ を求めよ.

解答 $\displaystyle\int \sin^6 x\,dx = -\frac{1}{6}\sin^5 x\,\cos x + \frac{5}{6}\int \sin^4 x\,dx$

$$= -\frac{1}{6}\sin^5 x\,\cos x + \frac{5}{6}\left(-\frac{1}{4}\sin^3 x\,\cos x + \frac{3}{4}\int \sin^2 x\,dx\right)$$

$$= -\frac{1}{6}\sin^5 x\,\cos x - \frac{5}{24}\sin^3 x\,\cos x$$

$$+\frac{5}{8}\left(-\frac{1}{2}\sin^1 x\,\cos x + \frac{1}{2}\int \sin^0 x\,dx\right)$$

$$= -\frac{1}{6}\sin^5 x\,\cos x - \frac{5}{24}\sin^3 x\,\cos x - \frac{5}{16}\sin x\,\cos x + \frac{5}{16}x$$ ◆

問　題

2.6.3 $\displaystyle\int \cos^6 x\,dx$ を求めよ.

節 末 問 題

2.6.4 次の不定積分を求めよ.

(1) $\displaystyle\int \frac{dx}{1+\cos x}$　　(2) $\displaystyle\int \frac{dx}{2+\sin x}$

2.6.5 三角関数の積分のテクニック（テクニック 2.6.1 (p.82)）の (4) (b) の変換が正しいことを示せ．また，なぜ $\sin x$ や $\cos x$ 単独では変換できないのか考察せよ．

2.6.6 n は自然数とする．次の式を証明せよ．

$$\int_0^{\pi/2} \sin^n x\,dx = \int_0^{\pi/2} \cos^n x\,dx$$
$$= \begin{cases} \dfrac{(n-1)(n-3)(n-5)\cdots 2}{n(n-2)(n-4)\cdots 1} & (n\text{ が奇数のとき}) \\ \dfrac{(n-1)(n-3)(n-5)\cdots 1}{n(n-2)(n-4)\cdots 2}\dfrac{\pi}{2} & (n\text{ が偶数のとき}) \end{cases}$$

2.7 無理関数の積分

ここでは無理関数の例としてルート（平方根）の入った積分を扱う．ルートの入った被積分関数は，そのままでは積分しにくい．なんとか工夫して，置換積分をしてルートを外す作業が必要になる．次のような順番で扱っていく：

(1) $\sqrt{x\text{ の 1 次式}}$ の積分, $\displaystyle\int x\sqrt{x\text{ の 2 次式}}\,dx$, $\displaystyle\int x/\sqrt{x\text{ の 2 次式}}\,dx$

(2) $\displaystyle\int \sqrt{x\text{ の 2 次式}}\,dx$, $\displaystyle\int 1/\sqrt{x\text{ の 2 次式}}\,dx$

(3) $\displaystyle\int \sqrt{x\text{ の 2 次式}}/x\,dx$, $\displaystyle\int 1/(x\sqrt{x\text{ の 2 次式}})\,dx$

テクニック 2.7.1（ルートの入った関数の積分 1）

(1) ルートの中を t と置く．

(2) ルート全体を t と置く．

(1) の方が計算が簡単になる場合が多く，(2) の方が不定積分が計算可能な場合が多い．ただし，どちらでもできたり，どちらでもできなかったりする場合も多い．

例題 2.7.1

置換積分を使って，次の不定積分を求めよ．

(1) $\displaystyle\int \frac{x^2\,dx}{\sqrt{x^3+1}}$　　(2) $\displaystyle\int \frac{dx}{1+\sqrt{x}}$　　(3) $\displaystyle\int \sqrt{x+2}\,dx$

解答 (1) $x^3+1=t$ と置く．$3x^2\,dx=dt$.

$$\text{与式} = \int \frac{1}{3}t^{(-1/2)}\,dt = \frac{2}{3}t^{1/2} = \frac{2}{3}\sqrt{x^3+1}$$

（$t=\sqrt{x^3+1}$ と置いてもできる.）

(2) $\sqrt{x}=t$ と置く．$dx=2tdt$.

$$\begin{aligned}\text{与式} &= \int \frac{2t\,dt}{1+t} = 2\int\left(1-\frac{1}{1+t}\right)dt\\ &= 2t-2\log|1+t| = 2\sqrt{x}-2\log(1+\sqrt{x})\end{aligned}$$

（これはルートの中を t と置くのは無意味.）

(3) $t=x+2$ と置く．$dt=dx$.

$$\text{与式} = \int \sqrt{t}\,dt = \frac{2}{3}t^{3/2} = \frac{2}{3}(x+2)^{3/2}$$

（$t=\sqrt{x+2}$ と置いてもできる.） ◆

問　題

2.7.1 次の不定積分を求めよ．

(1) $\displaystyle\int x\sqrt{x^2+1}\,dx$　　(2) $\displaystyle\int \frac{x\,dx}{\sqrt{x^2+1}}$

(3) $\displaystyle\int x\sqrt{1-x^2}\,dx$　　(4) $\displaystyle\int \frac{x\,dx}{\sqrt{1-x^2}}$

(5) $\displaystyle\int x\sqrt{x^2-1}\,dx$　　(6) $\displaystyle\int \frac{x\,dx}{\sqrt{x^2-1}}$

ヒント $\displaystyle\int x\sqrt{x\text{ の 2 次式}}\,dx$, $\displaystyle\int x/\sqrt{x\text{ の 2 次式}}\,dx$ という形は，ルートの中を t と置くことで解ける．

2.7.2 次の不定積分を求めよ．

(1) $\displaystyle\int \frac{\sqrt{x}}{1+x\sqrt{x}}dx$　　(2) $\displaystyle\int \log(1+\sqrt{x+1})\,dx$

(3) $\displaystyle\int \sqrt{1+\frac{1}{x}}\,dx$　　**ヒント** ルート全体を t と置く．

次は $\sqrt{x\text{の2次式}}$ が単独で分子あるいは分母にある場合を扱う.

定理 2.7.1（ルートの入った関数の積分 2）

(1) $\displaystyle\int \sqrt{x^2+1}\,dx = \frac{1}{2}\sinh^{-1}x + \frac{1}{2}x\sqrt{1+x^2}$

(2) $\displaystyle\int \frac{dx}{\sqrt{x^2+1}} = \sinh^{-1}x$

(3) $\displaystyle\int \sqrt{1-x^2}\,dx = \frac{1}{2}\sin^{-1}x + \frac{1}{2}x\sqrt{1-x^2}$

(4) $\displaystyle\int \frac{dx}{\sqrt{1-x^2}} = \sin^{-1}x$

(5) $\displaystyle\int \sqrt{x^2-1}\,dx = \frac{1}{2}x\sqrt{x^2-1} - \frac{1}{2}\cosh^{-1}x \quad (x \geqq 1)$

(6) $\displaystyle\int \frac{dx}{\sqrt{x^2-1}} = \cosh^{-1}x \quad (x \geqq 1)$

証明 直接的な証明は，右辺を微分して左辺の被積分関数になることを確認すればよいので省略する．ここではその代わりに置換積分を用いた導出法を記す．(1) のみ示すので，(2)〜(6) の導出は問題 2.7.3 とする．

(1) $x = \sinh t$ と置く．$dx = \cosh t\,dt$.

$$\begin{aligned}\text{与式} &= \int \sqrt{\sinh^2 t+1}\,\cosh t\,dt = \int \cosh^2 t\,dt = \int \frac{1+\cosh(2t)}{2}dt\\ &= \frac{t}{2} + \frac{1}{4}\sinh(2t) = \frac{t}{2} + \frac{1}{2}\sinh t\cosh t\\ &= \frac{1}{2}\sinh^{-1}x + \frac{1}{2}x\sqrt{1+x^2}\end{aligned}$$

◆

問　題

2.7.3 定理 2.7.1 (2)〜(6)（p.87）を，次のように置換積分を使って導け：

(2) $x = \sinh t$　　(3), (4) $x = \sin t\ \left(-\frac{\pi}{2} \leqq t \leqq \frac{\pi}{2}\right)$

(5), (6) $x = \cosh t\ (t > 0)$

ルートの中が変数 x の2次式のときは，まず平方完成し，それから前の定理2.7.1（p.87）を使う．

例題 2.7.2

置換積分を使って，次の不定積分を求めよ．

$$\int \frac{dx}{\sqrt{2x^2+4x+7}}$$

解答 与式

$$\begin{aligned}
&= \int \frac{dx}{\sqrt{2(x+1)^2+5}} \\
&= \frac{1}{\sqrt{2}} \int \frac{dx}{\sqrt{(x+1)^2+\frac{5}{2}}} \qquad \left(x+1=\sqrt{\tfrac{5}{2}}\,t \text{ と置くと，} dx=\sqrt{\tfrac{5}{2}}\,dt\right) \\
&= \frac{1}{\sqrt{2}} \int \frac{1}{\sqrt{\frac{5}{2}t^2+\frac{5}{2}}} \sqrt{\frac{5}{2}}\,dt \\
&= \frac{1}{\sqrt{2}} \int \frac{1}{\sqrt{t^2+1}}\,dt \\
&= \frac{1}{\sqrt{2}} \sinh^{-1} t = \frac{1}{\sqrt{2}} \sinh^{-1}\left(\sqrt{\frac{2}{5}}(x+1)\right)
\end{aligned}$$

◆

注釈 $x+1=\sqrt{5/2}\,t$ の代わりに，$x+1=\sqrt{5/2}\sinh t$ と変換すれば，定理2.7.1（p.87）を使わなくても導出可能である．

問 題

2.7.4 次の不定積分を求めよ．

(1) $\displaystyle\int \sqrt{x^2-2x+2}\,dx$

(2) $\displaystyle\int \sqrt{-2x^2+4x+3}\,dx$

(3) $\displaystyle\int \frac{dx}{\sqrt{-2x^2+4x+6}}$

(4) $\displaystyle\int \sqrt{2x^2+4x-3}\,dx \quad \left(x \geqq \frac{-2+\sqrt{10}}{2}\right)$

(5) $\displaystyle\int \frac{dx}{\sqrt{x^2+2x-4}} \quad (x \geqq \sqrt{5}-1)$

一般にルートの中が2次式で，ルートの外の分子に x の1次式がある場合は，問題 2.7.1（p.86）と定理 2.7.1（p.87）を組み合わせて解く．

例題 2.7.3

次の不定積分を求めよ．

(1) $\displaystyle\int (x+2)\sqrt{1-x^2}\,dx$　　(2) $\displaystyle\int \frac{x\,dx}{\sqrt{x^2+x+1}}$

解答 (1) 与式 $\displaystyle = \int x\sqrt{1-x^2}\,dx + 2\int \sqrt{1-x^2}\,dx$

（第1項は $1-x^2=t$ と置く．$-\frac{1}{2x}dt = dx$，
第2項は定理 2.7.1 (3)（p.87）を使う．）

$$= -\frac{1}{3}(1-x^2)^{3/2} + \sin^{-1}x + x\sqrt{1-x^2}$$

(2) 与式 $\displaystyle = \int \frac{x\,dx}{\sqrt{(x+\frac{1}{2})^2+\frac{3}{4}}}$　$\left(\frac{\sqrt{3}}{2}t = x + \frac{1}{2}\right.$ と置く．$\left.\frac{\sqrt{3}}{2}dt = dx.\right)$

$$= \int \frac{\frac{\sqrt{3}}{2}t - \frac{1}{2}}{\sqrt{\frac{3}{4}t^2+\frac{3}{4}}}\frac{\sqrt{3}}{2}dt$$

$$= \frac{\sqrt{3}}{2}\int \frac{t\,dt}{\sqrt{t^2+1}} - \frac{1}{2}\int \frac{dt}{\sqrt{t^2+1}}$$

$$= \frac{\sqrt{3}}{2}\sqrt{t^2+1} - \frac{1}{2}\sinh^{-1}t$$

$$= \sqrt{x^2+x+1} - \frac{1}{2}\sinh^{-1}\left(\frac{2x+1}{\sqrt{3}}\right)$$

◆

問　題

2.7.5 次の不定積分を求めよ．

(1) $\displaystyle\int \frac{3-2x}{\sqrt{x^2-1}}\,dx \quad (x \geqq 1)$　　(2) $\displaystyle\int x\sqrt{-x^2+2x+3}\,dx$

ルートの中が2次式で，ルートの外の分母に x がある場合は，次のように解く：

定理 2.7.2（ルートの入った関数の積分 3）　$0 < x$ とする．

(1) $\displaystyle\int \frac{\sqrt{x^2+1}\,dx}{x} = \sqrt{x^2+1} - \sinh^{-1}\frac{1}{x}$

(2) $\displaystyle\int \frac{dx}{x\sqrt{x^2+1}} = -\sinh^{-1}\frac{1}{x}$

(3) $\displaystyle\int \frac{\sqrt{1-x^2}\,dx}{x} = \sqrt{1-x^2} - \cosh^{-1}\frac{1}{x} \quad (0 < x \leqq 1)$

(4) $\displaystyle\int \frac{dx}{x\sqrt{1-x^2}} = -\cosh^{-1}\frac{1}{x} \quad (0 < x \leqq 1)$

(5) $\displaystyle\int \frac{\sqrt{x^2-1}\,dx}{x} = \sqrt{x^2-1} + \sin^{-1}\frac{1}{x}$

(6) $\displaystyle\int \frac{dx}{x\sqrt{x^2-1}} = -\sin^{-1}\frac{1}{x}$

証明　ここでも証明は省略し，(1), (2) の導出のみ記す．(3)∼(6) は問題 2.7.6 とする．

全て $x = \dfrac{1}{t}$ と置く．$dx = -\dfrac{1}{t^2}dt$.

(1)　与式 $\displaystyle = -\int \frac{\sqrt{t^{-2}+1}}{t^{-1}}\frac{1}{t^2}dt = -\int \frac{\sqrt{1+t^2}}{t^2}dt = \int \left(\frac{1}{t}\right)'\sqrt{1+t^2}\,dt$

$$= \frac{1}{t}\sqrt{1+t^2} - \int \frac{1}{t}\frac{t}{\sqrt{1+t^2}}dt = \sqrt{t^{-2}+1} - \int \frac{1}{\sqrt{1+t^2}}dt$$

$$= \sqrt{t^{-2}+1} - \sinh^{-1}t = \sqrt{x^2+1} - \sinh^{-1}\frac{1}{x}$$

(2)　与式 $\displaystyle = -\int \frac{1}{t^{-1}\sqrt{t^{-2}+1}}\frac{1}{t^2}dt = -\int \frac{1}{\sqrt{1+t^2}}dt = -\sinh^{-1}t$

$$= -\sinh^{-1}\frac{1}{x}$$ ◆

注釈　(1), (2) とも，$x = 1/\sinh t$ と変換すれば，定理 2.7.1（p.87）を使わなくても導出できる．

問　題

2.7.6　定理 2.7.2 (3)∼(6)（p.90）を導出せよ．

ヒント　$x = 1/t$ と置換積分し，定理 2.7.1（p.87）を使う．

分母に x の 1 次式がある場合は，定理 2.7.1（p.87）と定理 2.7.2（p.90）を組み合わせればよい訳ではなく簡単ではない．以下のように変換すると有理関数の積分に変換できる：

$$\sqrt{a^2x^2+bx+c} \ \rightarrow \ t=\sqrt{a^2x^2+bx+c}+ax \text{ と変換する}$$

$$\sqrt{a(x-\alpha)(x-\beta)} \ \rightarrow \ t=\sqrt{\frac{a(x-\alpha)}{x-\beta}} \text{ と変換する}$$

例題 2.7.4

置換積分を使って，次の不定積分を求めよ．

(1) $\displaystyle\int \frac{dx}{(x+1)\sqrt{1+x^2}}$　　(2) $\displaystyle\int \frac{\sqrt{-x^2+2x+3}\,dx}{x}$

解答 (1) $t=\sqrt{1+x^2}+x$ と置く．

$$dt=\left(\frac{x}{\sqrt{1+x^2}}+1\right)dx=\frac{t}{\sqrt{1+x^2}}dx.\ x=\frac{t^2-1}{2t}$$

$$\begin{aligned}
\text{与式}&=\int \frac{1}{\frac{t^2-1}{2t}+1}\frac{dt}{t}=2\int\frac{dt}{t^2+2t-1}=2\int\frac{dt}{(t+1)^2-2}\\
&=-\frac{1}{\sqrt{2}}\int\left(\frac{1}{t+1+\sqrt{2}}-\frac{1}{t+1-\sqrt{2}}\right)dt\\
&=-\frac{1}{\sqrt{2}}\left(\log|(t+1)+\sqrt{2}|-\log|(t+1)-\sqrt{2}|\right)\\
&=-\frac{1}{\sqrt{2}}\log\left|\frac{t+1+\sqrt{2}}{t+1-\sqrt{2}}\right|=-\frac{1}{\sqrt{2}}\log\left|\frac{\sqrt{1+x^2}+x+1+\sqrt{2}}{\sqrt{1+x^2}+x+1-\sqrt{2}}\right|
\end{aligned}$$

(2) $t=\sqrt{\dfrac{3-x}{x+1}}$ と置く．

$$dt=\frac{1}{2}\frac{\frac{-(x+1)-(3-x)}{(x+1)^2}}{\sqrt{\frac{3-x}{x+1}}}dx=\frac{-2}{(x+1)^2}\sqrt{\frac{x+1}{3-x}}dx$$

$$\begin{aligned}
\text{与式}&=\int\frac{\sqrt{-x^2+2x+3}}{x}\left(\frac{-1}{2}\right)(x+1)^2\sqrt{\frac{3-x}{x+1}}\,dt\\
&=-\frac{1}{2}\int\frac{|3-x|}{x}(x+1)^2\,dt
\end{aligned}$$

$\left(t=\sqrt{\frac{3-x}{x+1}}\text{ と置いたので } x=\frac{3-t^2}{t^2+1}\text{ を代入}\right)$

$$= -\frac{1}{2}\int \frac{4t^2}{t^2+1}\frac{t^2+1}{3-t^2}\left(\frac{4}{t^2+1}\right)^2 dt = -\int \frac{32t^2}{(t^2+1)^2(3-t^2)}\,dt$$

$$= \int \left\{\frac{6}{t^2-3} + \frac{8}{(t^2+1)^2} - \frac{6}{t^2+1}\right\} dt$$

$$= -\frac{6}{\sqrt{3}}\tanh^{-1}\frac{t}{\sqrt{3}} + 8\left\{\frac{t}{2(t^2+1)} + \frac{1}{2}\tan^{-1} t\right\} - 6\tan^{-1} t$$

$$= -2\sqrt{3}\tanh^{-1}\frac{t}{\sqrt{3}} + \frac{4t}{(t^2+1)} - 2\tan^{-1} t$$

$$= -2\sqrt{3}\tanh^{-1}\sqrt{\frac{3-x}{3x+3}} + \sqrt{-x^2+2x+3} - 2\tan^{-1}\sqrt{\frac{3-x}{x+1}}$$ ◆

問　題

2.7.7 次の不定積分を求めよ．

(1) $\displaystyle\int \frac{dx}{(2x+1)\sqrt{1-x^2}}$　　(2) $\displaystyle\int \frac{\sqrt{x^2+2x+2}\,dx}{x}$

ヒント (1) $t = \sqrt{(1+x)/(1-x)}$　　(2) $t = \sqrt{x^2+2x+2} + x$

節末問題

2.7.8 次の不定積分を求めよ．

(1) $\displaystyle\int \frac{\sqrt{x^2+1}\,dx}{x^2}$　　(2) $\displaystyle\int \frac{dx}{x^2\sqrt{x^2+1}}$

(3) $\displaystyle\int \frac{\sqrt{x^2-1}}{x^2}\,dx \quad (x \geqq 1)$　　(4) $\displaystyle\int \frac{dx}{x^2\sqrt{x^2-1}}$

(5) $\displaystyle\int \frac{\sqrt{1-x^2}}{x^2}\,dx$　　(6) $\displaystyle\int \frac{dx}{x^2\sqrt{1-x^2}}$

ヒント $1/x^2 = -(1/x)'$ を用いて部分積分する．

2.7.9 次の不定積分を求めよ．

(1) $\displaystyle\int x^2\sqrt{x^2+1}\,dx$　　(2) $\displaystyle\int \frac{x^2\,dx}{\sqrt{x^2+1}}$

(3) $\displaystyle\int x^2\sqrt{x^2-1}\,dx \quad (x \geqq 1)$　　(4) $\displaystyle\int \frac{x^2\,dx}{\sqrt{x^2-1}} \quad (x \geqq 1)$

(5) $\displaystyle\int x^2\sqrt{1-x^2}\,dx$　　(6) $\displaystyle\int \frac{x^2\,dx}{\sqrt{1-x^2}}$

ヒント (1), (2) $x = \sinh t$　(3), (4) $x = \cosh t$　(5), (6) $x = \sin t$

2.7.10 次の不定積分を求めよ．

(1) $\displaystyle\int \frac{dx}{(1-x^2)^{3/2}}$ (2) $\displaystyle\int \frac{dx}{(2x-3)\sqrt{x^2-1}}$

ヒント (1) $x = \sin t$ (2) $t = \sqrt{x^2-1} + x$

2.8 特異積分

通常の積分は有限区間 $[a, b]$ 上の連続関数 $f(x)$ を考えるものであるが，次のような拡張を考える：関数 $f(x)$ がある点 $x = c \in [a, b]$ で定義されていないときにこれを含む区間で積分する**特異積分**（とくい），積分区間が有限でない**無限積分**，これらを総称して**広義積分**（こうぎ）という．ここでは特異積分について扱い，次節で無限積分を扱う．

定義 2.8.1（特異積分） 関数 $f(x)$ が $[a, b]$ のどこか 1 点で定義されていなかったとしても，その 1 点を除く積分が収束するとき，**特異積分可能**であるという．

$$\int_a^b f(x)\,dx = \begin{cases} \displaystyle\lim_{n\to\infty}\int_{a+1/n}^{b} f(x)\,dx & (x = a \text{ で無定義の場合}) \\ \displaystyle\lim_{n\to\infty}\int_{a}^{b-1/n} f(x)\,dx & (x = b \text{ で無定義の場合}) \\ \displaystyle\lim_{n\to\infty}\int_{a}^{c-1/n} f(x)\,dx + \lim_{n\to\infty}\int_{c+1/n}^{b} f(x)\,dx & \\ & (x = c \in (a, b) \text{ で無定義の場合}) \end{cases}$$

注釈

- 無定義点とは $f(x)$ が定義されていない x のことであるが，ここでは分母が 0 になる点と考えてもよい．**特異点**（とくい）ともいう．
- n はここでは自然数と考えているが，実数と考えることも可能である．
- $s = \frac{1}{n}$ と置き換えて $s \to 0 + 0$ としてももちろんよい．
- 無定義点が複数あっても，上と同様にそれらの点を除く極限を考えればよい．

例題 2.8.1 左端または右端で無定義の場合

次の定積分の値を求めよ．

(1) $\displaystyle\int_0^1 \frac{dx}{\sqrt{x}}$　　(2) $\displaystyle\int_0^1 \frac{dx}{x}$

(3) $\displaystyle\int_0^1 \frac{dx}{\sqrt{1-x^2}}$　　(4) $\displaystyle\int_0^1 \log x\,dx$

解答 (1) $x=0$ で無定義である．

$$\text{与式} = \lim_{n\to\infty}\int_{1/n}^1 \frac{dx}{\sqrt{x}} = \lim_{n\to\infty}\Big[2\sqrt{x}\Big]_{1/n}^1$$
$$= \lim_{n\to\infty}\left(2-2\sqrt{\frac{1}{n}}\right) = 2$$

(2) $x=0$ で無定義である．

$$\text{与式} = \lim_{n\to\infty}\int_{1/n}^1 \frac{dx}{x} = \lim_{n\to\infty}\Big[\log x\Big]_{1/n}^1$$
$$= \lim_{n\to\infty}\left(1-\log\frac{1}{n}\right) = \infty$$

このような場合は**特異積分不可能**という．

(3) $x=1$ で無定義である．

$$\text{与式} = \lim_{n\to\infty}\int_0^{1-1/n} \frac{dx}{\sqrt{1-x^2}} = \lim_{n\to\infty}\Big[\sin^{-1}x\Big]_0^{1-1/n}$$
$$= \lim_{n\to\infty}\sin^{-1}\left(1-\frac{1}{n}\right) = \frac{\pi}{2}$$

(4) $x=0$ で無定義である．

$$\text{与式} = \lim_{n\to\infty}\int_{1/n}^1 \log x\,dx = \lim_{n\to\infty}\Big[x\log x - x\Big]_{1/n}^1$$
$$= \lim_{n\to\infty}\left(-1-\left[\frac{1}{n}\log\frac{1}{n}-\frac{1}{n}\right]\right) = -1$$

$\left(\lim_{n\to\infty}\frac{1}{n}\log\frac{1}{n} = \lim_{x\to 0+0} x\log x = 0\right.$ は例題 1.12.1 (p.50) より．$\left.\right)$ ◆

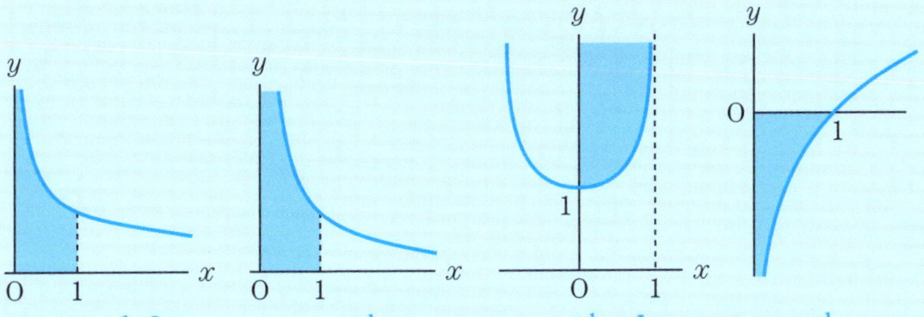

(1) $\int_0^1 \dfrac{dx}{\sqrt{x}}$ (2) $\int_0^1 \dfrac{dx}{x}$ (3) $\int_0^1 \dfrac{dx}{\sqrt{1-x^2}}$ (4) $\int_0^1 \log x\, dx$

注釈 無定義点が端にあり，不定積分がそこで連続のときは，無定義点を意識せずに，端点を代入してしまっても構わない．

例えば次のように書いてもよい：

(1) 与式 $= \left[2\sqrt{x}\right]_0^1 = 2$ (3) 与式 $= \left[\sin^{-1} x\right]_0^1 = \dfrac{\pi}{2}$

■問 題■

2.8.1 次の定積分の値を求めよ．

(1) $\int_0^1 \dfrac{dx}{x^{0.9}}$ (2) $\int_0^a \dfrac{dx}{\sqrt{a^2 - x^2}}$ （a は正定数）

(3) $\int_0^1 (\log x)^2 dx$

定理 2.8.1（べき関数の特異積分） a を正定数とする．

$$\int_0^1 \dfrac{dx}{x^a} = \begin{cases} \dfrac{1}{1-a} \text{に収束} & (a < 1 \text{ のとき}) \\ \text{発散} & (1 \leqq a \text{ のとき}) \end{cases}$$

証明 $a \neq 1$ の場合は

$$\int_0^1 \dfrac{dx}{x^a} = \lim_{n \to \infty} \left[\dfrac{x^{-a+1}}{-a+1}\right]_{1/n}^1 = \lim_{n \to \infty} \left(\dfrac{1 - n^{a-1}}{-a+1}\right)$$

となるので，$a > 1$ で発散，$a < 1$ で $1/(1-a)$ に収束する．

$a = 1$ の場合は，例題 2.8.1 (2) (p.94) のように発散する．よって $a < 1$ で収束する． ◆

例題 2.8.2 　　**途中で無定義の場合**

次の定積分の値を求めよ．$\displaystyle\int_{-1}^{1} \frac{dx}{x}$

解答 $x = 0$ が特異点であるから，与式 $\displaystyle= \lim_{n\to\infty} \int_{1/n}^{1} \frac{dx}{x} + \lim_{n\to\infty} \int_{-1}^{-1/n} \frac{dx}{x}$ どちらの極限も収束しないので，この特異積分は存在しない． ◆

注釈

- $x = 0$ で無定義であることに気付かずに

$$\lim_{n\to\infty} \int_{-1}^{1} \frac{dx}{x} = \Big[\log |x|\Big]_{-1}^{1} = 0$$

と計算してしまうのは 誤答 である．

- $\displaystyle\lim_{n\to\infty} (a_n + b_n)$ と $\displaystyle\lim_{n\to\infty} a_n + \lim_{n\to\infty} b_n$ は異なる場合がある．右の2つの極限が収束する場合は一致する．上の例題の正解と誤答はこの差異に対応している．

問　題

2.8.2 次の定積分の値を求めよ．

(1) $\displaystyle\int_{-1}^{1} \frac{dx}{x^2}$　　(2) $\displaystyle\int_{-1}^{1} \frac{dx}{\sqrt{|x|}}$

節 末 問 題

2.8.3 次の定積分の値を求めよ．

(1) $\displaystyle\int_{0}^{\pi/2} \frac{dx}{\sin x}$　　(2) $\displaystyle\int_{0}^{\pi/2} \frac{dx}{1-\cos x}$　　(3) $\displaystyle\int_{\pi/4}^{\pi/3} \frac{dx}{1-\tan x}$

(4) $\displaystyle\int_{0}^{\pi/2} \tan x\, dx$　　(5) $\displaystyle\int_{0}^{1} \frac{dx}{\sinh x}$　　(6) $\displaystyle\int_{0}^{1} \frac{dx}{1-\cosh x}$

2.8.4 （両端で無定義の場合） 次の定積分の値を求めよ．

$$\int_{0}^{1} \frac{dx}{\sqrt{x(1-x)}}$$

ヒント $x = 0$ および $x = 1$ で無定義であるので

$$与式 = \int_{0}^{1/2} \frac{dx}{\sqrt{x(1-x)}} + \int_{1/2}^{1} \frac{dx}{\sqrt{x(1-x)}}$$

と分けて特異積分を考える．

2.9 無限積分

定積分の区間が有限でない場合，つまり無限遠点（$x = \infty$ や $x = -\infty$）が含まれるものを無限積分という．前節の無定義点というところを，無限遠点と読み替えればよい．

定義 2.9.1（無限積分） $f(x)$ は連続関数とする．

(1) $$\int_a^{\infty} f(x)\,dx = \lim_{n\to\infty}\int_a^n f(x)\,dx$$

(2) $$\int_{-\infty}^{a} f(x)\,dx = \lim_{n\to\infty}\int_{-n}^a f(x)\,dx$$

(3) $$\int_{-\infty}^{\infty} f(x)\,dx = \lim_{n\to\infty}\int_{-n}^a f(x)\,dx + \lim_{n\to\infty}\int_a^n f(x)\,dx$$

定数 a は有限であれば何でもよい．

例題 2.9.1

次の無限積分の値を求めよ．

(1) $\displaystyle\int_1^{\infty}\frac{dx}{x}$　(2) $\displaystyle\int_1^{\infty}\frac{dx}{x^2}$　(3) $\displaystyle\int_1^{\infty}\frac{dx}{1+x^2}$

解答 (1) $$与式 = \lim_{n\to\infty}\int_1^n\frac{dx}{x} = \lim_{n\to\infty}\Big[\log x\Big]_1^n = \lim_{n\to\infty}\log n = \infty$$

(2) $$与式 = \lim_{n\to\infty}\int_1^n\frac{dx}{x^2} = \lim_{n\to\infty}\left[-\frac{1}{x}\right]_1^n = \lim_{n\to\infty}\left(-\frac{1}{n}+1\right) = 1$$

(3) $$与式 = \lim_{n\to\infty}\int_1^n\frac{dx}{1+x^2} = \lim_{n\to\infty}\Big[\tan^{-1}x\Big]_1^n$$
$$= \lim_{n\to\infty}\tan^{-1}n - \tan^{-1}1 = \frac{\pi}{2}-\frac{\pi}{4} = \frac{\pi}{4}$$ ◆

問題

2.9.1 次の無限積分の値を求めよ．

(1) $\displaystyle\int_1^{\infty}x^{-1.1}\,dx$　(2) $\displaystyle\int_0^{\infty}\frac{dx}{a^2+x^2}$　(3) $\displaystyle\int_1^{\infty}\frac{dx}{x(1+2x)}$

定理 2.9.1（べき関数の無限積分）　a を正定数とする．無限積分

$$\int_1^\infty \frac{dx}{x^a} = \begin{cases} \dfrac{1}{a-1} \text{ に収束} & (1 < a \text{ のとき}) \\ \text{発散} & (a \leqq 1 \text{ のとき}) \end{cases}$$

証明　$a \neq 1$ の場合は

$$\int_1^\infty \frac{dx}{x^a} = \lim_{n\to\infty} \left[\frac{x^{-a+1}}{-a+1}\right]_1^n = \lim_{n\to\infty} \left(\frac{n^{-a+1}-1}{-a+1}\right)$$

となるので，$a > 1$ で $1/(a-1)$ に収束，$a < 1$ で発散する．

$a = 1$ の場合は，例題 2.9.1 (1)（p.97）のように発散する．よって $a > 1$ で収束する．◆

節末問題

2.9.2 次の無限積分の値を求めよ．

(1) $\displaystyle\int_0^\infty x\exp(-x^2)\,dx$　　(2) $\displaystyle\int_{-\infty}^\infty \frac{dx}{4+x^2}$

(3) $\displaystyle\int_1^\infty \frac{dx}{x\sqrt{x^2-1}}$

ヒント　(1)　$-x^2 = t$　(2)　$x = 2\tan t$　(3)　$x = 1$ は無定義点

2.10 曲線の長さ

この節では積分の応用として，曲線の長さを求めることについて扱う．

定理 2.10.1（曲線の長さ）　曲線 C が $(x(t), y(t))$ $(a \leqq t \leqq b)$ と表されるとき，その長さ l は次のようになる：

$$l = \int_a^b \sqrt{\left(\frac{dx}{dt}\right)^2 + \left(\frac{dy}{dt}\right)^2}\,dt$$

特に $t = x$ のとき，つまり曲線 C が $(x, y(x))$ $(a \leqq x \leqq b)$ と表されるとき，その長さ l は次のようになる：

$$l = \int_a^b \sqrt{1 + \left(\frac{dy}{dx}\right)^2}\,dx$$

証明　t を時刻，$(x(t), y(t))$ を時刻 t での位置と思えば，$\left(\dfrac{dx}{dt}, \dfrac{dy}{dt}\right)$ は速度，$\sqrt{\left(\dfrac{dx}{dt}\right)^2 + \left(\dfrac{dy}{dt}\right)^2}$ は速さ v になる．速さを時間で積分すると距離となる．◆

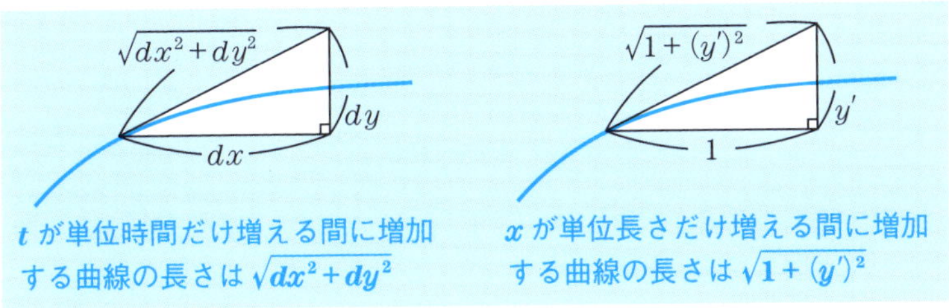

例題 2.10.1

定理 2.10.1（p.98）を使って，円周 $x^2+y^2=a^2$（a は正定数）の長さ l を求めよ．

注釈　円周の長さが（$2\pi\times$ 半径）であることは円周率の定義であるから答はもちろん $l=2\pi a$ である．ここではあえて，上の定理を使って考えることにする．

解答　$(x,y)=(a\cos t, a\sin t)$ $(0 \leqq t \leqq 2\pi)$ と表される．

$$l = \int_0^{2\pi} \sqrt{\left\{\frac{d}{dt}(a\cos t)\right\}^2 + \left\{\frac{d}{dt}(a\sin t)\right\}^2}\, dt = \int_0^{2\pi} a\,dt = 2\pi a$$ ◆

別解　$y=\sqrt{a^2-x^2}$ $(-a \leqq x \leqq a)$ の長さの 2 倍である．

$$l = 2\int_{-a}^{a} \sqrt{1+\left\{\frac{d}{dx}(\sqrt{a^2-x^2})\right\}^2}\, dx = 2\int_{-a}^{a} \frac{a\,dx}{\sqrt{a^2-x^2}}$$

（例題 **2.3.2**（**p.72**）より）

$$= 2a\left[\sin^{-1}\frac{x}{a}\right]_{-a}^{a} = 2a\left\{\frac{\pi}{2} - \left(-\frac{\pi}{2}\right)\right\} = 2\pi a$$ ◆

例題 2.10.2 　アステロイド

$|x|^{2/3}+|y|^{2/3}=a^{2/3}$（$a$ は正定数）の長さ l を求めよ．

解答 $(x,y)=(a\cos^3 t, a\sin^3 t)$ $(0 \leqq t \leqq 2\pi)$ と表される．

$$\begin{aligned} v^2 &= \left(\frac{dx}{dt}\right)^2+\left(\frac{dy}{dt}\right)^2 \\ &= \left(3a\sin^2 t\cos t\right)^2+\left(-3a\cos^2 t\sin t\right)^2 \\ &= 9a^2(\sin^4 t\cos^2 t+\cos^4 t\sin^2 t) \\ &= 9a^2\sin^2 t\cos^2 t \end{aligned}$$

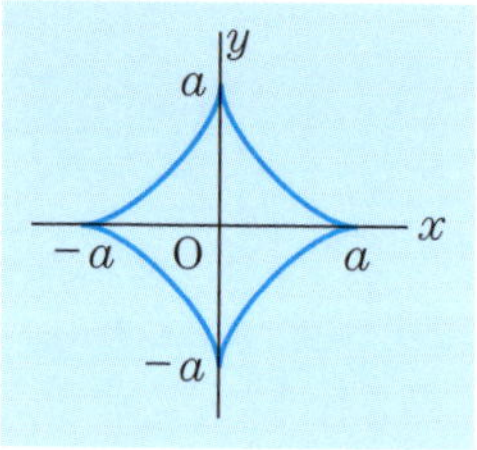

とすると $v>0$ だから

$$\begin{aligned} l &= \int_0^{2\pi} v\,dt = 3a\int_0^{2\pi} |\sin t|\,|\cos t|\,dt \\ &= 12a\int_0^{\pi/2} \sin t\cos t\,dt \\ &= 6a\int_0^{\pi/2} \sin(2t)\,dt = 6a\left[-\frac{1}{2}\cos(2t)\right]_0^{\pi/2} = 6a \end{aligned}$$

◆

別解 $y=(a^{2/3}-x^{2/3})^{3/2}$ $(0 \leqq x \leqq a)$ の長さの 4 倍である．

$$l = 4\int_0^a \sqrt{1+\left(\frac{d}{dx}\{(a^{2/3}-x^{2/3})^{3/2}\}\right)^2}\,dx = 4\int_0^a a^{1/3}x^{-1/3}\,dx = 6a$$

◆

問　題

2.10.1 次の曲線の長さ l を求めよ．

(1) $y - x^2$ 　$(0 \leqq x \leqq 1)$

(2) $(x,y)=(t-\sin t, 1-\cos t)$ 　$(0 \leqq t \leqq 2\pi)$

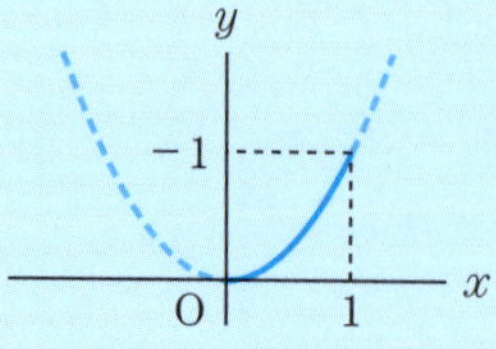

(1)　放物線

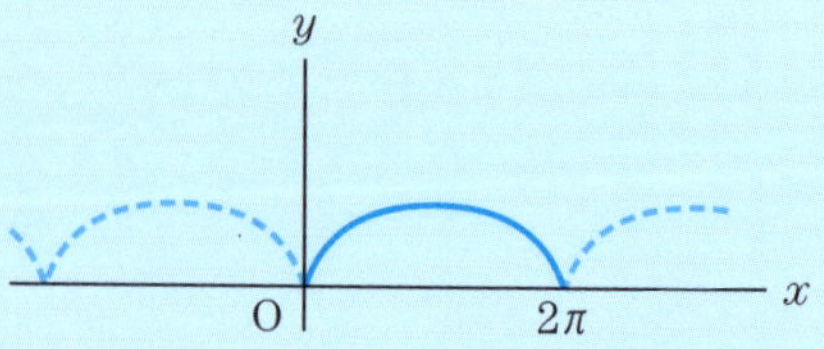

(2)　サイクロイド

次に極座標を使った曲線の長さを求める方法を扱うが，その前に極座標についてて簡単にまとめておく．

極座標

- (x, y) から (r, θ) へ．
  点 $\mathrm{A}(x, y)$ と $\mathrm{O}(0, 0)$ の距離を r とする．x 軸正の方向からベクトル $\overrightarrow{\mathrm{OA}}$ への左回り回転角を θ とする．

$$r = \sqrt{x^2 + y^2}, \quad \cos\theta = \frac{x}{\sqrt{x^2 + y^2}}, \quad \sin\theta = \frac{y}{\sqrt{x^2 + y^2}}$$

- (r, θ) から (x, y) へ．
  点 $\mathrm{A}(r, 0)$ をとり，ベクトル $\overrightarrow{\mathrm{OA}}$ を左回り（x 軸正から y 軸正の方向へ近い方から回る方向）に θ 回転してできる A の座標を (x, y) とする．

$$x = r\cos\theta, \quad y = r\sin\theta$$

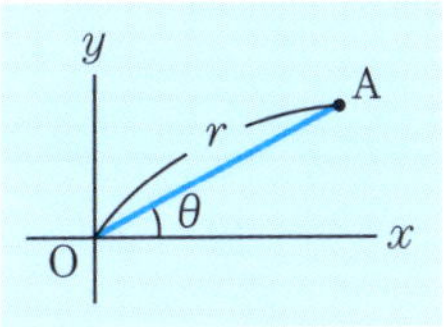

- 標準的な範囲

$$-\infty < x < \infty,\ -\infty < y < \infty \iff 0 \leqq r < \infty,\ 0 \leqq \theta < 2\pi$$

定理 2.10.2（曲線の長さ（極座標））　関数 $r(t)$, $\theta(t)$ は微分可能とする．曲線 C が $(x, y) = (r(t)\cos\theta(t), r(t)\sin\theta(t))$ $(a \leqq t \leqq b)$ と表されるとき，その長さ l は次のようになる：

$$l = \int_a^b \sqrt{\left(\frac{dr}{dt}\right)^2 + r^2\left(\frac{d\theta}{dt}\right)^2}\, dt$$

特に $t = \theta$ のとき，つまり曲線 C が極方程式で $r = r(\theta)$ $(a \leqq \theta \leqq b)$ と表されるとき，その長さ l は次のようになる：

$$l = \int_a^b \sqrt{\left(\frac{dr}{d\theta}\right)^2 + r^2}\, d\theta$$

証明 $x(t) = r(t)\cos\theta(t),\ y(t) = r(t)\sin\theta(t)$ とすると

$$\frac{dx}{dt} = \frac{dr}{dt}\cos\theta + r(-\sin\theta)\frac{d\theta}{dt}, \quad \frac{dy}{dt} = \frac{dr}{dt}\sin\theta + r(\cos\theta)\frac{d\theta}{dt}$$

となり

$$\left(\frac{dx}{dt}\right)^2 + \left(\frac{dy}{dt}\right)^2 = \left(\frac{dr}{dt}\right)^2 + r^2\left(\frac{d\theta}{dt}\right)^2$$

となる．これを定理 2.10.1（p.98）に代入すればよい． ◆

例題 2.10.3

定理 2.10.2（p.101）を使って，円周 $x^2 + y^2 = a^2$（a は正定数）の長さ l を求めよ．

解答 $r(\theta) = a$（一定），$0 \leqq \theta \leqq 2\pi$ と表される．

$$l = \int_0^{2\pi} \sqrt{\left(\frac{dr}{d\theta}\right)^2 + r^2}\, d\theta = \int_0^{2\pi} \sqrt{0^2 + a^2}\, d\theta = \int_0^{2\pi} a\, d\theta = 2\pi a$$ ◆

例題 2.10.4 アルキメデスのらせん

極方程式 $r = \theta \quad (0 \leqq \theta \leqq 2\pi)$ で表される曲線の長さ l を求めよ．

解答
$$\begin{aligned} l &= \int_0^{2\pi} \sqrt{\left(\frac{dr}{d\theta}\right)^2 + r^2}\, d\theta \\ &= \int_0^{2\pi} \sqrt{1+\theta^2}\, d\theta \quad \text{（定理 2.7.1 (1)（p.87）より）} \\ &= \left[\frac{1}{2}\sinh^{-1}\theta + \frac{1}{2}\theta\sqrt{1+\theta^2}\right]_0^{2\pi} \\ &= \frac{1}{2}\sinh^{-1}(2\pi) + \pi\sqrt{1+4\pi^2} \end{aligned}$$ ◆

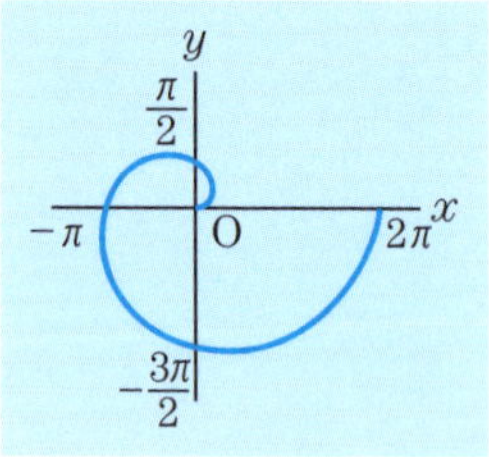

問　題

2.10.2　極方程式

$$r = \cos\theta + 1 \quad (0 \leqq \theta \leqq 2\pi)$$

で表される曲線の長さ l を求めよ．

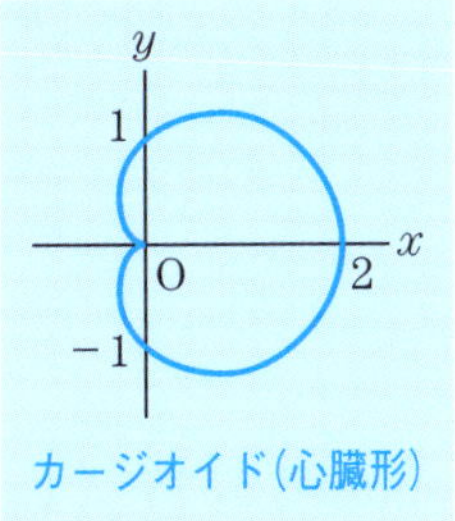

● コラム　楕円積分

不定積分がいつでも初等関数（この本に登場するような関数）で表せるという訳ではない．例えば，異なる定数 $a, b > 0$ として，楕円 $(a\cos t, b\sin t)$ $(0 \leqq t \leqq 2\pi)$ の長さ l は定理 2.10.1（p.98）を使うと

$$l = \int_0^{2\pi} \sqrt{a^2\sin^2 t + b^2\cos^2 t}\, dt$$

となるが，これはこの本で扱う三角関数や指数関数などの関数では表せない．第 1 章の演習問題 7 で求めたマクローリン展開を利用すると

$$\sqrt{a^2\sin^2 t + b^2\cos^2 t} = a + \frac{(b^2 - a^2)\,x^2}{2a} + \frac{(a^4 + 2b^2a^2 - 3b^4)\,x^4}{24a^3} + \cdots$$

したがって

$$\begin{aligned} l &= 4\int_0^{\pi/2} \sqrt{a^2\sin^2 t + b^2\cos^2 t}\, dt \\ &= 4\left[ax + \frac{(b^2 - a^2)}{2a}\frac{x^3}{3} + \frac{(a^4 + 2b^2a^2 - 3b^4)}{24a^3}\frac{x^5}{5} + \cdots\right]_0^{\pi/2} \\ &= 2\pi a + \frac{(b^2 - a^2)\,\pi^3}{12a} + \frac{(a^4 + 2b^2a^2 - 3b^4)\,\pi^5}{960a^3} + \cdots \end{aligned}$$

となる．ところで，関数の有限和の場合には，定理 2.2.1 (1)（p.68）より積分と和は交換が可能であるが，上のような無限和の場合はいつでも交換可能とは限らない．これを**項別積分**（こうべつ）といい，上のような整級数の場合には可能である（参考文献 [1]）．この級数を利用して，例えば $a = 1$, $b = 2$ の場合，$l = 9.68845$ と近似値を求めることができる．

節 末 問 題

2.10.3 次の曲線の長さを求めよ．

(1)　$(x, y) = (2\cos t + \cos(2t), 2\sin t - \sin(2t))$　$(0 \leqq t \leqq 2\pi)$

(2)　$y = \cosh x$　$(0 \leqq x \leqq 1)$

(3)　極座標で $r = e^{\theta}$　$(0 \leqq \theta \leqq \pi)$ と表される曲線

(4)　$(x, y) = (\cos t + t\sin t, \sin t - t\cos t)$　$(0 \leqq t \leqq \pi/2)$

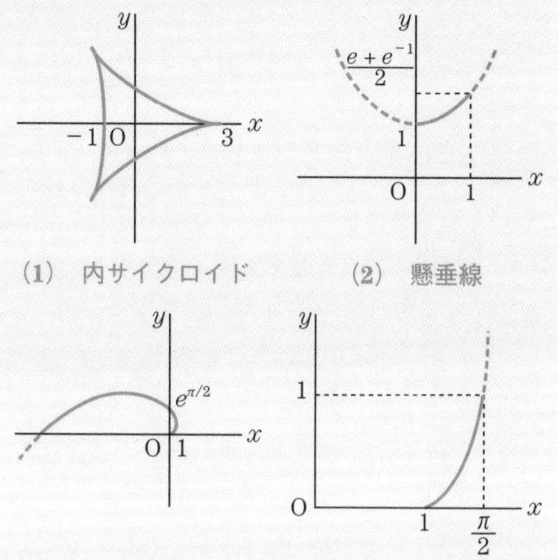

(1) 内サイクロイド　(2) 懸垂線

(3) ベルヌーイのらせん　(4) インボリュート

2.11　図形の面積

この節では積分の応用として，図形の面積を求めることについて扱う．

定理 2.11.1（図形の面積 1）

$y = f(x), y = g(x), x = a, x = b$ で囲まれた部分の面積 S は次のようになる：

$$S = \int_a^b |f(x) - g(x)|\, dx$$

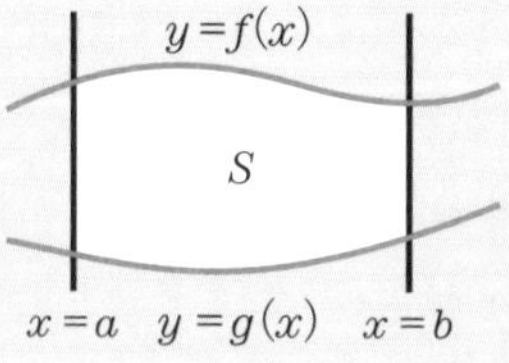

これは高校で習ったはず．証明は省略．

例題 2.11.1

定理 2.11.1（p.104）を使って，円 $x^2+y^2 \leqq a^2$（a は正定数）の面積 S を求めよ．

解答　$f(x)=\sqrt{a^2-x^2}$ と $g(x)=-\sqrt{a^2-x^2}$ で囲まれていて，$-a \leqq x \leqq a$ である．これを定理 2.11.1（p.104）に適用すると

$$S = 2\int_{-a}^{a} \sqrt{a^2-x^2}\,dx = \pi a^2$$

となる．最後の等号は問題 2.3.3 (2)（p.74）より．◆

問　題

2.11.1　2 本の曲線 $y=x^2$ と $y=x^3$ で囲まれた部分の面積 S を求めよ．

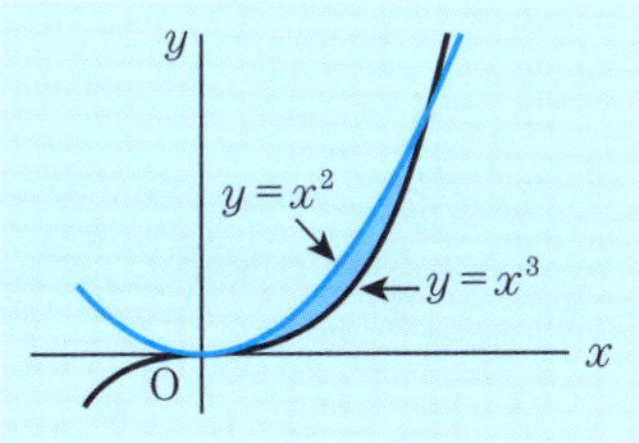

定理 2.11.2（図形の面積 2）

曲線 $(x(t), y(t))$ $(a \leqq t \leqq b)$ と x 軸，$x=x(a)$, $x=x(b)$ で囲まれた部分の面積 S は次のようになる：

$$S = \int_a^b \left| y(t)\frac{dx}{dt} \right| dt$$

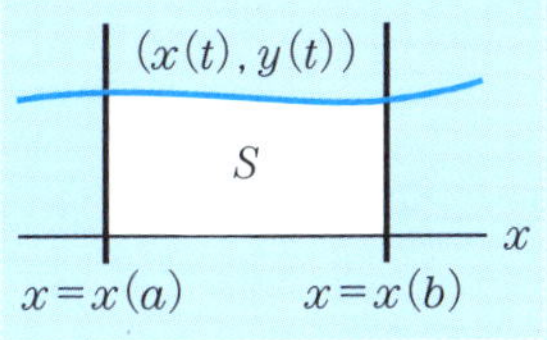

証明　与式右辺を $x=x(t)$ と変換すると，定理 2.11.1（p.104）で $f(x)=y(x)$, $g(x)=0$ としたものになる．◆

例題 2.11.2

定理 2.11.2（p.105）を使って，$x^2+y^2 \leqq a^2$（a は正定数）の面積 S を求めよ．

解答　周囲の円が $(x,y)=(a\cos t, a\sin t)$ $(0 \leqq t \leqq 2\pi)$ と書ける．

$$S=\int_0^{2\pi}\left|a\sin t\frac{d}{dt}(a\cos t)\right|dt=a^2\int_0^{2\pi}\sin^2 t\,dt$$
$$=a^2\int_0^{2\pi}\frac{1-\cos(2t)}{2}dt=a^2\left[\frac{t}{2}-\frac{\sin(2t)}{4}\right]_0^{2\pi}=\pi a^2$$ ◆

問　題

2.11.2　$(x,y)=(t-\sin t, 1-\cos t)$ $(0 \leqq t \leqq 2\pi)$ と x 軸で囲まれた部分の面積 S を求めよ．

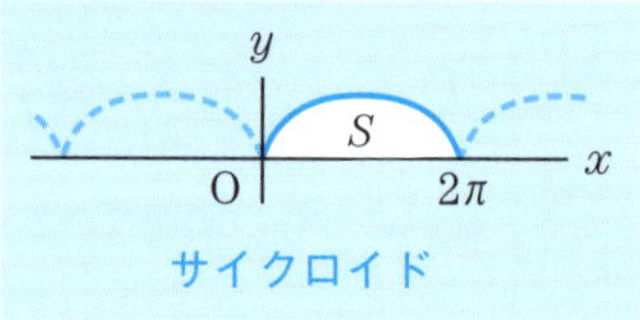

サイクロイド

定理 2.11.3（図形の面積 3）

曲線 $(x(t),y(t))$ $(a \leqq t \leqq b)$ と原点を結ぶ直線群でできる領域の面積 S は次のようになる：

$$S=\frac{1}{2}\left|\int_a^b\left(x\frac{dy}{dt}-y\frac{dx}{dt}\right)dt\right|$$

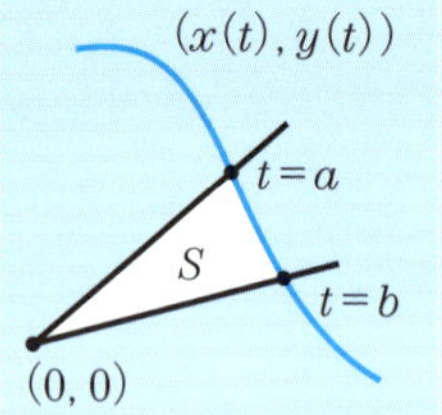

証明　t が t から $t+dt$ に微小増加する間に，増える部分は $(0,0)$, (x,y), $(x+dx,y+dy)$ を頂点とする三角形となり，その面積は $\frac{1}{2}|x\,dy-y\,dx|$ となるので． ◆

注釈　$(x(t),y(t))$ が左回りに回っているときは，$x(dy/dt)-y(dx/dt)$ は正になる．

例題 2.11.3

定理 2.11.3（p.106）を使って，$x^2+y^2 \leqq a^2$（a は正定数）の面積 S を求めよ．

解答　円周が $(x,y)=(a\cos t, a\sin t)$ $(0 \leqq t \leqq 2\pi)$ と書ける．

$$S=\frac{1}{2}\int_0^{2\pi}\left\{a\cos t\frac{d}{dt}(a\sin t)-a\sin t\frac{d}{dt}(a\cos t)\right\}dt$$
$$=\frac{1}{2}\int_0^{2\pi}\{a\cos t\cdot a\cos t-a\sin t\cdot(-a\sin t)\}\,dt=\frac{a^2}{2}\int_0^{2\pi}dt=\pi a^2$$ ◆

問　題

2.11.3 正定数 a に対し，$A(\cosh a, \sinh a)$，$B(\cosh(-a), \sinh(-a))$ とする．線分 OA, OB および曲線 $x^2 - y^2 = 1$ で囲まれた部分の面積 S を求めよ．

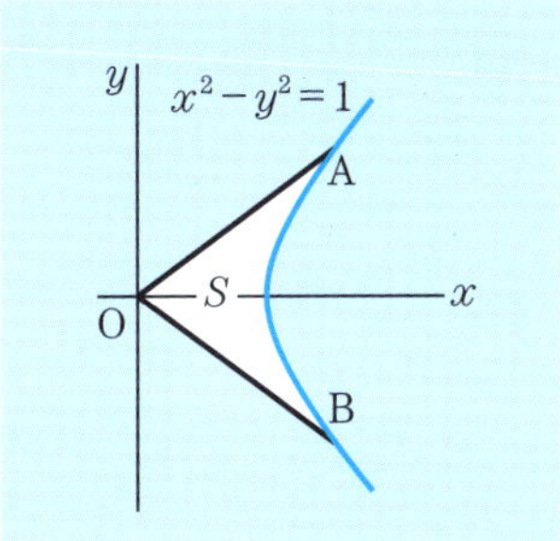

2.11.4 $\dfrac{x^2}{a^2} + \dfrac{y^2}{b^2} \leqq 1$（$a, b$ は正定数）の面積 S を求めよ．

ヒント 周囲の楕円は
$(x, y) = (a\cos t, b\sin t)$
$(0 \leqq t \leqq 2\pi)$ と書ける．

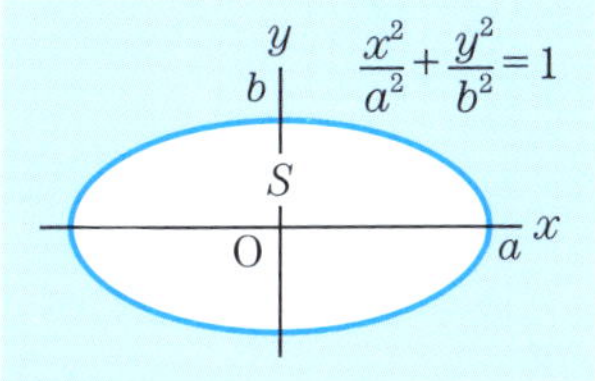

定理 2.11.4（図形の面積 4）

極座標で $(r(t), \theta(t))$ $(a \leqq t \leqq b)$ と表される曲線上の点と原点を結ぶ直線群でできる領域の面積 S は次のようになる：

$$S = \frac{1}{2}\left|\int_a^b r^2 \frac{d\theta}{dt}\, dt\right|$$

特に $\theta = t$ のときは次のようになる：

$$S = \frac{1}{2}\int_a^b r^2\, d\theta$$

証明 $x = r\cos\theta, y = r\sin\theta$ より

$$\begin{aligned} x\frac{dy}{dt} - y\frac{dx}{dt} &= r\cos\theta\left(\frac{dr}{dt}\sin\theta + r\cos\theta\frac{d\theta}{dt}\right) - r\sin\theta\left(\frac{dr}{dt}\cos\theta - r\sin\theta\frac{d\theta}{dt}\right) \\ &= r^2\frac{d\theta}{dt} \end{aligned}$$

となる．◆

注釈　$(1/2)r^2\, d\theta$ は半径 r，中心角 $d\theta$ の扇形の面積に対応している．

例題 2.11.4

定理 2.11.4（p.107）を使って，$x^2+y^2 \leqq a^2$（a は正定数）の面積 S を求めよ．

解答 周囲の円は極方程式で $r=a$ と書ける．

$$S=\frac{1}{2}\int_0^{2\pi} r^2\,d\theta=\frac{a^2}{2}\int_0^{2\pi} d\theta=\pi a^2$$

◆

例題 2.11.5 カージオイド

極不等式で

$$0 \leqq r \leqq 1+\cos\theta \quad (0 \leqq \theta \leqq 2\pi)$$

と表される図形の面積 S を求めよ．

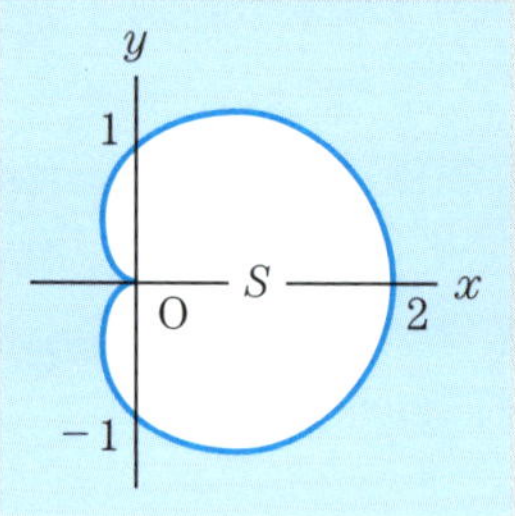

解答 $S=\dfrac{1}{2}\displaystyle\int_0^{2\pi}(1+\cos\theta)^2\,d\theta=\dfrac{1}{2}\int_0^{2\pi}(1+2\cos\theta+\cos^2\theta)\,d\theta=\dfrac{3\pi}{2}$ ◆

問　題

2.11.5 極不等式で

$$0 \leqq r \leqq \sin(3\theta) \quad (0 \leqq \theta \leqq 2\pi)$$

と表される図形の面積 S（青色部分）を求めよ．

ヒント 三葉線の 1 葉 $(0 \leqq \theta \leqq \pi/3)$ の面積を求めて 3 倍にする．

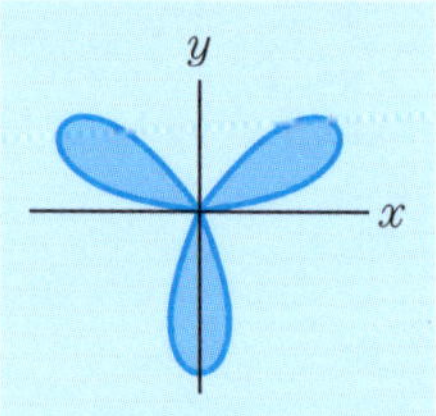

三葉線

節末問題

2.11.6 極不等式で

$$r^2 \leqq \cos(2\theta) \quad (0 \leqq \theta \leqq 2\pi)$$

と表される図形の面積 S（青色部分）を求めよ．

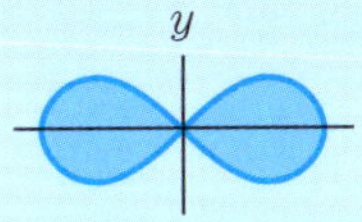

レムニスケート

2.11.7

$$\sqrt{x} + \sqrt{y} = 1$$

と表される曲線と x 軸，y 軸で囲まれた図形の面積 S を求めよ．

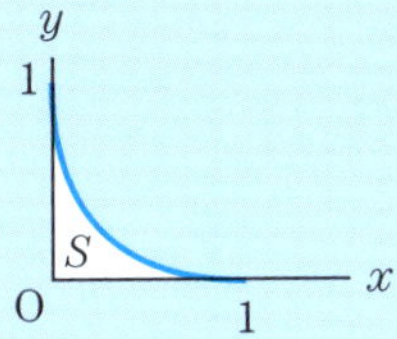

パラボラ

2.11.8 a, b は定数とする．$y = (x-a)(x-b)$ と x 軸で囲まれた部分の面積 S を求めよ．

2.11.9 a, b は定数とする．$y = (x-a)^2(x-b)$ と x 軸で囲まれた部分の面積 S を求めよ．

2.12 体 積♣

ここでは積分を使って体積を求めることを扱う．第 4 章で重積分を使って体積を求めるが，ここでは 1 重積分（1 変数関数の積分）を使ったものを扱う．

定理 2.12.1（断面積と体積） 物体近くに x 軸を設けたとき，$x=$ 一定面 で切った断面積が $S(x)$ となり，物体の存在する範囲が $a \leqq x \leqq b$ であったとき，物体の体積 V は次のようになる：

$$V = \int_a^b S(x)\,dx$$

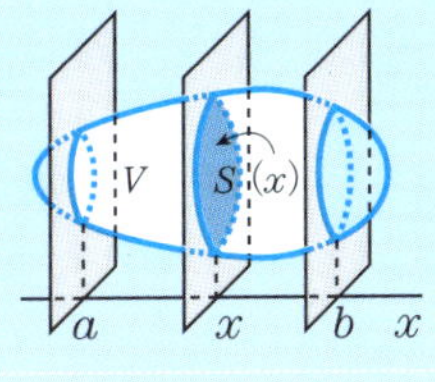

証明 x が $x \sim x + dx$ の間に微小増加する部分は，底面積 $S(x)$，高さ dx の柱体になり，体積は $S(x)\,dx$ であるから． ◆

例題 2.12.1　　　　　　　　　　　　　　　　　　　　　**錐体の体積**

底面積 S_0 で，高さが h の錐体の体積 V を求めよ．

解答　頂点から底面のある平面に下ろした垂線を x 軸とし，$x=0$ で頂点，$x=h$ で底面を表すことにする．$x=$ 一定面 での断面は，形が x の値に依らない相似形である．この面積を $S(x)$ とする．$x=h$ で $S(h)=S_0$ となり，相似比は $\frac{x}{h}$ なので

$$S(x)=\left(\frac{x}{h}\right)^2 S_0$$

となる．よって

$$V=\int_0^h S(x)\,dx=\int_0^h \left(\frac{x}{h}\right)^2 S_0\,dx=\frac{S_0}{h^2}\left[\frac{x^3}{3}\right]_0^h=\frac{1}{3}S_0 h$$ ◆

問　題

2.12.1　xyz 空間内で

$$x^2+z^2 \leqq 1 \text{ かつ } x^2+y^2 \leqq 1$$

と表される物体の体積を求めよ．

ヒント　$x=$ 一定面 で切った断面は正方形である．

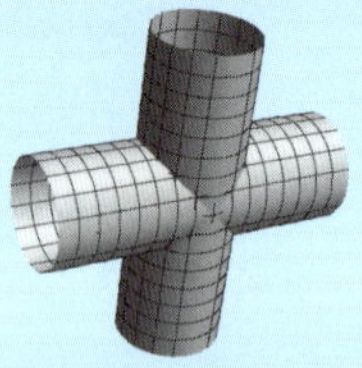

円柱相貫体（そうかん）

定理 2.12.2（回転体の体積 1）　a, b は定数とする．曲線 $y=f(x)$ $(a \leqq x \leqq b)$，$x=a$, $x=b$，x 軸で囲まれた部分を x 軸の周りに 1 回転してできる回転体の体積 V は次のようになる：

$$V=\int_a^b \pi\{f(x)\}^2\,dx$$

証明　$x=$ 一定面 で切った断面は半径 $f(x)$ の円になるから，$S(x)=\pi\{f(x)\}^2$ を定理 2.12.1（p.109）に適用する． ◆

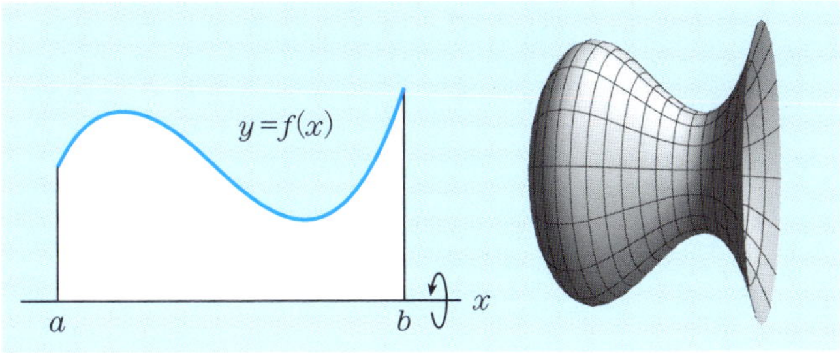

例題 2.12.2

定理 2.12.2（p.110）を使って半径 $a>0$ の球の体積 V を求めよ．

解答 $y=\sqrt{a^2-x^2}$ $(-a \leqq x \leqq a)$ と x 軸で囲まれた部分を x 軸の周りに 1 回転してできる回転体の体積を求めればよい．

$$V=\int_{-a}^{a} \pi y^2\,dx=\int_{-a}^{a} \pi(a^2-x^2)\,dx=\pi\left[a^2x-\frac{x^3}{3}\right]_{-a}^{a}=\frac{4}{3}\pi a^3$$ ◆

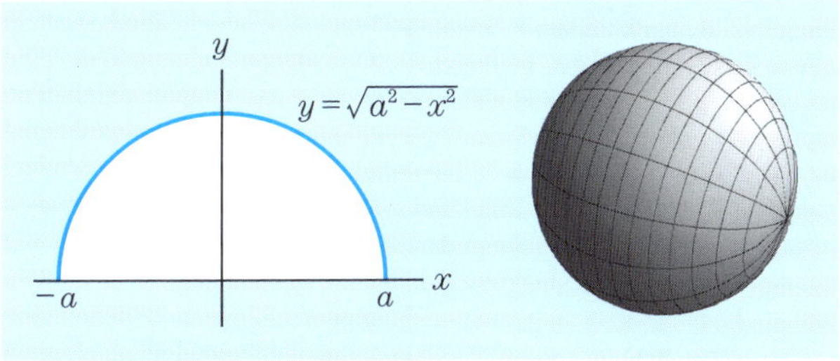

問 題

2.12.2 次のグラフで（ ）内で指示された x の範囲と x 軸で囲まれた部分を x 軸の周りに 1 回転してできる回転体の体積を求めよ．

(1) $y=x$ $(0 \leqq x \leqq 1)$

(2) $y=x^2$ $(0 \leqq x \leqq 1)$

(3) $y=\sin x$ $(0 \leqq x \leqq \pi)$

定理 2.12.3（回転体の体積 2）　a, b は定数とする．$[a, b]$ において，$f(x) \geqq g(x)$ とする．$y = f(x)$, $y = g(x)$, $x = a$, $x = b$ で囲まれた部分を y 軸の周りに 1 回転してできる回転体の体積 V は次のようになる：

$$V = \int_a^b 2\pi x \{f(x) - g(x)\}\, dx$$

証明　x が x から $x + dx$ まで微小増加する間に，xy 平面上での対応する部分を考える（左図の縦に細長い領域）．

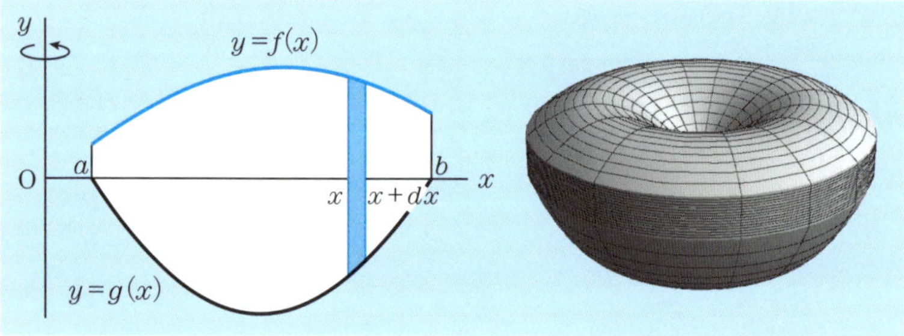

これが y 軸の周りを回転することによってできる体積は，下図のような円筒板になる．底面の半径 x，高さ $f(x) - g(x)$ で，板の厚さが dx であるから，体積は $2\pi x\{f(x) - g(x)\}\, dx$ となる．◆

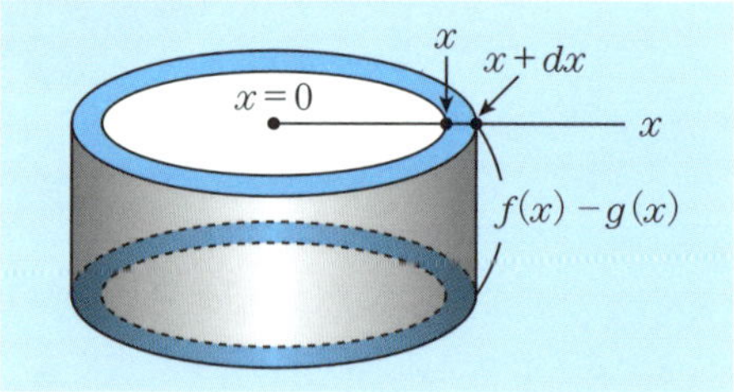

注釈　$y =$ 一定面 で切った断面は同心円に囲まれた部分になるので，2 つの半径を求めれば，定理 2.12.2（p.110）を使って体積を求めることもできる．ただ，この半径を求めるには f, g の逆関数が必要であり，また y の値で場合分けする必要な場合もあり，やや複雑になる．定理 2.12.3 の方法は $x =$ 一定面 での断面を考えるのではなく，y 軸からの距離が一定の曲面での断面を考えるのである．物体を円筒状に輪切りにすることから**バウムクーヘン法**とも呼ばれる．

例題 2.12.3

定理 2.12.3 (p.112) を使って半径 $a>0$ の球の体積 V を求めよ．

解答 $f(x)=\sqrt{a^2-x^2}$, $g(x)=-\sqrt{a^2-x^2}$ $(0 \leqq x \leqq a)$ として，定理 2.12.3 を使う．

$$
\begin{aligned}
V &= \int_0^a 2\pi\, x\left(2\sqrt{a^2-x^2}\right) dx \\
&= \frac{4}{3}\pi\left[-(a^2-x^2)^{3/2}\right]_0^a = \frac{4}{3}\pi a^3
\end{aligned}
$$

◆

問 題

2.12.3 円板 $(x-2)^2+y^2 \leqq 1$ を y 軸の周りに 1 回転してできる物体の体積を求めよ．

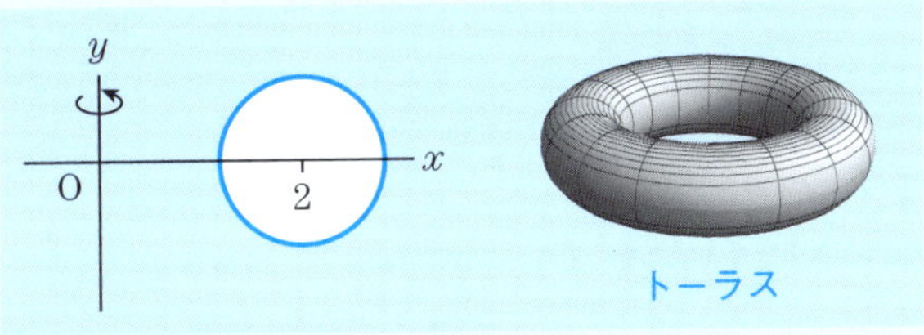

2.12.4 曲線 $y=x(x-1)(x-2)$ $(0 \leqq x \leqq 1)$ と x 軸で囲まれた部分を y 軸の周りに 1 回転してできる物体の体積を求めよ．

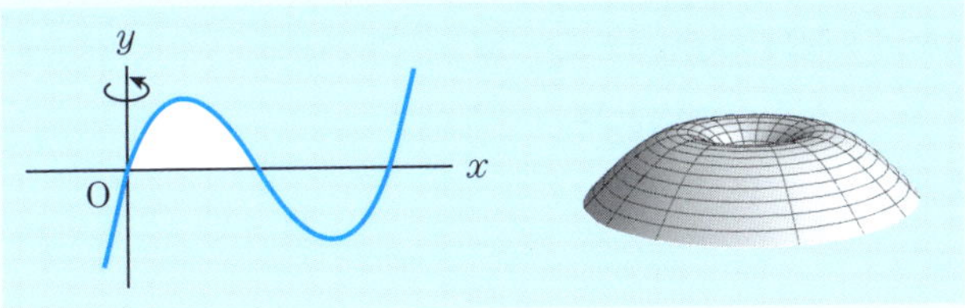

節末問題

2.12.5 半径 a の円を底面とし，高さ h の円錐の体積 V を求めよ．

2.12.6 a, b は $0 \leqq a < b$ を満たす定数とする．
$y = (x-a)(x-b)$ と x 軸で囲まれた部分について，次の回転体の体積 V を求めよ．

(1) x 軸の周りに1回転してできる物体

(2) y 軸の周りに1回転してできる物体

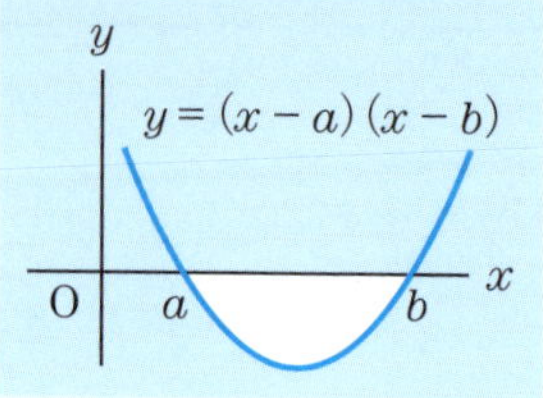

2.12.7 a, b は $0 \leqq a < b$ を満たす定数とする．
$y = (x-a)^2(x-b)$ と x 軸で囲まれた部分について，次の回転体の体積 V を求めよ．

(1) x 軸の周りに1回転してできる物体

(2) y 軸の周りに1回転してできる物体

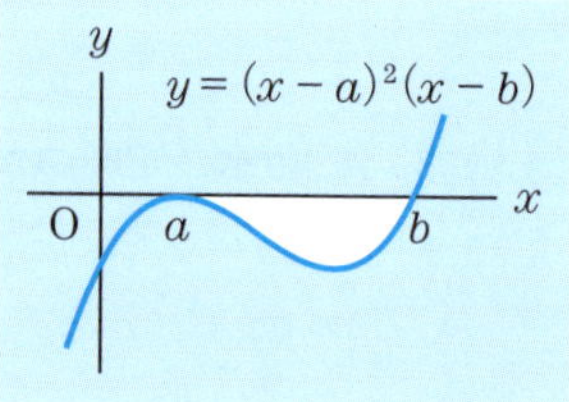

2.13 重　心♣

ここでは，重心を積分によって求める練習をする．これを通じて dx の意味，積分の意味を理解するのが目的である．

三角形の重心は3頂点の位置ベクトルの平均である．この3点という離散的な存在の重心は平均という概念（3つ足して3で割る）が明確であるが，連続的な存在の平均は積分で定義される．連続関数 $f(x)$ $(a \leqq x \leqq b)$ の**平均**は

$$\frac{1}{b-a}\int_a^b f(x)dx$$

と定義される．

定義 2.13.1（重心） 剛体を細かい部分に分け，それぞれの相対質量（全質量の中でその部分の質量が占める割合）と位置ベクトルの積の平均が剛体の**重心**である．適当な x 軸をとり，剛体が存在する範囲が $a \leqq x \leqq b$ であり，$x \sim x + dx$ にあたる部分の質量が $\rho(x)\,dx$ であれば，重心の x 座標 $x_{\rm c}$ は次のようになる：

$$x_{\rm c} = \frac{\displaystyle\int_a^b \rho(x)\,x\,dx}{\displaystyle\int_a^b \rho(x)\,dx}$$

右辺の分母は剛体の全質量である（c は center of mass の頭文字である）．

例題 2.13.1

質量 m の一様な半円板 $(x^2 + y^2 \leqq 1,\ 0 \leqq x)$ の重心を求めよ．

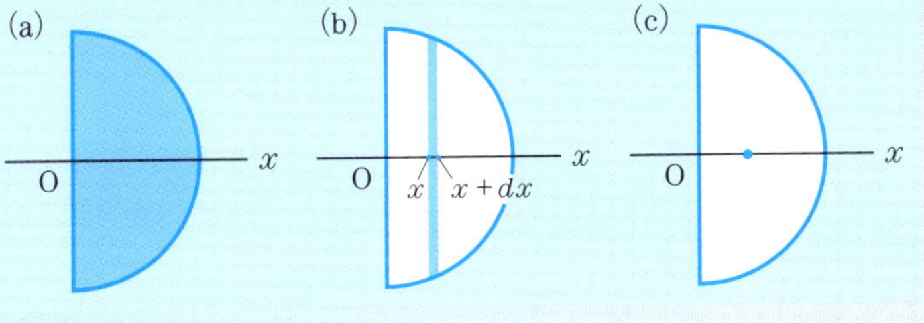

解答 図 (a) のように x 軸をとる．x 軸上に重心があるのは対称性より明らか．図 (b) のように $x \sim x + dx$ の領域を考える．この部分の面積は $2\sqrt{1-x^2}\,dx$ で，面積あたりの質量は $2m/\pi$ であるから，この部分の質量は

$$\frac{2m}{\pi}\cdot 2\sqrt{1-x^2}\,dx = \frac{4m}{\pi}\sqrt{1-x^2}\,dx$$

である．よって重心の x 座標は次のようになる：

$$x_{\rm c} = \frac{1}{m}\int_0^1 x\frac{4m}{\pi}\sqrt{1-x^2}\,dx = \frac{4}{\pi}\left[-\frac{1}{3}(1-x^2)^{3/2}\right]_0^1 = \frac{4}{3\pi}$$ ◆

注釈 $x = 4/(3\pi) \approx 0.424$ は図 (c) のような位置である．重心の位置は m には依存しない．

補足 正確にいうと，$x \sim x + dx$ の領域の質量は $(4m/\pi)\sqrt{1-x^2}\,dx$ より少しだけ小さい．小さい量は dx の2次以上の量である．このような項を**高位の無限小**という．この量は無視して構わないが，その理由は以下の通りである：積分する際にリーマン和（定義 2.2.1（p.66））の足し上げる行為 $\sum_{k=1}^{n}$ は $n = (b-a)/dx$ だったので，$1/dx$ をかけるような意味がある．その上で，$dx \to 0$ とするので，被積分関数の dx の1次の項は残るが，2次以上の項は不要なのである．つまり

$$\frac{a_1 dx + a_2 dx^2 + a_3 dx^3 + \cdots}{dx} \to a_1 \quad (dx \to 0)$$

という極限値を求めるときに，$a_2, a_3, \cdots$ は必要ないことである．

問 題

2.13.1 次の重心を求めよ．ただしどれも一様な質量分布をもつものとする．a, b は定数．

(1) $\mathrm{A}(a,0)$, $\mathrm{B}(0,b)$, $\mathrm{C}(0,-b)$ を頂点とする三角形板

(2) 半球（$x^2+y^2+z^2 \leqq 1,\ x \geqq 0$）

(3) 円錐 ($(x-a)^2 = y^2+z^2,\ 0 \leqq x \leqq a$)

補足（図形の重心） 特に質量を指定せずに，$y=f(x), y=g(x), x=a, x=b$ で囲まれた部分の図形の重心は，一様な質量分布と考えれば，重心の x 座標 x_{c} は次のようになる：

$$x_{\mathrm{c}} = \frac{\displaystyle\int_a^b |f(x)-g(x)|x\,dx}{\displaystyle\int_a^b |f(x)-g(x)|\,dx}$$

図形は定理 2.11.1（p.104）のものと同じ．分母はこの図形の面積である．

節末問題

2.13.2 次の重心を求めよ．ただしどれも一様な質量分布をもつものとする．a, b, c は定数．

(1) $\mathrm{A}(0,0)$, $\mathrm{B}(a,0)$, $\mathrm{C}(b,c)$ を頂点とする三角形板

(2) $x^2+y^2+z^2 \leqq 1,\ 0 \leqq x,\ 0 \leqq y,\ 0 \leqq z$

2.14 慣性モーメント♣

次に慣性(かんせい)モーメントを扱う．慣性モーメントとは回転の運動量と角速度のレートのことで，その物体の回転しにくさ，あるいは回転している場合は回転の勢いといえる．質量 m の質点が回転軸から距離 r にあるとき慣性モーメントは $I = mr^2$ である．剛体の慣性モーメントを求めるには剛体を微小部分に分けて，この $I = mr^2$ を適用した慣性モーメントを剛体全域について足し上げればよい．

定義 2.14.1（慣性モーメント） 剛体を細かい部分に分け，それぞれの重さに回転軸からの距離の 2 乗をかけたものを足し上げたものが剛体の**慣性モーメント**である．適当な x 軸をとり，剛体が存在する範囲が $a \leqq x \leqq b$ であり，$x \sim x + dx$ にあたる部分の質量が $\rho(x)\,dx$，軸からの距離が $r(x)$ であれば，次のようになる：

$$I = \int_a^b \rho(x)\,r(x)^2\,dx$$

例題 2.14.1

質量 m の一様な長さ l の棒があり，回転軸は棒の端を通り棒と垂直としたとき，棒の慣性モーメント I を求めよ．

解答 図のように x 軸をとり，水色部分のように $x = x$ から $x = x + dx$ までの微小部分を考える．長さあたりの質量は m/l だから，水色部分の質量は mdx/l．また，水色部分の回転軸からの距離は x だから，水色部分の慣性モーメントは x^2mdx/l．これを棒全体にわたり足し上げた

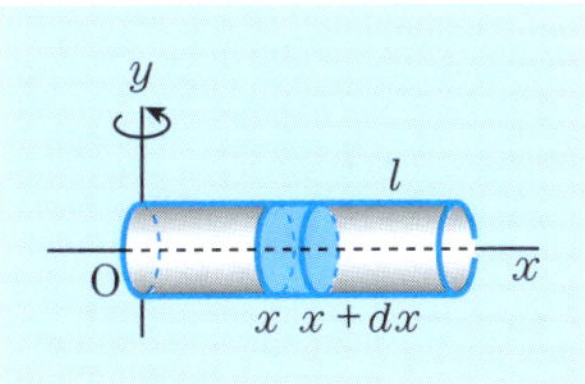

$$I = \int_0^l \left(\frac{x^2mdx}{l}\right) = \frac{m}{l}\left[\frac{x^3}{3}\right]_0^l = \frac{1}{3}ml^2$$

が棒の慣性モーメントである． ◆

補足 $x = l/\sqrt{3} \approx 0.577l$ の位置に全ての質量が集まったものと，慣性モーメントは同じということになる．

問 題

2.14.1 質量 m の一様な長さ l の棒があり，回転軸は棒の中心を通り棒と垂直としたとき，この慣性モーメント I を求めよ．

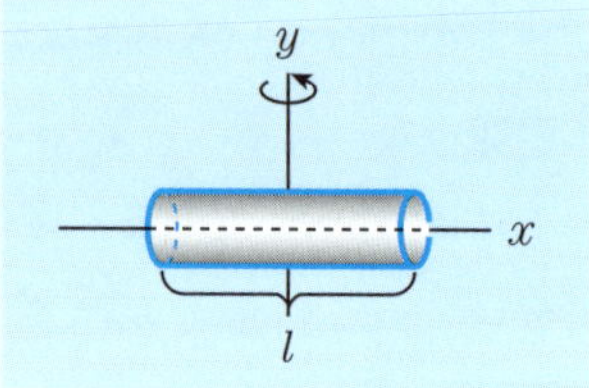

2.14.2 質量 m の一様な長さ l の棒があり，回転軸は棒と垂直で棒との距離は a の位置のとき，この慣性モーメント I を求めよ．

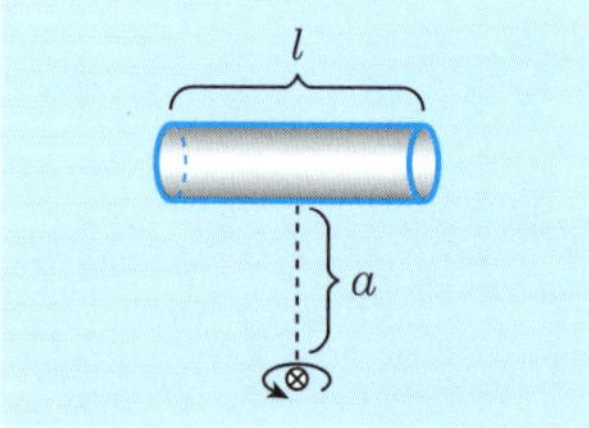

例題 2.14.2

質量 m の一辺の長さ l の一様な薄い正三角形板があり，回転軸は1頂点と対辺の中点を貫くとき，この慣性モーメント I を求めよ．

解答 三角形板の面積は $\sqrt{3}\,l^2/4$ で，単位面積あたりの質量は $4m/(\sqrt{3}\,l^2)$．青色部分のような回転軸からの距離が $x \sim x + dx$ の部分を考える．この部分の面積は左右合わせて $(l-2x)\sqrt{3}\,dx$．青色部分の慣性モーメントは $\{4m/(\sqrt{3}\,l^2)\}(l-2x)\sqrt{3}\,dx\ x^2$．これを板全体にわたり足し上げたものが答．

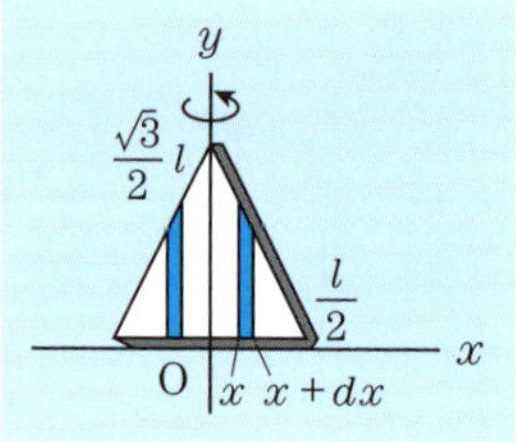

$$I = \int_0^{l/2} \left(\frac{4m}{\sqrt{3}\,l^2}(l-2x)\sqrt{3}\,dx\ x^2 \right) = \frac{1}{24}ml^2$$ ◆

問　題

2.14.3 質量 m の一様な薄い円板（半径 a）があり，回転軸は円の直径を貫くとき，この慣性モーメント I を求めよ．

ヒント　$\int x^2\sqrt{a^2-x^2}\,dx$ では $x = a\sin t$ と置く．

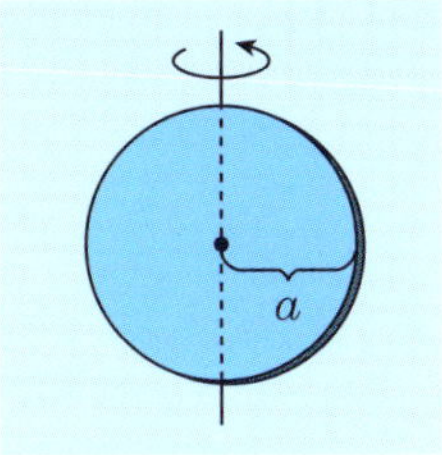

2.14.4 質量 m の一様な薄い円板（半径 a）があり，回転軸は円の中心を通り円に垂直なとき，この慣性モーメント I を求めよ．

ヒント　軸からの距離が $x \sim x+dx$ の部分を考える．

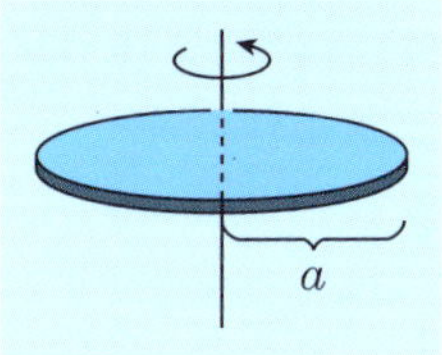

節 末 問 題

2.14.5 質量 m，半径 a の一様な（中身のつまった）球があり，回転軸は球の中心を通るとき，慣性モーメント I を求めよ．

ヒント　軸からの距離が $r \sim r+dr$ の部分を考えると円筒状になる．

演習問題

◆**1**　次の式が成り立つことを示せ．

(1)　$\sin^{-1}x = \displaystyle\int_0^x \frac{dt}{\sqrt{1-t^2}}$

(2)　$\cos^{-1}x = \displaystyle\int_x^1 \frac{dt}{\sqrt{1-t^2}}$

(3)　$\tan^{-1}x = \displaystyle\int_0^x \frac{dt}{1+t^2}$

◆**2**　次の積分の値を求めよ．

(1)　$\displaystyle\int_0^{\pi/2} \frac{dx}{\sin x+\cos x}$　　(2)　$\displaystyle\int_a^{\infty} \frac{a\,dx}{x\sqrt{x^2-a^2}}$　（a は正定数）

(3)　$\displaystyle\int_1^{\infty} \frac{dx}{\sqrt{x^2-1}}$　　(4)　$\displaystyle\int_0^{\infty} \log x\,dx$

◆**3** (**回転体の表面積**) グラフ $y=f(x)$ $(a \leqq x \leqq b)$ を x 軸の周りに1回転して得られる曲面の面積 S は

$$S=\int_a^b 2\pi f(x)\sqrt{1+\{f'(x)\}^2}\,dx$$

となる．これを用いて次のものを x 軸の周りに1回転して得られる曲面の面積 S を求めよ．

(1) $y=x$ $(0 \leqq x \leqq 1)$ (2) $y=\sqrt{x}$ $(0 \leqq x \leqq 1)$

(3) $y=\sin x$ $(0 \leqq x \leqq \pi)$

◆**4** $y=\cos x$ $(0 \leqq x \leqq \pi/2)$ と x 軸で囲まれた部分について，次の回転体の体積 V を求めよ．

(1) x 軸の周りに1回転してできる物体

(2) y 軸の周りに1回転してできる物体

◆**5** a, b は定数とする．曲線 $(x, y)=(x(t), y(t))$ $(a \leqq t \leqq b)$, $x=a$, $x=b$, x 軸で囲まれた部分を x 軸の周りに1回転してできる回転体の体積 V とする．また，この曲線を x 軸の周りに1回転してできる曲面の面積 S とする．これらは次のようになる：ただし，$x(t), y(t)$ は微分可能とし，dx/dt は定符号とする．

$$V=\pi\int_a^b y(t)^2\left|\frac{dx}{dt}\right|dt, \quad S=2\pi\int_a^b |y(t)|\sqrt{\left(\frac{dx}{dt}\right)^2+\left(\frac{dy}{dt}\right)^2}\,dt$$

これを用いて次のものを求めよ．

(1) $(x, y)=(\cosh t, \sinh t)$ $(0 \leqq t \leqq \log 2)$ を x 軸の周りに1回転してできる曲面の面積 S.

(2) この曲線と x 軸，$x=\cosh(\log 2)$ で囲まれた部分を x 軸の周りに1回転してできる回転体の体積 V.

ヒント $\int \sinh^3 t\,dt=-\frac{3}{4}\cosh t+\frac{1}{12}\cosh(3t)$,

$\int \sinh t\sqrt{\cosh^2 t+\sinh^2 t}\,dt$

$=\frac{1}{2}\cosh t\sqrt{\cosh 2t}-\frac{1}{2\sqrt{2}}\log(\sqrt{2}\cosh t+\sqrt{\cosh 2t})$

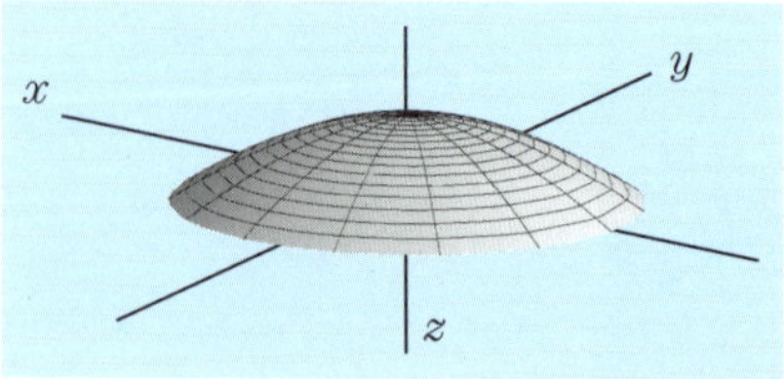

◆**6** （**有限区分求積法の誤差**）$f(x)$ $(a \leqq x \leqq b)$ は微分可能とする．$a \leqq x \leqq b$ で $|f'(x)| < M$ が成り立つとき，次の不等式が成り立つことを示せ．

$$\left| \int_a^b f(x)\,dx - \sum_{k=0}^{n-1} f\left(a + k\,\frac{b-a}{n}\right)\frac{b-a}{n} \right| \leqq \frac{M(b-a)^2}{2n^2}$$

ヒント 平均値の定理（ラグランジュ）を使う．

◆**7** （**台形公式の誤差**）$f(x)$ $(a \leqq x \leqq b)$ は 2 階微分可能とする．$a \leqq x \leqq b$ で $|f''(x)| < M$ が成り立つとき，次の不等式が成り立つことを示せ：

$$\left| \int_a^b f(x)\,dx - \frac{b-a}{2n}\left(2\sum_{k=0}^{n} f\left(a + k\,\frac{b-a}{n}\right) - f(a) - f(b)\right) \right| \leqq \frac{M(b-a)^3}{12n^2}$$

ヒント 2 次のテイラーの定理（p.41）

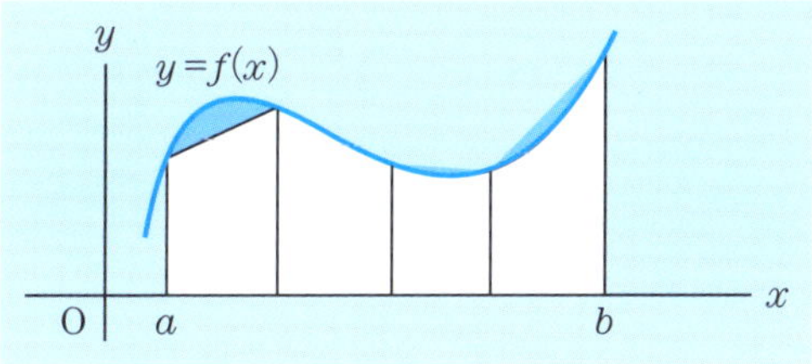

◆**8** m, n は整定数とする．次の値を求めよ．

(1) $\displaystyle\int_0^{2\pi} \sin(mx)\sin(nx)\,dx$ (2) $\displaystyle\int_0^{2\pi} \cos(mx)\cos(nx)\,dx$

(3) $\displaystyle\int_0^{2\pi} \sin(mx)\cos(nx)\,dx$

◆**9** （**空間曲線の長さ**）xyz 空間内の曲線 $(x(t), y(t), z(t))$ $(a \leqq t \leqq b)$ の長さ l は

$$l = \int_a^b \sqrt{\left(\frac{dx}{dt}\right)^2 + \left(\frac{dy}{dt}\right)^2 + \left(\frac{dz}{dt}\right)^2}\,dt$$

となる．これを使って $(x, y, z) = (\cos t, \sin t, t)$ $(0 \leqq t \leqq 2\pi)$ の長さ l を求めよ．

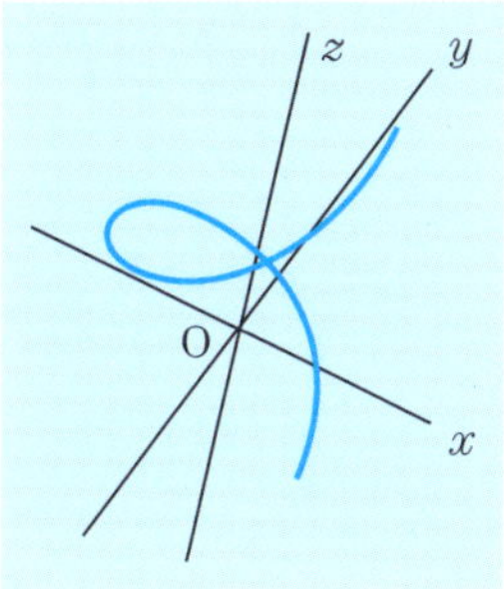

◆**10** アステロイド $|x|^{2/3} + |y|^{2/3} = a^{2/3}$（$a$ は正定数）に囲まれる部分の面積 S を求めよ（図は例題 2.10.2（p.100））．

◆**11**　（シュワルツの不等式）

(1)　数列 $\{a_k\}_{k=1,2,\cdots,n}$, $\{b_k\}_{k=1,2,\cdots,n}$ に対し，次の不等式を証明せよ．

$$\left(\sum_{k=1}^{n} a_k b_k\right)^2 \leqq \left\{\sum_{k=1}^{n}(a_k)^2\right\}\left\{\sum_{k=1}^{n}(b_k)^2\right\}$$

(2)　関数 $f(x)$, $g(x)$ は $[a,b]$ で連続とするとき，次の不等式を証明せよ．

$$\left\{\int_a^b f(x)g(x)\,dx\right\}^2 \leqq \left\{\int_a^b (f(x))^2\,dx\right\}\left\{\int_a^b (g(x))^2\,dx\right\}$$

ヒント　(1)　全ての実数 t に対し，$(ta_k - b_k)^2 \geqq 0$ が成り立つので

$$\sum_{k=1}^{n}(ta_k - b_k)^2 \geqq 0$$

となる．

(2)　全ての実数 t に対し，$\{tf(x) - g(x)\}^2 \geqq 0$ が成り立つので

$$\int_a^b \{tf(x) - g(x)\}^2\,dx \geqq 0$$

となる．

◆**12**　（パップス-ギュルダンの定理）　回転体の体積に関して，次のような定理がある： xy 平面上の $0 \leqq x$ にある図形を，y 軸周りに回転してできる物体の体積 V は，図形の面積 S と，図形の重心の x 座標 x_{c} として，$V = 2\pi x_{\mathrm{c}} S$ となる．これを，バウムクーヘン法（p.112）で扱った図形について証明せよ．

ヒント　$x_{\mathrm{c}} = \dfrac{\displaystyle\int_a^b \{f(x) - g(x)\}x\,dx}{\displaystyle\int_a^b \{f(x) - g(x)\}dx}$

第3章

多変数関数の微分

この章では多変数関数の微分について扱う．多変数関数というのは，複数の変数によって構成される関数のことである．その微分で，変数の数だけ種類がある偏微分というものが登場する．1 変数関数 $f(x)$，2 変数関数 $f(x,y)$，3 変数関数 $f(x,y,z)$，$\cdots$ となる．1 変数と 2 変数はだいぶ扱いが異なるが，2 変数とそれ以上はあまり変わらない．そこでまずは 2 変数関数について 3.1～3.11 節で扱い，その後 3.12 節で 3 変数以上の関数について触れることにする．

3.1　2 変数関数の極限，連続性

1 変数関数とは変数 x が 1 つあり，それが決まると実数 f が決まる構図をもった関数のことであった．この構図を

$$f(x) \text{ または } x \mapsto f(x)$$

と表す．

2 変数関数とは変数が x, y と 2 つあり（それらは全く独立している），それらが決まると実数 f が決まる構図をもった関数のことである．この構図を

$$f(x,y) \text{ または } x, y \mapsto f(x,y)$$

と表す．

定義 3.1.1（2 変数関数）

2 個の変数 x, y で決まる関数 $f(x,y)$ を **2 変数関数**という．

また $z = f(x,y)$ で決まる xyz 空間内の面を f のグラフという．

例　$f(x,y) = x^2 + y^2$ は 2 変数関数．そのグラフは

$$z = x^2 + y^2$$

で決まる xyz 空間内の面．

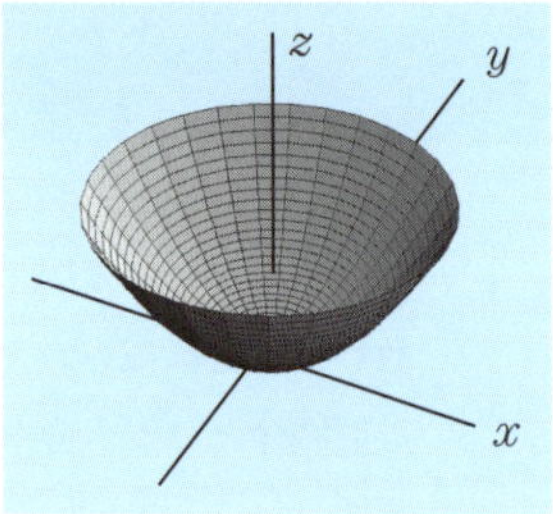

2 変数関数の可視化の方法は，上のような 3 次元空間内の曲面の表示だけでない．下図のように等高線を描いたり，2 次元グラフをアニメーションさせたりする方法もある．

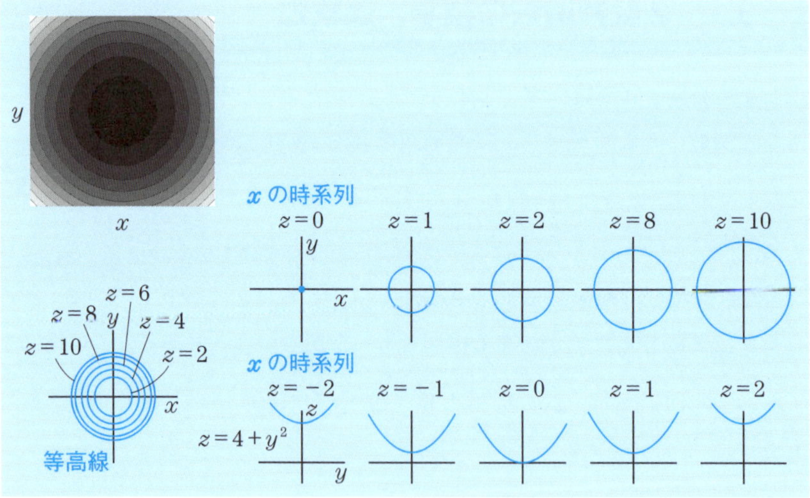

問　題

3.1.1　次の関数に相当するものを A（3 次元グラフ），B（等高線）グループから 1 つずつ選べ．

(1)　$f(x,y) = 1 - x + y$　　(2)　$f(x,y) = \sin(x+y)$

(3)　$f(x,y) = \sqrt{x^2 - y^2}$

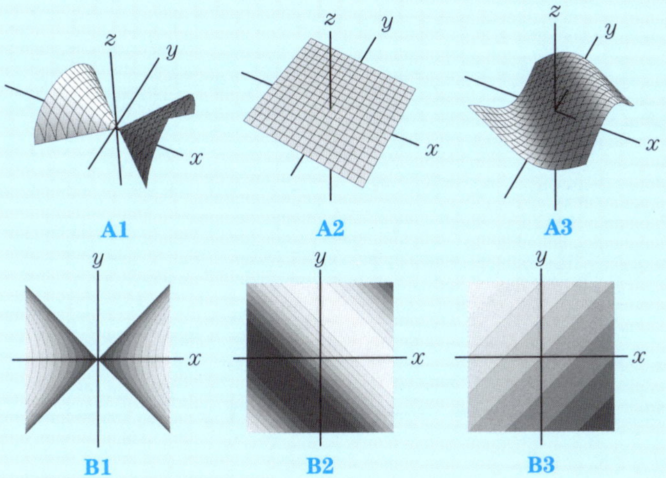

定義 3.1.2（極限（2 変数関数））

変数対 (x,y) を定数対 (a,b) 以外の値をとりながら限りなく (a,b) に近づけたときに，関数 $f(x,y)$ が定数 c に限りなく近づくことを

$$\lim_{(x,y)\to(a,b)} f(x,y) = c$$

と書く．

注釈 1　1 変数関数の極限と同じように，数列を使って極限を次のように表すこともできる：$\lim_{n\to\infty}(x_n - a)^2 + (y_n - b)^2 = 0$ かつ $(x_n, y_n) \neq (a,b)$ となる任意の (x_n, y_n) に対し，$\lim_{n\to\infty} f(x_n, y_n) = c$ となる．上の定義は連続的に近づく場合だが，これは数列が近づくというだけで，両者は同じことである．

注釈 2　1 変数関数には，定点 a に負の方向から近づく左極限，正の方向から近づく右極限というものがあった．しかし 2 変数関数の極限では，定点 (a,b) に近づく方法は様々で，右極限，左極限に相当するものはない．

定理 3.1.1（極限の収束・発散）

(1)　任意の θ について $|f(a+r\cos\theta, b+r\sin\theta)-c| \leqq g(r)$ となる $g(r)$ が存在し

$$g(r) \to 0 \ (r \to 0+0) \text{ ならば } \lim_{(x,y)\to(a,b)} f(x,y) = c$$

となる．

(2)　(a,b) の近づき方によって収束値が異なるならば $\displaystyle\lim_{(x,y)\to(a,b)} f(x,y)$ は存在しない．

証明　(1)　$\displaystyle\lim_{n\to\infty}(x_n-a)^2+(y_n-b)^2=0$, $(x_n,y_n) \fallingdotseq (a,b)$ となる (x_n,y_n) について考える．$r_n=\sqrt{(x_n-a)^2+(y_n-b)^2}$ と置くと，仮定より $0 \leqq |f(x_n,y_n)-c| \leqq g(r_n)$ となり，$\displaystyle\lim_{n\to\infty} g(r_n)=0$ なので，$\displaystyle\lim_{n\to\infty} f(x_n,y_n)=c$ となる．

(2)　$\displaystyle\lim_{n\to\infty}(x_n-a)^2+(y_n-b)^2=0$, $(x_n,y_n) \fallingdotseq (a,b)$ となる (x_n,y_n) の選び方によって $\displaystyle\lim_{n\to\infty} f(x_n,y_n)$ の収束値が変わってしまうので，収束しない．◆

例題 3.1.1

次の極限を調べよ．

(1)　$\displaystyle\lim_{(x,y)\to(0,0)}(x^2+y^2)$　　(2)　$\displaystyle\lim_{(x,y)\to(0,0)}\frac{xy}{x^2+y^2}$

(3)　$\displaystyle\lim_{(x,y)\to(0,0)}\frac{xy}{\sqrt{x^2+y^2}}$　　(4)　$\displaystyle\lim_{(x,y)\to(0,0)}\frac{xy^2}{x^2+y^4}$

解答　(1)　$x=r\cos\theta$, $y=r\sin\theta$ と置くと，$x^2+y^2=r^2 \to 0 \ (r\to 0+0)$ なので，与式は 0.

(2)　$x=r\cos\theta$, $y=r\sin\theta$ と置くと，$\displaystyle\frac{xy}{x^2+y^2}=\frac{r\cos\theta\, r\sin\theta}{r^2}=\cos\theta\ \sin\theta.$

近づく方向（θ）によって収束値が異なるので，極限は存在しない．

(3)　$x=r\cos\theta$, $y=r\sin\theta$ と置くと，$\displaystyle\frac{xy}{\sqrt{x^2+y^2}}=\frac{r\cos\theta\, r\sin\theta}{r}=r\ \cos\theta\ \sin\theta$

なので $\displaystyle\left|\frac{xy}{\sqrt{x^2+y^2}}\right| \leqq r \to 0 \quad (r\to 0+0)$ となり，与式は 0.

(4)　$y^2=mx$ と置くと，$\displaystyle\frac{xy^2}{x^2+y^4}=\frac{x\,mx}{x^2+(mx)^2}=\frac{m}{1+m^2}.$

近づく方向（m）によって収束値が異なるので，極限は存在しない．◆

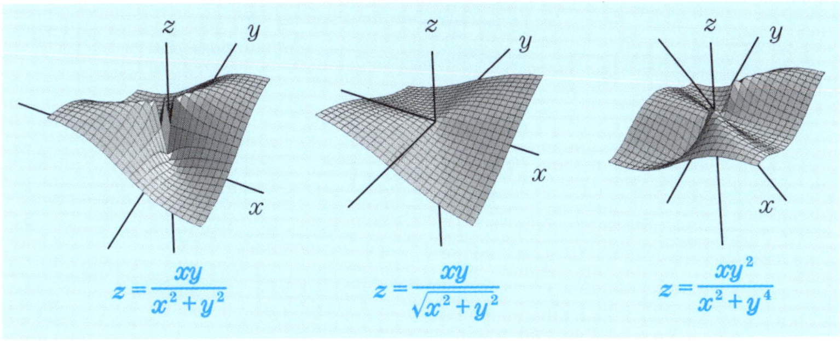

定義 3.1.3（連続（2 変数関数））

$$\lim_{(x,y)\to(a,b)} f(x,y) = f(a,b)$$

が成り立つとき，$f(x,y)$ は (a,b) において連続であるという．

注釈　単に "$f(x,y)$ は連続" というと，定義域内のどの (x,y) においても連続という意味である．

例題 3.1.2

次の連続性を調べよ．

(1)　$f(x,y) = \begin{cases} \dfrac{xy}{\sqrt{x^2+y^2}} & ((x,y) \neq (0,0) \text{ のとき}) \\ 0 & ((x,y) = (0,0) \text{ のとき}) \end{cases}$

(2)　$f(x,y) = \begin{cases} \dfrac{xy}{x^2+y^2} & ((x,y) \neq (0,0) \text{ のとき}) \\ 0 & ((x,y) = (0,0) \text{ のとき}) \end{cases}$

例題 3.1.1 (2), (3)（p.126）の結果を用いる．

解答　(1)　$(x,y) \neq (0,0)$ においては連続．$\displaystyle\lim_{(x,y)\to(0,0)} \frac{xy}{\sqrt{x^2+y^2}} = 0 = f(0,0)$ となるので，$(0,0)$ においても連続である．

(2)　$(x,y) \neq (0,0)$ においては連続．$\displaystyle\lim_{(x,y)\to(0,0)} \frac{xy}{x^2+y^2}$ が存在しないので，$(0,0)$ においては不連続である．◆

問　題

3.1.2 次の連続性を調べよ．

(1) $f(x,y) = \begin{cases} x^2+y^2 & ((x,y) \neq (0,0) \text{ のとき}) \\ 1 & ((x,y) = (0,0) \text{ のとき}) \end{cases}$

(2) $f(x,y) = \begin{cases} \dfrac{x^2 y}{x^2+y^2} & ((x,y) \neq (0,0) \text{ のとき}) \\ 0 & ((x,y) = (0,0) \text{ のとき}) \end{cases}$

(3) $f(x,y) = \begin{cases} \dfrac{(x-1)^2}{(x-1)^2+y^4} & ((x,y) \neq (1,0) \text{ のとき}) \\ 0 & ((x,y) = (1,0) \text{ のとき}) \end{cases}$

ヒント　途切れているところ以外では全て連続．途切れているところでは，上の極限が収束し，下の値と一致すれば連続，収束しなかったり，収束しても下の値と一致しないときは不連続．分母も分子も連続関数である場合は，分母が0にならない限り連続である．

節末問題

3.1.3 次の関数のグラフを下図の中から選べ．

(1) $z = \sqrt{x^2+y^2}$　　(2) $z = x^2 - y^2$　　(3) $z = (x^2-y^2)^2$

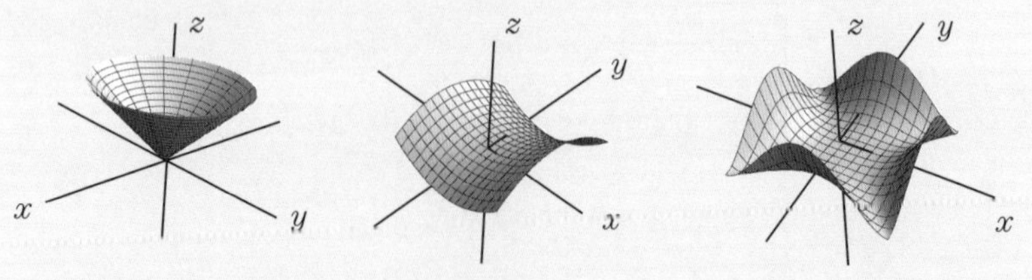

(a)　(b)　(c)

3.1.4 次の極限を調べよ．

(1) $\displaystyle\lim_{(x,y)\to(0,0)} \frac{x+y}{x-y}$　　(2) $\displaystyle\lim_{(x,y)\to(0,0)} \frac{x^3-y^3}{x^2+y^2}$

(3) $\displaystyle\lim_{(x,y)\to(0,0)} \frac{|xy|^{3/2}}{\sqrt{x^2+y^2}}$

3.1.5 次の連続性を調べよ．

$$(1)\quad f(x,y)=\begin{cases}\dfrac{x^4-3x^2y}{2x^2+y^2} & ((x,y)\neq(0,0)\text{ のとき})\\ 0 & ((x,y)=(0,0)\text{ のとき})\end{cases}$$

$$(2)\quad f(x,y)=\begin{cases}\dfrac{y^2}{x} & (x\neq 0\text{ のとき})\\ 0 & (x=0\text{ のとき})\end{cases}$$

3.2　2 変数関数の偏微分

この節では 2 変数関数の微分について扱う．1 変数関数 $f(x)$ には微分は $f'(x)$ の 1 通りしかなかったが，2 変数関数 $f(x,y)$ には微分は 2 種類ある．

定義 3.2.1（偏微分）　2 変数関数 $f(x,y)$ について

$$\lim_{h\to 0}\frac{f(x+h,y)-f(x,y)}{h},\quad \lim_{h\to 0}\frac{f(x,y+h)-f(x,y)}{h}$$

が収束するとき，$f(x,y)$ は (x,y) において**偏微分可能**（へんびぶん）であるという．これらの収束値をそれぞれ

$$\frac{\partial f}{\partial x}(x,y),\ \frac{\partial f}{\partial y}(x,y)\ \text{あるいは}\ f_x(x,y),\ f_y(x,y)$$

と書き，**偏微分係数**という．

全ての (x,y) において $f(x,y)$ が偏微分可能なとき，$f(x,y)$ は偏微分可能であるといい，2 つの 2 変数関数 $\frac{\partial f}{\partial x}(x,y)$, $\frac{\partial f}{\partial y}(x,y)$ を**偏導関数**という．2 変数関数からその偏導関数を求めることを “偏微分する” という．

例題 3.2.1

$f(x,y)=|x|\,y$ の偏微分可能性を調べよ．

解答　$f_y=|x|$ と収束するので，f_x のみ調べる．$x>0$ では

$$\lim_{h\to 0}\frac{(x+h)y-xy}{h}=y$$

となるので，偏微分可能である．$x<0$ では

$$\lim_{h\to 0}\frac{-(x+h)y+xy}{h}=-y$$

となり，やはり偏微分可能である．$x=0,\ y\neq 0$ では

$$\lim_{h\to 0}\frac{|h|y-0y}{h}=y\lim_{h\to 0}\frac{|h|}{h}$$

$\displaystyle\lim_{h\to 0+0}\frac{|h|}{h}=1,\ \lim_{h\to 0-0}\frac{|h|}{h}=-1$ なので $\displaystyle\lim_{h\to 0}\frac{|h|}{h}$ は存在せず，偏微分不可能である．$x=0,\ y=0$ では

$$\lim_{h\to 0}\frac{|h|0-0}{h}=0$$

となり，偏微分可能である．

まとめると，$(0,y)$ $(y\neq 0)$ で偏微分不可能，それ以外では偏微分可能． ◆

問題

3.2.1 $f(x,y)=|xy|$ の偏微分可能性を調べよ．

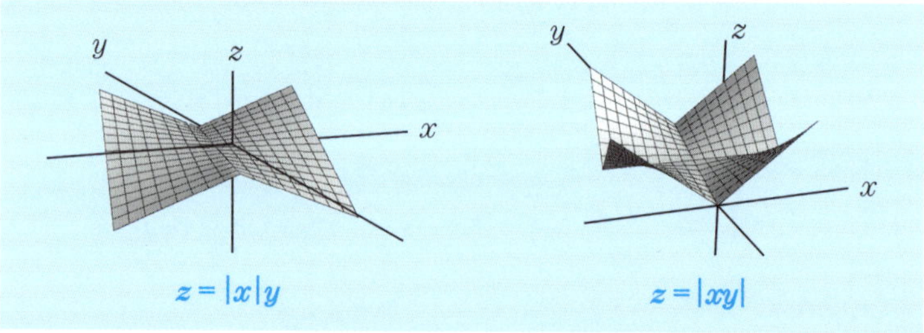

注釈　この本に出てくる2変数関数は，ほとんどが偏微分可能であるので，今後は偏微分可能性については深く問わないことにする．

例題 3.2.2

$f(x,y)=x^2+2xy$ を偏微分せよ．

解答

$$f_x=2x+2y,\quad f_y=2x$$ ◆

注釈　f_x を計算するには，x を変数，y を定数だと思って，1変数関数の微分と同様に微分すればよい．一方，f_y を計算するには，逆に y を変数，x を定数だと思って微分すればよい．

問　題

3.2.2 次を偏微分せよ．

(1)　$f(x,y) = \sin(xy)$　　(2)　$f(x,y) = \sqrt{x^2+y^2}$

微分係数をその瞬間の傾きと理解すると，1 変数関数の場合は，微分係数は x が 1 増えるあたりに $f(x)$ がいくつ増えるかというレートであった．2 変数関数の場合は，進む方向が様々である．x が 1 増えるあたりに $f(x,y)$ がいくつ増えるかというレートが f_x，y が 1 増えるあたりに $f(x,y)$ がいくつ増えるかというレートが f_y である．xy 平面を地図のように見立てると，東（地図上の右）に向かったときの傾きが f_x，北（地図上の上）に向かったときの傾きが f_y である．

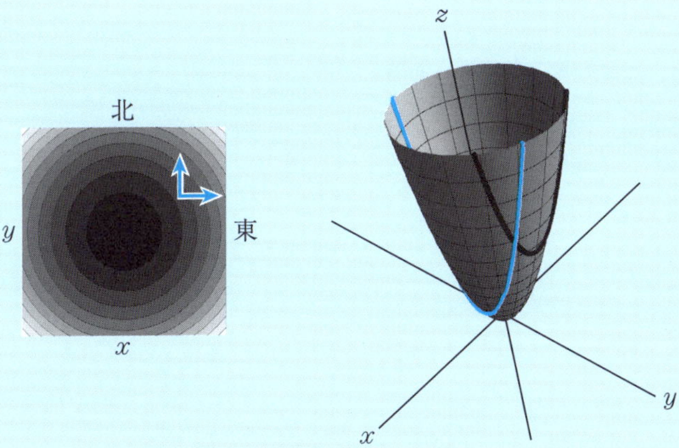

節末問題

3.2.3 次を偏微分せよ．

(1)　$f(x,y) = (x+y)^2 - 2$　　(2)　$f(x,y) = x^2 - y^2$

(3)　$f(x,y) = x^3 + 2x^2y - y^2$　　(4)　$f(x,y) = (\sin x)(\cos y)$

3.2.4 次の関数の偏微分可能性を調べよ．

(1)　$f(x,y) = \sin(xy)$　　(2)　$f(x,y) = \sqrt{x^2+y^2}$

(3)　$f(x,y) = \begin{cases} \dfrac{xy}{x^2+y^2} & ((x,y) \neq (0,0) \text{ のとき}) \\ 0 & ((x,y) = (0,0) \text{ のとき}) \end{cases}$

3.3 勾配ベクトル

1 変数関数の微分は 1 種類であったが，2 変数関数の微分は 2 種類ある．この 2 種類の偏微分を並べて書いたものを勾配（こうばい）ベクトルというが，ベクトルとしてどんな意味があるだろうか．

定義 3.3.1（勾配ベクトル）

$f(x,y)$ が偏微分可能で，f_x, f_y が連続のとき

$$f'(x,y) := (f_x, f_y)$$

とする．a, bを定数として，$f'(a,b)$を(a,b)における**勾配ベクトル**という．

注釈 $f'(x,y)$ の代わりに $\nabla f(x,y)$（∇ はナブラと読む）や $\operatorname{grad} f(x,y)$（grad はグラジエントと読む）と書く本もある．

定理 3.3.1（方向微分）

$f(x,y)$ が偏微分可能で，f_x, f_y が連続であるとき次のことが成り立つ：

$$\lim_{h\to 0}\frac{1}{h}\{f(a+h\cos\theta, b+h\sin\theta) - f(a,b)\} = f'(a,b)\cdot(\cos\theta, \sin\theta)$$

証明

$$\lim_{h\to 0}\frac{f(a+h\cos\theta, b+h\sin\theta) - f(a,b)}{h}$$

$$= \lim_{h\to 0}\left\{\cos\theta\,\frac{f(a+h\cos\theta, b+h\sin\theta) - f(a, b+h\sin\theta)}{h\cos\theta}\right.$$

$$\left. + \sin\theta\,\frac{f(a, b+h\sin\theta) - f(a,b)}{h\sin\theta}\right\}$$

$$= \lim_{h\to 0}\left\{\cos\theta f_x(a, b+h\sin\theta)\right.$$

$$\left. + \sin\theta f_y(a,b)\right\}$$

$$= \cos\theta f_x(a,b) + \sin\theta f_y(a,b)$$ ◆

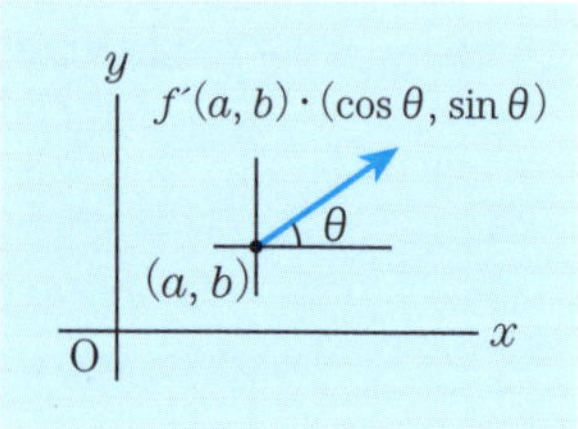

注釈 これは (a,b) を起点として，θ 方向の傾きが $f'(a,b)\cdot(\cos\theta, \sin\theta)$ であることを意味している．

定理 3.3.2（勾配ベクトルの意味）

$f'(a,b)$ の方向は最大傾斜の方向，大きさは最大傾斜の量を表す．

証明 コーシー–シュワルツの不等式

$$f'(a,b)\cdot(\cos\theta,\sin\theta) \leqq |f'(a,b)|\,|(\cos\theta,\sin\theta)|$$

より，$(\cos\theta,\sin\theta)$ が $f'(a,b)$ の方向を向いたとき，傾きは最大 $|f'(a,b)|$ となる．◆

例題 3.3.1

$f(x,y)=10-2x^2+y^2+3xy+5x-y$ について次の問に答えよ．

(1) 原点における $\left(\frac{1}{\sqrt{2}},\,\frac{1}{\sqrt{2}}\right)$ 方向の傾き．

(2) 原点における最大傾斜とその方向．

(3) 原点における等高線の方向．

解答 $f'(x,y)=(-4x+3y+5,2y+3x-1)$ なので $f'(0,0)=(5,-1)$．

(1) 定理 3.3.1（p.132）を使って $f'(0,0)\cdot\left(1/\sqrt{2},1/\sqrt{2}\right)=2\sqrt{2}$

(2) 最大傾斜は勾配ベクトルの大きさなので $|f'(0,0)|=\sqrt{5^2+(-1)^2}=\sqrt{26}$

方向は $f'(0,0)$ と同じで，$(5,-1)/\sqrt{26}$

(3) $f'(0,0)=(5,-1)$ と直交する $\pm(1,5)$ の方向が等高線なので $\pm(1,5)/\sqrt{26}$

◆

注釈 方向を指定するときは，大きさを 1 にして答えるのが標準的である．

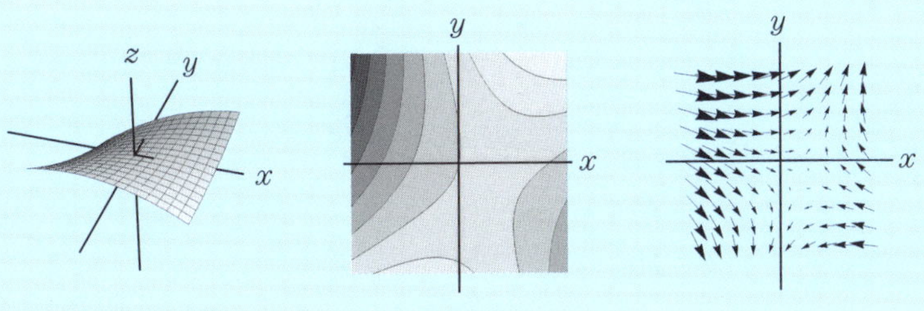

3 次元グラフ　　等高線　　勾配ベクトル

問　題

3.3.1 $f(x,y) = x^2 + xy + y^2$ について次の問に答えよ．

(1)　$(1,2)$ における $\left(\frac{1}{\sqrt{2}}, -\frac{1}{\sqrt{2}}\right)$ 方向の傾き．

(2)　$(1,2)$ における最小傾斜．

(3)　$(1,2)$ において傾きが 0 になる方向．

節末問題

3.3.2 $f(x,y) = \exp(-x^2 - y^2)$ について次の問に答えよ．

(1)　$(1,-1)$ における $\left(\frac{\sqrt{3}}{2}, -\frac{1}{2}\right)$ 方向の傾き．

(2)　$(1,-1)$ における最大傾斜とその方向．

(3)　$(1,-1)$ において傾きが 0 になる方向．

(4)　$(1,-1)$ 付近の勾配ベクトルの様子として，下図の3つのうち相応しいものはどれか．

ヒント　(4)　図の中心の矢印が $f'(1,-1)$ に相応しいもの．

(a)　(b)　(c)

3.3.3 (1)　a を定数とする．

$f(\theta) = (\cos\theta, \sin\theta)\cdot(\cos a, \sin a)$ の最大値・最小値を求めよ．

(2)　a, b を $a^2 + b^2 \neq 0$ を満たす定数とする．

$f(\theta) = (\cos\theta, \sin\theta)\cdot(a, b)$ の最大値・最小値を求めよ．

ヒント　(1)　$f(\theta) = \cos(\theta - a)$

(2)　$f(\theta)/\sqrt{a^2+b^2}$ に (1) を適用する．

3.4 曲面の接平面と法線

$z = f(x,y)$ は xyz 空間内の曲面を表すので，曲面上の点を指定すると，接平面と法線がかけるかもしれない．これを求めるために，まず全微分可能という概念を導入する．

定義 3.4.1（全微分可能） $f(x,y)$ が定点 (a,b) において

$$\lim_{(x,y)\to(a,b)} \frac{f(x,y)-f(a,b)-p(x-a)-q(y-b)}{\sqrt{(x-a)^2+(y-b)^2}} = 0$$

となるような定数 p, q が存在するとき，$f(x,y)$ は (a,b) において全微分可能という．

注釈　全微分可能のことを，本によっては単に“微分可能”というものもある．

定理 3.4.1（全微分可能と偏微分可能）

$f(x,y)$ が (a,b) において全微分可能ならば，(a,b) において偏微分可能である．そして，上の定義 3.4.1 の p, q は $(p,q) = f'(a,b)$ となる．

証明 $y = b$ と固定し，x を a に近づけていく場合を考えると，定義より $f(x,b) - f(a,b) - p(x-a) = \rho|x-a|$，ただし $\lim_{x\to a} \rho = 0$ となる．

この両辺を $|x-a|$ で割ると

$$\lim_{x\to a} \frac{f(x,b)-f(a,b)}{x-a} = p$$

となり，偏微分の定義より $\frac{\partial f}{\partial x} = p$ となる．同様にして $x = a$ と固定し，y を b に近づけていく場合を考えると，$\frac{\partial f}{\partial y} = q$ となる．◆

例題 3.4.1

次の関数の $(0,0)$ における偏微分可能性，全微分可能性を調べよ．

(1)　$f(x,y) = xy$　　(2)　$f(x,y) = \sqrt{|xy|}$

偏微分可能ならば，$f'(a,b) = (p,q)$ を定義 3.4.1 へ代入する．

解答 (1)　$f'(0,0) = (0,0)$ で，$xy/\sqrt{x^2+y^2} \to 0$（$(x,y) \to (0,0)$）なので全微分可能．

(2)　$f'(0,0)=(0,0)$ で，$\sqrt{|xy|}/\sqrt{x^2+y^2}$ は $x=r\cos\theta,\ y=r\sin\theta$ とすると $\sqrt{|\cos\theta\sin\theta|}$ となり $r\to 0+0$ で収束しない．よって全微分不可能．◆

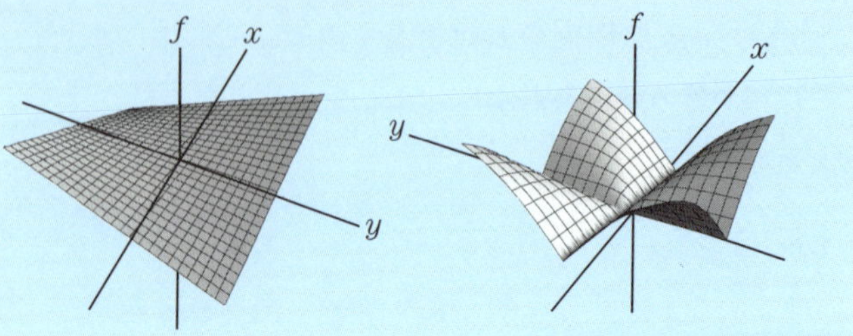

全微分可能な例
$f=xy$

(0,0) において偏微分可能だが，
全微分可能でない例
$f=\sqrt{|xy|}$

全微分可能とは，平たくいえば接平面が存在するということである．ここでは，全微分可能性にはこだわらないことにして先に進める．全微分可能性を問う問題は節末問題とする．

定義 3.4.1 と定理 3.4.1（p.135）より，$f(x,y)$ が全微分可能なとき，点 (a,b) を起点とした x,y,f の微小増加量 $dx=x-a,\ dy=y-b,\ df=f(x,y)-f(a,b)$ には次のような関係がある：$df=f_x dx+f_y dy+\rho(x,y)\sqrt{dx^2+dy^2}$.
ただし $\displaystyle\lim_{(x,y)\to(a,b)}\rho(x,y)=0$ を満たす．微小量ということを考えると，df, dx, dy よりも $\rho(x,y)\sqrt{dx^2+dy^2}$ は，さらに小さい微小さをもっている．このときはこの項を無視し次のように書くことにする：

$$df=f_x dx+f_y dy$$

例題 3.4.2

$f(x,y)=x^2+xy+y^2$ とする．$f(1,2)=7$ を起点として，x,y,f の微小増加量 $dx,\ dy,\ df$ の関係を求めよ．

解答　$f'(x,y)=(2x+y, x+2y)$ なので，$f'(1,2)=(4,5)$ となり，$df=4\,dx+5\,dy$ となる．◆

問　題

3.4.1　次の関数 $f(x,y)$ と (a,b) について，点 (a,b) を起点として，x,y,f の微小増加量 dx, dy, df の関係を求めよ．

(1)　$f(x,y)=\cos(xy)$,　$(a,b)=(\pi/2,1)$

(2)　$f(x,y)=x+y^2+2xy$,　$(a,b)=(1,1)$

曲面 $z=f(x,y)$ の接平面と法線に話を進める前に，xy 平面上の曲線 $y=f(x)$ の接線と法線について軽く復習しておく．

定理 3.4.2（曲線の接線・法線（復習））　関数 $f(x)$ は微分可能とする．グラフ $y=f(x)$ の $x=a$ における点について

(1)　**接ベクトル**　$(1,f'(a))$

(2)　**法ベクトル**　$(f'(a),-1)$

(3)　**接線の方程式**　$(x-a,y-f(a))\cdot(f'(a),-1)=0$

(4)　**法線の方程式**　$\dfrac{x-a}{f'(a)}=\dfrac{y-f(a)}{-1}$　（分母が 0 のときは分子も 0）

証明　(1)　(f の増分)/(x の増分) が $f'(a)$ であるから．

(2)　接ベクトルと垂直であるから．

(3)　点 $(a,f(a))$ から見た (x,y) の方向は，法ベクトルと直交するから．

(4)　点 $(a,f(a))$ から見た (x,y) の方向は，法ベクトルと平行だから．◆

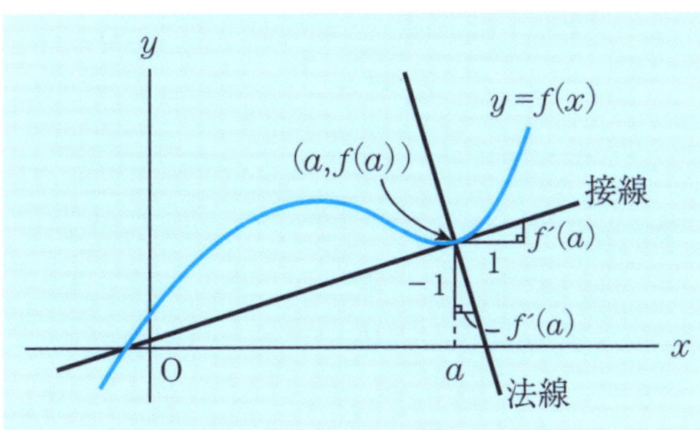

これが理解できれば，2 変数関数への拡張もスムースにいくことを期待できる．

定理 3.4.3（曲面の接平面・法線）　関数 $f(x,y)$ は全微分可能とする．グラフ $z=f(x,y)$ の $(x,y)=(a,b)$ における点について

(1)　**接ベクトル**　　$(1,0,f_x(a,b))$, $(0,1,f_y(a,b))$

(2)　**法ベクトル**　　$(f_x(a,b),f_y(a,b),-1)$

(3)　**接平面の方程式**

$$(x-a,y-b,z-f(a,b))\cdot(f_x(a,b),f_y(a,b),-1)=0$$

(4)　**法線の方程式**　$\dfrac{x-a}{f_x(a,b)}=\dfrac{y-b}{f_y(a,b)}=\dfrac{z-f(a,b)}{-1}$

（分母が 0 のときは分子も 0）

証明　(1)　(f の増分)/(x の増分) が $f_x(a,b)$ で，(f の増分)/(y の増分) が $f_y(a,b)$ だから．

(2)　接ベクトルと垂直であるから．

(3)　点 $(a,b,f(a,b))$ から見た (x,y,z) の方向は，法ベクトルと直交するから．

(4)　点 $(a,b,f(a,b))$ から見た (x,y,z) の方向は，法ベクトルと平行だから．◆

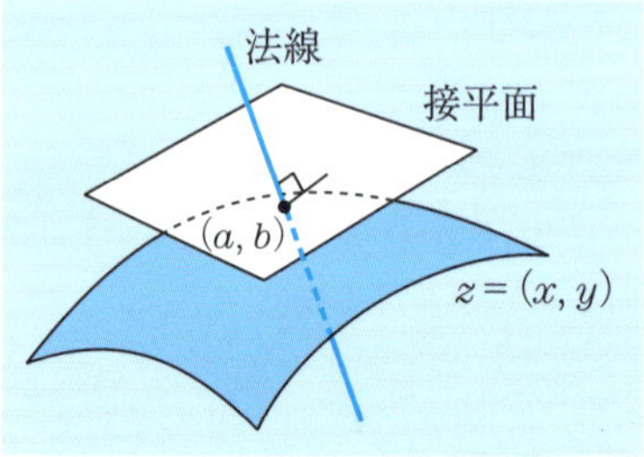

例題 3.4.3

曲面 $z=x^2+xy+y^2$ の $(x,y)=(1,2)$ における接平面と法線の方程式を求めよ．

解答　$z(1,2)=7$.　$z'=(2x+y,x+2y)$ より $z'(1,2)=(4,5)$.

（接平面）　$(x-1,y-2,z-7)\cdot(4,5,-1)=0$ を整理して，$z=4x+5y-7$.

（法線）　$\dfrac{x-1}{4}=\dfrac{y-2}{5}=\dfrac{z-7}{-1}$ を整理して，$z=\dfrac{29-x}{4}=\dfrac{37-y}{5}$.　◆

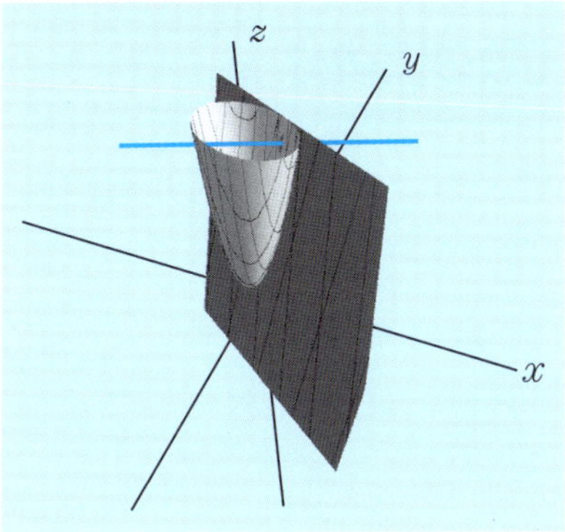

問　題

3.4.2 次の曲面の (a,b) における接平面と法線の方程式を求めよ．

(1)　$z = x^2 + y + 3xy + y^3 \quad (a,b) = (1,1)$

(2)　$z = x^3 + 3x^2y - 2xy^3 \quad (a,b) = (2,1)$

節末問題

3.4.3 次の曲面 $z = \sin(xy)$ について，次の点における接平面と法線の方程式を求めよ．

(1)　$(\pi, 1)$　　(2)　$(\pi, 0)$

3.4.4 次の関数の $(0,0)$ における全微分可能性を調べよ．

(1)　$f(x,y) = |xy|$

(2)　$f(x,y) = \begin{cases} \dfrac{|xy|}{\sqrt{x^2+y^2}} & ((x,y) \neq (0,0) \text{ のとき}) \\ 0 & ((x,y) = (0,0) \text{ のとき}) \end{cases}$

3.5 合成関数の偏微分

1 変数関数の合成関数の微分の公式は $\{f(g(x))\}' = f'(g(x))\,g'(x)$ であった．ここではこれを，2 変数関数へ拡張することにする．

定義 3.5.1（ヤコビ行列）　2 つの 2 変数関数 $f(x,y)$, $g(x,y)$ が偏微分可能なとき，以下の行列を**ヤコビ行列**という：

$$\frac{\partial(f,g)}{\partial(x,y)} := \begin{bmatrix} f_x & f_y \\ g_x & g_y \end{bmatrix}$$

またこの行列式

$$J := \det \frac{\partial(f,g)}{\partial(x,y)} = f_x g_y - f_y g_x$$

を**ヤコビアン**という．

例題 3.5.1

$x(r,\theta) = r\cos\theta$, $y(r,\theta) = r\sin\theta$ とするとき，ヤコビ行列 $\dfrac{\partial(x,y)}{\partial(r,\theta)}$ およびヤコビアンを求めよ．

解答　$\dfrac{\partial(x,y)}{\partial(r,\theta)} = \begin{bmatrix} \cos\theta & -r\sin\theta \\ \sin\theta & r\cos\theta \end{bmatrix}$,

$J = \cos\theta \cdot r\cos\theta - (-r\sin\theta)\sin\theta = r\cos^2\theta + r\sin^2\theta = r.$ ◆

問　題

3.5.1　$f(x,y) = x+y$, $g(x,y) = xy$ とするとき，ヤコビ行列 $\dfrac{\partial(f,g)}{\partial(x,y)}$ およびヤコビアンを求めよ．

さらに，1 つの 2 変数関数 $f(x,y)$ に対しては $\dfrac{\partial f}{\partial(x,y)} = [f_x, f_y]$ とし，2 つの 1 変数関数 $f(x)$, $g(x)$ に対しては $\dfrac{d(f,g)}{dx} = \begin{bmatrix} f' \\ g' \end{bmatrix}$ とする．

定理 3.5.1（合成関数の微分（2 変数関数））

(1)　3 個の全微分可能な 2 変数関数 $f(x,y), g(x,y), h(f,g)$ に対し，$h(f(x,y),g(x,y))$ も全微分可能で，次の式が成り立つ：

$$\frac{\partial}{\partial x}\{h(f(x,y),g(x,y))\} = \frac{\partial h}{\partial f}\frac{\partial f}{\partial x} + \frac{\partial h}{\partial g}\frac{\partial g}{\partial x}$$

$$\frac{\partial}{\partial y}\{h(f(x,y),g(x,y))\} = \frac{\partial h}{\partial f}\frac{\partial f}{\partial y} + \frac{\partial h}{\partial g}\frac{\partial g}{\partial y}$$

(2)　4 個の全微分可能な 2 変数関数 $f(x,y), g(x,y), h(f,g), i(f,g)$ に対し，$h(f(x,y),g(x,y))$, $i(f(x,y),g(x,y))$ も全微分可能で，次の式が成り立つ：

$$\frac{\partial(h,i)}{\partial(x,y)} = \frac{\partial(h,i)}{\partial(f,g)}\frac{\partial(f,g)}{\partial(x,y)}$$

多変数関数の合成関数の微分の公式を**連鎖律**（れんさりつ）ともいう．

証明　(1)

$$\begin{aligned} dh = h_f df + h_g dg &= h_f(f_x dx + f_y dy) + h_g(g_x dx + g_y dy) \\ &= (h_f f_x + h_g g_x)dx + (h_f f_y + h_g g_y)dy \end{aligned}$$

より．

(2)　h, i に (1) を適用して

$$h_x = h_f f_x + h_g g_x, \quad h_y = h_f f_y + h_g g_y,$$
$$i_x = i_f f_x + i_g g_x, \quad i_y = i_f f_y + i_g g_y$$

これらより与式を得る．◆

注釈　変数，関数の構図を図式化すると (1) は

$$(x,y) \mapsto (f,g) \mapsto h$$

と書ける．x の微小変化がどうやって h の変化に貢献するかというと，f を経由する方法と，g を経由する方法の 2 種類がある．前者による貢献が $\frac{\partial h}{\partial f}\frac{\partial f}{\partial x}$，後者による貢献が $\frac{\partial h}{\partial g}\frac{\partial g}{\partial x}$ で，トータルではその和となる．y の微小変化に対しても同様．

また (2) は

$$(x,y) \mapsto (f,g) \mapsto (h,i)$$

と書ける．x, y の微小変化が，どう h, i の変化に貢献するかは (1) と同様に考えられる．

問　題

3.5.2 次のことを示せ．

ただし登場する関数は全て微分可能あるいは全微分可能とする．

(1)　$f(x,y), x(t), y(t)$ について

$$\frac{d}{dt}f(x(t),y(t)) = \frac{\partial f}{\partial x}\frac{dx}{dt} + \frac{\partial f}{\partial y}\frac{dy}{dt}$$

(2)　$f(x,y), g(x,y), x(t), y(t)$ について

$$\frac{d(f,g)}{dt} = \frac{\partial(f,g)}{\partial(x,y)}\frac{d(x,y)}{dt}$$

(3)　$f(x,y), g(f)$ について

$$\frac{\partial}{\partial x}g(f(x,y)) = \frac{dg}{df}\frac{\partial f}{\partial x}, \quad \frac{\partial}{\partial y}g(f(x,y)) = \frac{dg}{df}\frac{\partial f}{\partial y}$$

(4)　$f(x,y), g(f), h(f)$ について

$$\frac{\partial(g,h)}{\partial(x,y)} = \frac{d(g,h)}{df}\frac{\partial f}{\partial(x,y)}$$

節末問題

3.5.3 ヤコビ行列 $\frac{\partial(f,g)}{\partial(x,y)}$ を求めよ．

(1)　$f(x,y) = x+y, \quad g(x,y) = x-y$

(2)　$f(x,y) = x^2+y^2$, $g(x,y) = x^2-y^2$

3.5.4 $f(x,y) = \exp(-x^2-y^2)$, $x = g(t)$, $y = h(t)$ とする．

$df/dt = 0$ となるための条件を求めよ．

3.5.5 次の関数を t で微分せよ．

ただし関数は全て微分可能あるいは全微分可能とする．

(1)　$f(g(t))$　　(2)　$f(g(h(t)))$

(3)　$f(x(t),t)$　　(4)　$g(f(x(t),y(t)))$

ヒント　合成関数の微分（定理 1.3.3 (3)（p.18））問題 3.5.2 (1)（p.142）を使う．

3.6　変数変換と偏微分

ここでは 2 変数の変数変換という概念を導入する．2 組の 2 変数が互いに変換しあえるときには，変数変換であるという．のちに 2 重積分の変数変換で重要になる．

定義 3.6.1（逆変換）

(1)　2 つの偏微分可能な 2 変数関数 $f(x,y), g(x,y)$ に対し，$\det \frac{\partial(f,g)}{\partial(x,y)} \neq 0$ のとき，$(x,y) \mapsto (f,g)$ を**変数変換**という．

(2)　変数変換 $(x,y) \mapsto (f,g)$ に対し，次の式を満たすような変数変換 $(f,g) \mapsto (X,Y)$ を**逆変換**という：

$$X(f(x,y),g(x,y)) = x, \quad Y(f(x,y),g(x,y)) = y$$

この 2 変数関数 $X(f,g), Y(f,g)$ のことを，x, y と書くこともある．

定理 3.6.1（逆変換とヤコビ行列）　変数変換 $(x,y) \mapsto (f,g)$ には逆変換 $(f,g) \mapsto (x,y)$ が存在し，次の式が成り立つ：

$$\frac{\partial(x,y)}{\partial(f,g)} = \left(\frac{\partial(f,g)}{\partial(x,y)}\right)^{-1}$$

証明　混乱しないように $(x,y) \mapsto (f,g) \mapsto (X,Y)$ と書く．逆変換が存在することの証明は省略し偏微分を求める．合成関数の微分（定理 3.5.1 (2)（p.141））より

$$\frac{\partial(X,Y)}{\partial(x,y)} = \frac{\partial(X,Y)}{\partial(f,g)} \frac{\partial(f,g)}{\partial(x,y)}$$

が成り立つ．逆変換の定義（定義 3.6.1 (2)（p.143））より

$$\frac{\partial X}{\partial x} = 1, \quad \frac{\partial X}{\partial y} = 0, \quad \frac{\partial Y}{\partial x} = 0, \quad \frac{\partial Y}{\partial y} = 1$$

であるので，$\frac{\partial(X,Y)}{\partial(x,y)}$ は単位行列となる．◆

例題 3.6.1

$x = r\cos\theta, y = r\sin\theta$ とする．$(r,\theta) \mapsto (x,y)$ は原点以外で変数変換であることを示し，逆変換の偏微分せよ．

解答 例題 3.5.1（p.140）より，$J = r$ であるから，$r \neq 0$ で変数変換である．また定理 3.6.1（p.143）より

$$\frac{\partial(r,\theta)}{\partial(x,y)} = \left(\frac{\partial(x,y)}{\partial(r,\theta)}\right)^{-1} = \frac{1}{r}\begin{bmatrix} r\cos\theta & r\sin\theta \\ -\sin\theta & \cos\theta \end{bmatrix}$$

となる． ◆

注釈

- 例えば $\frac{\partial r}{\partial x}$ は，$\frac{\partial x}{\partial r}$ の逆数ではないことに注意せよ．2 対 2 の変数変換のヤコビ行列同士が逆行列の関係にあるのである．
- $r = \sqrt{x^2+y^2}$, $\cos\theta = \dfrac{x}{\sqrt{x^2+y^2}}$ （または $\theta = \cos^{-1}\left(\dfrac{x}{\sqrt{x^2+y^2}}\right)$ や，$\sin\theta = \dfrac{y}{\sqrt{x^2+y^2}}$ などでも可）を直接偏微分しても答は得られる．

問 題

3.6.1 $f(x,y) = x+y$, $g(x,y) = xy$ とする．$(x,y) \mapsto (f,g)$ が変数変換になる条件を求めよ．またそのとき x, y を f, g で偏微分したものを求めよ．

偏微分係数 $\frac{\partial f}{\partial x}$ は，微分作用素 $\frac{\partial}{\partial x}$ を関数 $f(x,y)$ に作用させてできたものだと考えることにする．以下のように変数変換における作用素の変換だけ書いた方がすっきり書ける：

定理 3.6.2（変数変換と偏微分） 変数変換 $(x,y) \mapsto (t,s)$ について，偏微分作用素の変換が以下のようになる：

(1) $$\frac{\partial}{\partial x} = \frac{\partial t}{\partial x}\frac{\partial}{\partial t} + \frac{\partial s}{\partial x}\frac{\partial}{\partial s}, \quad \frac{\partial}{\partial y} = \frac{\partial t}{\partial y}\frac{\partial}{\partial t} + \frac{\partial s}{\partial y}\frac{\partial}{\partial s}$$

(2) $$\frac{\partial}{\partial t} = \frac{\partial x}{\partial t}\frac{\partial}{\partial x} + \frac{\partial y}{\partial t}\frac{\partial}{\partial y}, \quad \frac{\partial}{\partial s} = \frac{\partial x}{\partial s}\frac{\partial}{\partial x} + \frac{\partial y}{\partial s}\frac{\partial}{\partial y}$$

証明　合成関数の微分（定理 3.5.1（p.141））を使って，以下の偏微分を行ってみればよい：

(1)　$f(t(x,y),s(x,y))$ を x,y で偏微分．

(2)　$g(x(t,s),y(t,s))$ を t,s で偏微分．◆

例題 3.6.2

$f(x,y)$ と極座標 (r,θ) について，次のことを示せ．

(1)　$\dfrac{\partial f}{\partial x}=\cos\theta\dfrac{\partial f}{\partial r}-\dfrac{\sin\theta}{r}\dfrac{\partial f}{\partial\theta}$　　(2)　$\dfrac{\partial f}{\partial y}=\sin\theta\dfrac{\partial f}{\partial r}+\dfrac{\cos\theta}{r}\dfrac{\partial f}{\partial\theta}$

証明　(1)　$\dfrac{\partial}{\partial x}=\dfrac{\partial r}{\partial x}\dfrac{\partial}{\partial r}+\dfrac{\partial\theta}{\partial x}\dfrac{\partial}{\partial\theta}=\cos\theta\dfrac{\partial}{\partial r}-\dfrac{\sin\theta}{r}\dfrac{\partial}{\partial\theta}$ より．

(2)　$\dfrac{\partial}{\partial y}=\dfrac{\partial r}{\partial y}\dfrac{\partial}{\partial r}+\dfrac{\partial\theta}{\partial y}\dfrac{\partial}{\partial\theta}=\sin\theta\dfrac{\partial}{\partial r}-\dfrac{\cos\theta}{r}\dfrac{\partial}{\partial\theta}$ より．◆

(1), (2) とも最初の等号は，定理 3.6.2（p.144）を使い，最後の等号は，例題 3.6.1（p.144）を使った．

問　題

3.6.2　$f(x,y)$ と極座標 (r,θ) について．f_r, f_θ を f_x, f_y を用いて表せ．

節 末 問 題

3.6.3　問題 3.5.3 (1), (2)（p.142）について，$(x,y)\mapsto(f,g)$ が変数変換になる条件を求めよ．またそのとき x,y を f,g で偏微分したものを求めよ．

3.7　高階偏導関数

1 変数関数の $f(x)$ の微分に $f'(x)$, $f''(x)$, $f'''(x),\cdots$ と高階の導関数があったように，2 変数関数の $f(x,y)$ にも偏微分に $f'(x,y)$, $f''(x,y)$, $f'''(x,y),\cdots$ と高階の偏導関数がある．また，1 階には 2 種類の偏導関数があったように，2 階には 4 種類，3 階には 8 種類，$\cdots$ の偏導関数がある．

定義 3.7.1（高階偏微分）　関数 $f(x, y)$ は偏微分可能とする．

$f_x(x, y)$ が偏微分可能なとき

$$\frac{\partial^2 f}{\partial x^2} = \frac{\partial}{\partial x}\left(f_x(x, y)\right), \quad \frac{\partial^2 f}{\partial y \partial x} = \frac{\partial}{\partial y}\left(f_x(x, y)\right)$$

とする．これらを f_{xx}, f_{xy} と書くこともある．

同様に $f_y(x, y)$ が偏微分可能なとき

$$\frac{\partial^2 f}{\partial x \partial y} = \frac{\partial}{\partial x}\left(f_y(x, y)\right), \quad \frac{\partial^2 f}{\partial y^2} = \frac{\partial}{\partial y}\left(f_y(x, y)\right)$$

とする．これらを f_{yx}, f_{yy} と書くこともある．

$f_x(x, y)$, $f_y(x, y)$ がともに偏微分可能なとき，$f(x, y)$ は 2 階偏微分可能であるといい

$$f''(x, y) = \begin{bmatrix} f_{xx} & f_{xy} \\ f_{yx} & f_{yy} \end{bmatrix}$$

とする．この行列を**ヘッセ行列**という．

さらに f_{xx}, f_{xy}, f_{yx}, f_{yy} が偏微分可能なとき，$f(x, y)$ は 3 階偏微分可能であるといい，それぞれの 2 種類の偏導関数を順に

$$f_{xxx},\ f_{xxy},\ f_{xyx},\ f_{xyy},\ f_{yxx},\ f_{yxy},\ f_{yyx},\ f_{yyy}$$

とする．以下同様に 4 階偏微分，5 階偏微分，$\cdots$ を定義する．

定理 3.7.1（ヤングの定理）　$f(x, y)$ は 2 階偏微分可能であり，2 階偏導関数が全て連続であるとき，次の式が成り立つ：

$$f_{xy} = f_{yx}$$

証明　$g(h) := (1/h^2)\left\{f(x+h, y+h) - f(x+h, y) - f(x, y+h) + f(x, y)\right\}$ と置いて，$f_{xy}(x, y) = \lim_{h \to 0} g(h)$ を示す．

$i(x) := f(x, y+h) - f(x, y)$ と置くと，$g(h) = (1/h^2)\left\{i(x+h) - i(x)\right\}$．$i(x)$ に平均値の定理（ラグランジュ）（定理 1.9.2（p.40））を適用すると，次のような x と $x+h$ の間の c_1 が存在する：

$$g(h) = \frac{1}{h} i'(c_1) = \frac{1}{h}\left\{f_x(c_1, y+h) - f_x(c_1, y)\right\}.$$

$j(y) := f_x(c_1, y)$ と置き，再び平均値の定理（定理 1.9.2（p.40））を適用すると，次のような y と $y+h$ の間の c_2 が存在する： $g(h) = j'(c_2) = f_{xy}(c_1, c_2)$.

ここで $h \to 0$ をとると，$f_{xy}(c_1, c_2) \to f_{xy}(x, y)$ となるので，$f_{xy}(x, y) = \lim_{h\to 0} g(h)$ となる．同様にして $f_{yx}(x, y) = \lim_{h\to 0} g(h)$ が成り立ち，$f_{xy}(x, y) = f_{yx}(x, y)$ となる． ◆

例題 3.7.1

$f(x, y) = x^3 + 2xy^2$ に対し，$f''(x, y)$ を求めよ．

解答 $f_x = 3x^2 + 2y^2$，$f_{xx} = 6x$，$f_{xy} = 4y$，　$f_y = 4xy$，$f_{yx} = 4y$，$f_{yy} = 4x$

となり，$f'' = \begin{bmatrix} 6x & 4y \\ 4y & 4x \end{bmatrix}$ となる． ◆

問　題

3.7.1 $f(x, y) = \exp(-x^2 - y^2)$ について，$f''(x, y)$ を求めよ．

定義 3.7.2（ラプラシアン） $f(x, y)$ は 2 階偏微分可能なとき

$$\Delta f(x, y) = f_{xx}(x, y) + f_{yy}(x, y)$$

と置く．このとき，これを f の**ラプラシアン**という．また，恒等的に $\Delta f(x, y) = 0$ となる関数 $f(x, y)$ を**調和関数**という．

注釈 Δ の代わりに ∇^2 と書く本もある．

例題 3.7.2

$f(x, y) = x^3 + 2xy^2$ に対し，$\Delta f(x, y)$ を求めよ．

解答 $\Delta f = f_{xx} + f_{yy} = 6x + 4x = 10x$. ◆

問　題

3.7.2 次の中で調和関数であるものはどれか．

(a) $\log(x^2 + y^2)$　(b) $\dfrac{x}{x^2 + y^2}$　(c) $\dfrac{1}{\sqrt{x^2 + y^2}}$

節末問題

3.7.3 $f(x,y)$ は2階偏微分可能で，2階偏微分は連続とする．また，$x(t)$, $y(t)$ は2階微分可能とする．このとき次の式を示せ．

$$\frac{d^2}{dt^2}f(x(t),y(t)) = f_{xx}(x,y)\left(\frac{dx}{dt}\right)^2 + f_{yy}(x,y)\left(\frac{dy}{dt}\right)^2 + 2f_{xy}(x,y)\frac{dx}{dt}\frac{dy}{dt} + f_x(x,y)\frac{d^2x}{dt^2} + f_y(x,y)\frac{d^2y}{dt^2}$$

3.8 2変数関数のテイラーの定理，テイラー展開

1変数関数のテイラーの定理は，$f(x)$ を $n-1$ 次までの多項式で表し，その誤差を n 階導関数で表すものであった．2変数関数 $f(x,y)$ のテイラーの定理も同様に，$f(x,y)$ を $n-1$ 次までの多項式で表し，その誤差を n 階偏導関数で表すものである．

定理 3.8.1（テイラーの定理（2変数関数））

$f(x,y)$ が (a,b) 付近で，n 階偏微分可能なとき

$$f(a+h,b+i) = \left\{\sum_{k=0}^{n-1}\frac{1}{k!}\left(h\frac{\partial}{\partial x}+i\frac{\partial}{\partial y}\right)^k f(a,b)\right\} + \frac{1}{n!}\left(h\frac{\partial}{\partial x}+i\frac{\partial}{\partial y}\right)^n f(c,d)$$

となる c, d が，それぞれ a と $a+h$ の間，b と $b+i$ の間に存在する．このとき，右辺最終項を**剰余項（2変数関数）**という．

証明の略解 $g(t)=f(a+ht,b+it)$ と置いて，1変数関数のテイラーの定理（定理1.9.3（p.41））を適用する．

注釈 $x=a+h$, $y=b+i$ と置くと，テイラーの定理は次のようにも書ける．

x と a の間の c，y と b の間の d があって次の式が成り立つ：

$$f(x,y) = \sum_{k=0}^{n-1}\frac{1}{k!}\left\{(x-a)\frac{\partial}{\partial x}+(y-b)\frac{\partial}{\partial y}\right\}^k f(a,b) + \frac{1}{n!}\left\{(x-a)\frac{\partial}{\partial x}+(y-b)\frac{\partial}{\partial y}\right\}^n f(c,d)$$

また，$a=b=0$ のときは，この定理を**マクローリンの定理（2変数関数）**という．

定理 3.8.2（テイラー展開（2 変数関数））　$f(x,y)$ が (a,b) 付近で，何階でも偏微分可能であって，テイラーの定理（定理 3.8.1（p.148））の剰余項が

$$\frac{1}{n!}\left(h\frac{\partial}{\partial x}+i\frac{\partial}{\partial y}\right)^n f(c,d)\to 0 \quad (n\to\infty)$$

となるとき

$$f(x,y)=\sum_{k=0}^{\infty}\frac{1}{k!}\left\{(x-a)\frac{\partial}{\partial x}+(y-b)\frac{\partial}{\partial y}\right\}^k f(a,b)$$

となる．関数 $f(x,y)$ の (a,b) を中心にした**テイラー展開**という．

特に $a=b=0$ のとき

$$f(x,y)=\sum_{k=0}^{\infty}\frac{1}{k!}\left(x\frac{\partial}{\partial x}+y\frac{\partial}{\partial y}\right)^k f(0,0)$$

は，**マクローリン展開（2 変数関数）**という．

証明　テイラーの定理（定理 3.8.1（p.148））を使えば，明らかである．◆

注釈　この本では 1 変数のテイラー展開（p.42）でもそうだったように，テイラー展開可能かどうかは問わないことにする．また，実際にテイラー展開をする場合には，上の展開式よりも次の式を使った方が分かりやすいかもしれない：

$$f(x,y)=\sum_{i=0}^{\infty}\sum_{j=0}^{\infty}\frac{1}{i!\,j!}\left\{\left(\frac{\partial}{\partial x}\right)^i\left(\frac{\partial}{\partial y}\right)^j f(a,b)\right\}(x-a)^i(y-b)^j$$

例題 3.8.1

$f(x,y)=x^2+xy+y^2+2x+2y+3$ を $(1,1)$ を中心にテイラー展開せよ．

解答　2 次式なので，偏微分の階数が合計 2 以下のところだけで計算すれば十分．$f_x=2x+y+2$, $f_y=x+2y+2$, $f_{xx}=2$, $f_{xy}=f_{yx}=1$, $f_{yy}=2$ となる．

$$\begin{aligned}f(x,y)&=f(1,1)+f_x(1,1)(x-1)+f_y(1,1)(y-1)\\&\quad+\frac{1}{2}\left\{f_{xx}(1,1)(x-1)^2+f_{yy}(1,1)(y-1)^2+2f_{xy}(1,1)(x-1)(y-1)\right\}\\&=10+5(x-1)+5(y-1)+(x-1)^2+(y-1)^2+(x-1)(y-1)\end{aligned}$$ ◆

問　題

3.8.1　$f(x,y)=x^2-2xy+y^2+3x+4y$ を $(1,1)$ を中心にテイラー展開せよ．

例題 3.8.2

(1)　$f(x, y) = e^x \log(1+y)$ $(-1 < y < 1)$ を2次までマクローリン展開せよ．

(2)　$f(x, y) = \sin(x + y^2)$ を4次までマクローリン展開せよ．

解答　2変数関数のテイラー展開（定理3.8.2（p.149））を使ってもよいが，1変数関数のテイラー展開の結果を利用する方法が簡単である．

(1)　$e^x = 1 + x + \frac{x^2}{2} + \cdots$, $\log(1+y) = y - \dfrac{y^2}{2} + \cdots$ をかけると

$$e^x \log(1+y) = \left(1 + x + \frac{x^2}{2} + \cdots\right)\left(y - \frac{y^2}{2} + \cdots\right)$$
$$= y + xy - \frac{y^2}{2} + \cdots$$

(2)　$\sin x = x - \dfrac{x^3}{3!} + \cdots$ の x に $x + y^2$ を代入する．

$$\sin(x + y^2) = (x + y^2) - \frac{(x + y^2)^3}{3!} + \cdots = x + y^2 - \frac{x^3}{6} - \frac{x^2 y^2}{2} + \cdots$$ ◆

問　題

3.8.2　(1)　$f(x, y) = e^{2x} \cos(3y)$ を3次までマクローリン展開せよ．

(2)　$f(x, y) = (1 + x^2 + y^2)^{-1/2}$ を4次までマクローリン展開せよ．

節末問題

3.8.3　$f(x, y) = \exp(-x^2 - y^2)$ をマクローリン展開せよ．
そのときの x^{10} と $x^6 y^6$ の係数を求めよ．

3.9 陰関数

ここまで扱ってきた1変数関数は全て $y = f(x)$ の形にできていた．このように x から $f(x)$ への作り方を直接的に明示したものを**陽関数**という．

ここでは，ある方程式を解いた答としか表現できないような関数を考える．このとき，x から $f(x)$ への作り方を間接的に暗示したものを**陰関数**という．

もっとも，陽関数か陰関数かという違いは厳密な問題ではない．例えば，$x = \sin y$ という方程式の答を $y(x)$ といえば陰関数であるし，$y = \sin^{-1} x$ といえば陽関数であるから．

定理 3.9.1（陰関数定理） 関数 $f(x,y)$ は偏微分可能で，f_x, f_y は連続とする．$f(a,b)=0$ かつ $f_y(a,b) \neq 0$ ならば $x=a$ 付近で

$$f(x,y(x)) = 0, \quad y(a) = b$$

となるような関数 $y(x)$ が存在し

$$y'(x) = -\frac{f_x}{f_y}$$

を満たす．xy 平面上の曲線 $f(x,y)=0$ の (a,b) における接線は

$$y = -\frac{f_x(a,b)}{f_y(a,b)}(x-a) + b$$

となる．

証明 ここでは微分方程式の解の存在などを省いた略証明のみ述べる．詳しい証明は巻末の参考文献 [1] を参照してほしい．

微分方程式 $y'(x) = -f_x/f_y$，初期値 $y(a)=b$ を解いた答を $y(x)$ とする．そのとき，

$$f(a,y(a)) = f(a,b) = 0,$$

$$(d/dx)f(x,y(x)) = f_x + f_y(dy/dx) = f_x + f_y(-f_x/f_y) = 0$$

となるので，$y(x)$ は題意を満たす．◆

例題 3.9.1

次の $f(x,y)$ と (a,b) について，(a,b) 付近で $f(x,y(x)) = 0$ かつ $y(a)=b$ となるような関数 $y(x)$ が存在することを示し，その導関数を求めよ．また，曲線 $f(x,y)=0$ の (a,b) における接線の方程式を求めよ．

(1) $f(x,y) = x^2 + y^2 - 1$, $(a,b) = \left(\frac{1}{\sqrt{2}}, -\frac{1}{\sqrt{2}}\right)$

(2) $f(x,y) = x^3 + y^3 - 2xy$, $(a,b) = (1,1)$

(1) では $y(x) = -\sqrt{1-x^2}$ と陽関数で表示可能であり，接線の方程式を求めるのは容易だが，ここではあえて陰関数定理（定理 3.9.1 (p.151)）を使う練習をしてみよう．(2) は陽関数で表示するのは難しい．

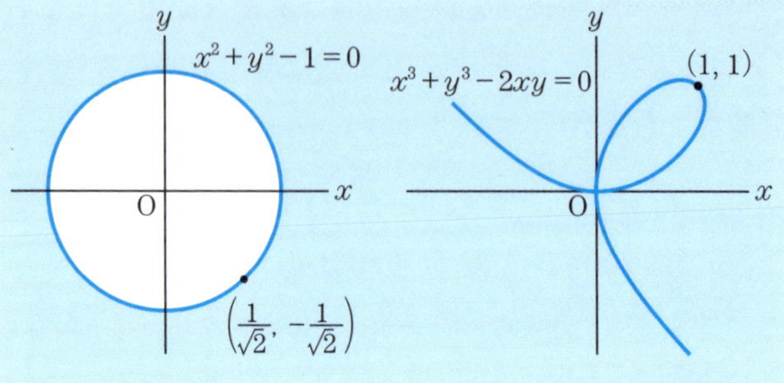

(1)　円　　　　(2)　デカルトの葉線

解答　(1)　$f(1/\sqrt{2}, -1/\sqrt{2}) = 0$ である．$f'(x,y) = (2x, 2y)$ なので，$f_y(1/\sqrt{2}, -1/\sqrt{2}) = -\sqrt{2} \neq 0$ となり，陰関数 $y(x)$ が $(1/\sqrt{2}, -1/\sqrt{2})$ 付近で存在する．導関数は

$$y'(x) = -f_x/f_y = -\frac{2x}{2y} = -\frac{x}{y}$$

となる（$y(x) = -\sqrt{1-x^2}$ を微分したものと一致する）．

また $y'(1/\sqrt{2}) = -(1/\sqrt{2})/(-1/\sqrt{2}) = 1$ なので，接線は

$$y = \left(x - \frac{1}{\sqrt{2}}\right) - \frac{1}{\sqrt{2}} = x - \sqrt{2}$$

(2)　$f(1,1) = 0$ である．$f'(x,y) = (3x^2 - 2y, 3y^2 - 2x)$ なので，$f_y(1,1) = 1 \neq 0$ となり，陰関数 $y(x)$ が $(1,1)$ 付近で存在する．導関数は

$$y'(x) = -\frac{f_x}{f_y} = -\frac{3x^2 - 2y}{3y^2 - 2x}$$

となる．また $y'(1) = -1$ なので，接線は

$$y = -(x-1) + 1 = -x + 2$$

◆

問　題

3.9.1　次の $f(x,y)$ と (a,b) について，(a,b) 付近で，$f(x, y(x)) = 0$ かつ $y(a) = b$ となるような関数 $y(x)$ が存在することを示し，その導関数を求めよ．また，曲線 $f(x,y) = 0$ の (a,b) における接線の方程式を求めよ．

(1)　$f(x,y) = x^2 - y^2 - 1$，$(a,b) = (2, \sqrt{3})$

(2)　$f(x,y) = x^4 + y^4 - 2xy$，$(a,b) = (1,1)$

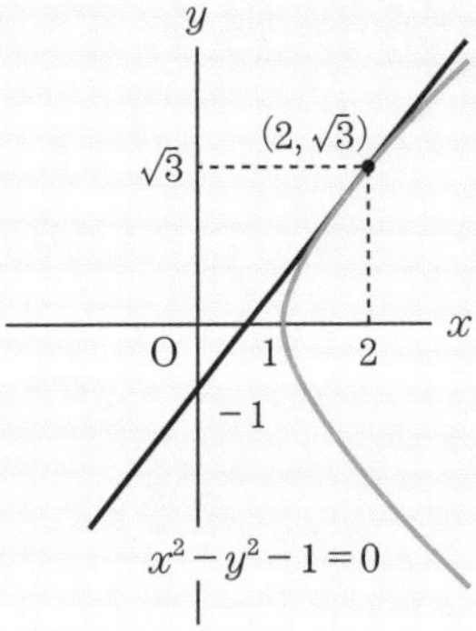

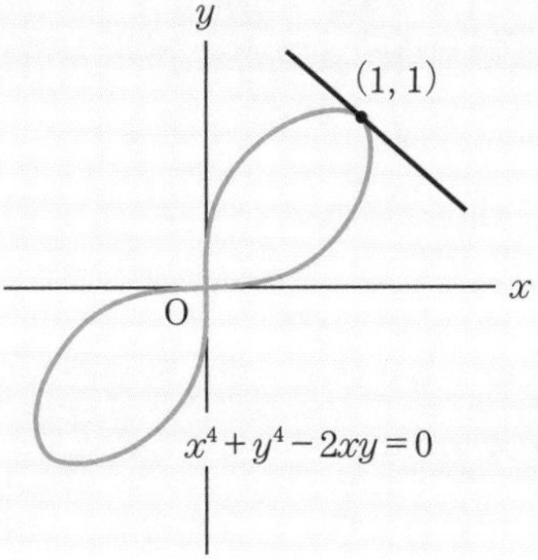

節末問題

3.9.2 次の $f(x,y)$ と (a,b) について，(a,b) 付近で，$f(x,y(x))=0$ かつ $y(a)=b$ となるような関数 $y(x)$ が存在することを示し，その導関数を求めよ．

また，曲線 $f(x,y)=0$ の (a,b) における接線の方程式を求めよ．

(1)　$f(x,y)=x-\sin y,\ (a,b)=(0,0)$

(2)　$f(x,y)=\sin(x+y)-xy,\ (a,b)=(\pi,0)$

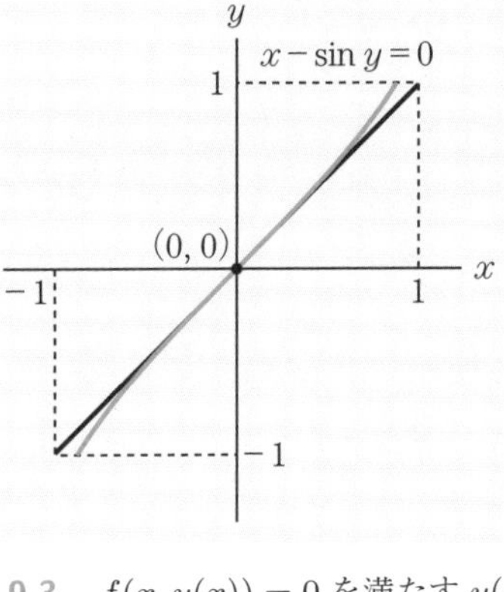

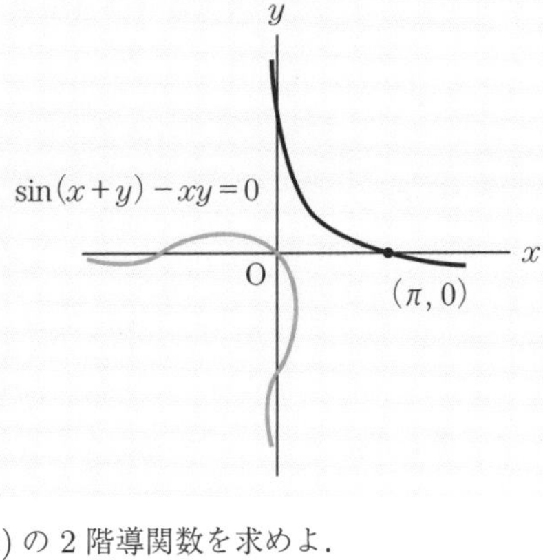

3.9.3 $f(x,y(x))=0$ を満たす $y(x)$ の 2 階導関数を求めよ．

ヒント　$y'(x)=-\frac{f_x(x,y(x))}{f_y(x,y(x))}$ を x で微分する．

3.10 極　値

1変数関数の最大・最小を求めるとき，極値が重要な役割を果たしていた．2変数関数の最大・最小についても同様である．ここでは，2変数関数の極値について扱う．

定義 3.10.1（極値（2変数関数））

関数 $f(x,y)$ について，$(x,y)=(a,b)$ 付近で $f(a,b)$ が最大のとき，$f(a,b)$ は**極大値（2変数関数）**であるという．同様に $(x,y)=(a,b)$ 付近で $f(a,b)$ が最小のとき，$f(a,b)$ は**極小値（2変数関数）**であるという．$f(a,b)$ が極大値または極小値のときは，$f(a,b)$ は**極値**であるという．

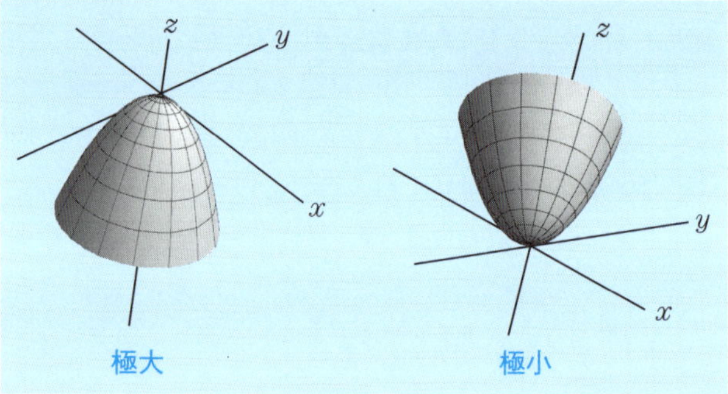

定理 3.10.1（極値と偏微分）　偏微分可能な関数 $f(x,y)$ について，$f(a,b)$ が極値ならば，$f'(a,b)=(0,0)$ となる．

証明　仮に $f'(a,b)\neq(0,0)$ だったとする．定理 3.3.1（p.132）より $f'(a,b)$ 方向は傾きが正となり，$-f'(a,b)$ 方向は傾きが負となる．これは (a,b) 付近で $f(a,b)$ が最大でも最小でもないことになる．

よって，極値であるという仮定に反するので，$f'(a,b)=(0,0)$ である．◆

注釈　$f'(x,y)=(0,0)$ となる点を停留点（ていりゅうてん）という．つまり"極値をとるのは停留点に限る"という定理である．逆は成り立たない．つまり停留点であっても極値をとるとは限らない．こういう点を峠点（とうげてん）（または鞍点（あんてん））という．

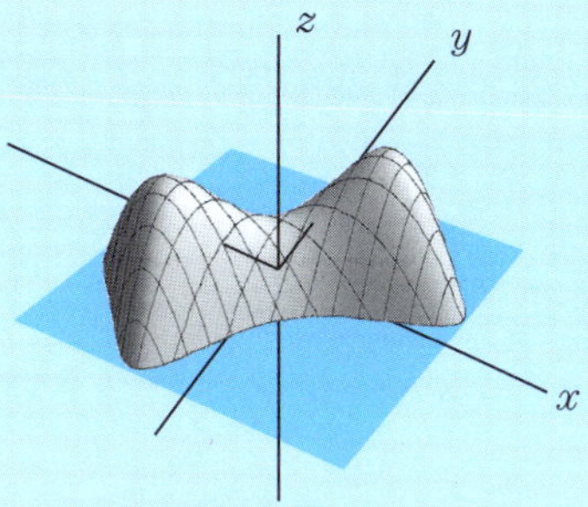

2 つの山の中間にあるのが峠点

極大点はどの方向から通過するときも極大として捉えられ，極小点はどの方向から通過するときも極小として捉えられる．だが，峠点は通過の仕方によって極大に見えたり，極小に見えたりする．谷から谷へ行く人が峠を通過する人にとっては極大，尾根づたいに峠を通過する人にとっては極小である．

1 変数関数の場合は，増減表を書くことで停留点（微分が 0 になる点）が，極大なのか極小なのか，どちらでもないのか判定ができた．しかし 2 変数関数の場合は増減表を書くのは困難である．停留点が極大なのか極小なのか峠点なのかを判定するには，2 階偏導関数を利用する．

定理 3.10.2（極値と 2 階偏微分） 関数 $f(x,y)$ は 2 階偏微分可能で 2 階偏導関数は全て連続とする．$f'(a,b)=(0,0)$ のときを考える．

$$f''(a,b)=\begin{bmatrix} f_{xx}(a,b) & f_{xy}(a,b) \\ f_{yx}(a,b) & f_{yy}(a,b) \end{bmatrix}=\begin{bmatrix} p & q \\ q & r \end{bmatrix}$$

と置く．このとき，次のことが成り立つ：

(i) $pr-q^2>0$ かつ $p>0$ ならば，$f(a,b)$ は極小値

(ii) $pr-q^2>0$ かつ $p<0$ ならば，$f(a,b)$ は極大値

(iii) $pr-q^2<0$ ならば，$f(a,b)$ は峠点

が成り立つ．

注釈

- (iv)　(i), (ii), (iii) 以外のとき，つまり $pr - q^2 = 0$ のときは，極大・極小，峠点の判別はここでは不明.
- (i) の仮定は $pr - q^2 > 0$ かつ $r > 0$ としても同じ条件である.
  (i) の仮定が成り立つような行列を**正定値行列**という．任意の (x, y) について
  $\begin{bmatrix} x & y \end{bmatrix} \begin{bmatrix} p & q \\ q & r \end{bmatrix} \begin{bmatrix} x \\ y \end{bmatrix} \geqq 0$ となるための必要十分条件である.
  (ii) の仮定が成り立つような行列を**負定値行列**という（節末問題参照）.

証明　(a, b) 近くの (x, y) について考える.

$n = 2$ のテイラーの定理（定理 3.8.1（p.148））に，$f'(a, b) = (0, 0)$ を代入して

$$f(x,y) = f(a,b) + \frac{1}{2} f_{xx}(c,d)(x-a)^2 + \frac{1}{2} f_{yy}(c,d)(y-b)^2 + f_{xy}(c,d)(x-a)(y-b)$$

となる c が x と a の間，d が y と b の間にある.

$f_{xx}(c,d) = s$, $f_{yy}(c,d) = t$, $f_{xy}(c,d) = u$ と置いて，上式を変形すると

$$f(x,y) - f(a,b) = \frac{s}{2}\left\{x - a + \frac{u}{s}(y-b)\right\}^2 + \frac{st - u^2}{2s}(y-b)^2$$

となる.

(i) のとき，(x, y) が (a, b) に十分近ければ $s > 0$, $st - u^2 > 0$ としてよい．$f(x,y) - f(a,b) \geqq 0$ となり，$f(a,b)$ は極小である.

(ii) のとき，$s < 0$, $st - u^2 > 0$ としてよい．そのときは $f(x,y) - f(a,b) \leqq 0$ となり，$f(a,b)$ は極大である.

(iii) のとき，$st - u^2 < 0$ としてよい．(x, y) によって，$f(x,y) - f(a,b)$ は正になったり負になったりするので，$f(a,b)$ は峠点である.　◆

例題 3.10.1

$f(x,y) = 4xy - 2y^2 - x^4$ の極大・極小を調べよ.

解答　$f'(x,y) = (4y - 4x^3, 4x - 4y) = (0,0)$ を解いて，停留点は $(x,y) = (-1,-1), (0,0), (1,1)$ の 3 つ.

$$f'' = \begin{bmatrix} -12x^2 & 4 \\ 4 & -4 \end{bmatrix}, \quad d(x,y) = (-12x^2) \times (-4) - 4 \times 4 = 16 \times (3x^2 - 1)$$

と置く．$-4 < 0$ であり，$d(-1,-1) > 0$, $d(0,0) < 0$, $d(1,1) > 0$ となるので，$f(-1,-1) = 1$ は極大，$f(0,0)$ は峠点，$f(1,1) = 1$ は極大となる.　◆

注釈 2変数関数の極値を調べよという問題には，$f(a,b) = c$のとき極大（または極小）というように，x, y, f の値と，極大・極小の判別の4つをセットで答えるようにしよう．

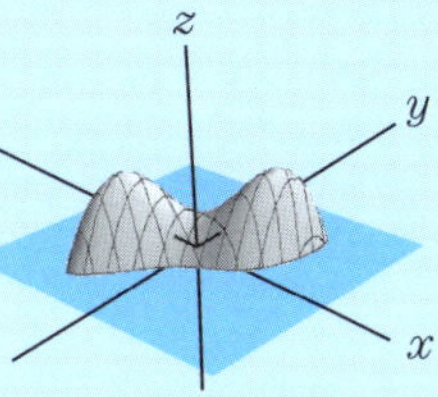

$z = 4xy - 2y^2 - x^4$
の3次元グラフ

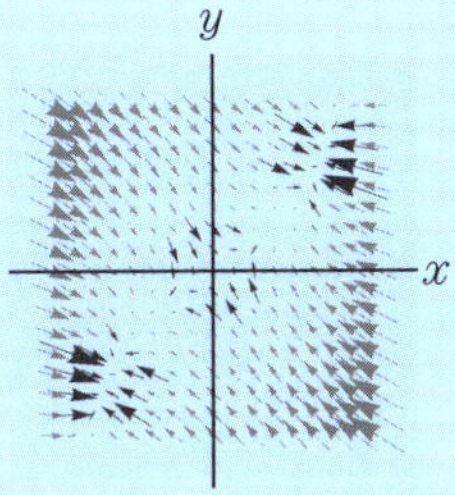

$z = 4xy - 2y^2 - x^4$
の勾配ベクトルの様子

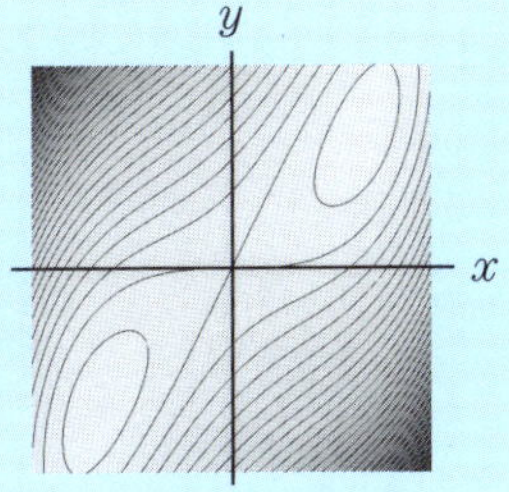

$z = 4xy - 2y^2 - x^4$
の等高線の様子

勾配ベクトルの図からは，極大点ではそこに集まってくる様子が，峠点では勾配ベクトルが上りと下りの2種類あることが分かる．等高線の図からは，極大点ではその点の中心を同心円状に等高線ができ，峠点では等高線が交差している様子が分かる．

■問 題■

3.10.1 次の関数の極値を調べよ．

(1) $f(x,y) = x^3 + y^3 - 3xy$ (2) $f(x,y) = 2xy - x^4 - y^4$

■節 末 問 題■

3.10.2 次の関数の最大値・最小値を求めよ．

(1) $f(x,y) = \sin x + \sin y - \sin(x+y)$

(2) $f(x,y) = (x+y)\exp(-x^2 - y^2)$

3.10.3 行列 $\begin{bmatrix} p & q \\ q & r \end{bmatrix}$ について，次の問に答えよ．

(1) 次の2条件は必要十分であることを示せ．

　(i) $p > 0$ かつ $pr - q^2 > 0$

　(ii) 任意の $(x,y) \neq (0,0)$ について $\begin{bmatrix} x & y \end{bmatrix} \begin{bmatrix} p & q \\ q & r \end{bmatrix} \begin{bmatrix} x \\ y \end{bmatrix} > 0$

(2) 次の 2 条件は必要十分であることを示せ．

(i) $p < 0$ かつ $pr - q^2 > 0$

(ii) 任意の $(x, y) \neq (0, 0)$ について $\begin{bmatrix} x & y \end{bmatrix} \begin{bmatrix} p & q \\ q & r \end{bmatrix} \begin{bmatrix} x \\ y \end{bmatrix} < 0$

(3) 次の 2 条件は必要十分であることを示せ．

(i) $pr - q^2 < 0$

(ii) $\begin{bmatrix} x & y \end{bmatrix} \begin{bmatrix} p & q \\ q & r \end{bmatrix} \begin{bmatrix} x \\ y \end{bmatrix}$ が正となる (x, y) も，負となる (x, y) も，どちらも存在する．

ヒント $\begin{bmatrix} x & y \end{bmatrix} \begin{bmatrix} p & q \\ q & r \end{bmatrix} \begin{bmatrix} x \\ y \end{bmatrix} = p\left(x + \frac{q}{p}y\right)^2 + \frac{pr - q^2}{p}y^2$

3.11 条件付き極値問題

前節では，x, y が独立して自由に動いている中で $f(x, y)$ の極値を求めたが，この節では，x, y は独立せずにある条件を守りながら動いている中で $f(x, y)$ の極値を求める．このある条件というのを**拘束条件**（こうそく）といい，constraint（コンストレイント，拘束）の頭文字をとって $c(x, y) = 0$ と書くことが多い．

定義 3.11.1（条件付き極値問題）

2 つの 2 変数関数 $c(x, y)$, $f(x, y)$ に対して，$c(x, y) = 0$ という条件のもと，$f(x, y)$ の極値を求めることを**条件付き極値問題**という．

例題 3.11.1

正変数 x, y について，$x + y = 1$ を満たすという条件のもと，xy の最大値を求めよ．

解答 $x + y = 1$ より $x = t, y = 1 - t$ $(0 \leqq t \leqq 1)$ と置ける．このとき

$$f(x, y) = f(t, 1 - t) = t(1 - t) = -t^2 + t = -\left(t - \frac{1}{2}\right)^2 + \frac{1}{4}$$

となるので $t = 1/2$ のとき，つまり $x = y = 1/2$ のとき，最大値 1/4． ◆

別解 相加相乗平均より $xy \leqq \{(x+y)/2\}^2 = 1/4$ となるので最大値は $1/4$. そうなるのは，$x = y$ のとき，つまり $x = y = 1/2$ のとき. ◆

この問題を等高線を使って説明すると，次のようになる：下の図は，$f(x,y) = xy$ の等高線の図に，$x + y = 1$ の線を書きいれたものである．この線上で最も $f(x,y)$ の値が大きいところを調べよ，というのが題意である．図から容易に，$(x,y) = (0.5, 0.5)$ で最大になることは分かるであろう．

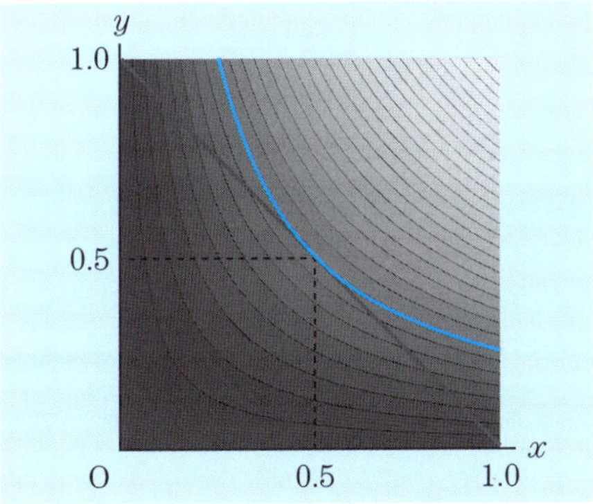

一般に $f(x,y)$ の等高線の図に，曲線 $c(x,y) = 0$ をかき，その線上で $f(x,y)$ の極値，最大・最小を求めようとするのが，条件つき極値問題である．

問題

3.11.1 $x^2 + y^2 = 1$ を満たす条件のもと，xy の最大値・最小値を求めよ．

定理 3.11.1（ラグランジュの未定係数法）

2 つの 2 変数関数 $c(x,y)$, $f(x,y)$ は偏微分可能であるとする．条件 $c(x,y) = 0$ のもとで，$f(x,y)$ が (a,b) で極値をとり，$c'(a,b) \neq (0,0)$ ならば，$f'(a,b) \mathbin{/\!/} c'(a,b)$（$f'(a,b)$ と $c'(a,b)$ は平行）となる．

注釈 "$f'(a,b) \mathbin{/\!/} c'(a,b)$" という結論は，"$f'(x,y) + \lambda c'(x,y) = (0,0)$ となる $\lambda \in \mathbf{R}$ が存在する" または "$g(x,y) := f(x,y) + \lambda c(x,y)$ が停留点をとる" と言い換えることもできる．

証明 $c(a,b)=0$ である．$c_y(a,b)\fallingdotseq 0$ とする．陰関数定理（定理 3.9.1（p.151））より，$c(x,y(x))=0$, $y(a)=b$ を満たす $y(x)$ が $x=a$ 付近で存在し，$y'(x)=-c_x/c_y$ となる．また，$g(x)=f(x,y(x))$ は $x=a$ で極値をとるので，$g'(x)=f_x+f_yy'$ より

$$0=g'(a)=f_x(a,b)+f_y(a,b)y'(a)=f_x(a,b)-f_y(a,b)\frac{c_x(a,b)}{c_y(a,b)}$$

となる．よって $f_x(a,b)c_y(a,b)-f_y(a,b)c_x(a,b)=0$ となり，$f'(a,b)\ /\!/\ c'(a,b)$ となる．$c_y(a,b)=0$ の場合は $c_x(a,b)\fallingdotseq 0$ であり，x と y の役割を入れ替えて，上と同様にして結論が得られる． ◆

例題 3.11.2

例題 3.11.1（p.158）を，ラグランジュの未定係数法を用いて解け．

解答 $c(x,y)=x+y-1$, $f(x,y)=xy$ と置く．$c'(x,y)=(1,1)$, $f'(x,y)=(y,x)$ なので，$f'(x,y)\ /\!/\ c'(x,y)$ を解いて $y=x$ となる．これを $c=0$ へ代入すると，$x+x-1=0$ で，$(x,y)=(1/2,1/2)$ となる．これが唯一の極値の候補である．
端である $(x,y)=(0,1),(1,0)$ と極値の候補 $(1/2,1/2)$ の3点の中で最も f が大きくなるのは，$f(0,1)=0$, $f(1,0)=0$, $f(1/2,1/2)=1/4$ より，$1/4$ が最大値． ◆

注釈 未定係数法は極値の候補を教えてくれるだけで，実際に極大・極小になるかは，別の方法で調べるしかない．しかし，最大・最小を求めるときは，端点と極値の候補を全て調べれば十分である．

補足 なぜ $f'(a,b)\ /\!/\ c'(a,b)$ になるのか？ $f'(a,b)+\lambda c'(a,b)=(0,0)$ と書いたときの λ はどんな意味があるのか？ いま，制約 $c(x,y)=0$ があるので，xy 平面上を自由に動ける訳ではなく，曲線 $c(x,y)=0$ 上しか動けない．$c(x,y)$ の等高線に沿ってしか動けないことが分かる．一方，f が極値をとる点では，瞬間的に f の増減がなくなるので，$f(x,y)$ の等高線に沿って動いている状態である．両者を同時に満たすことができる点は，$c(x,y)$ の等高線と $f(x,y)$ の等高線が同じ方向であったとき，言い換えれば両者の勾配ベクトルが平行になることが必要である．λ はその平行の係数として意味をもつだけで，求めるべき量ではない．

次図は例題 3.11.2（p.160）に対応して，$c(x,y)=x+y-1$ と $f(x,y)=xy$ の等高線を描いたものである．両者が同じ向きを向いているのは，$y=x$ のときであることが分かる．

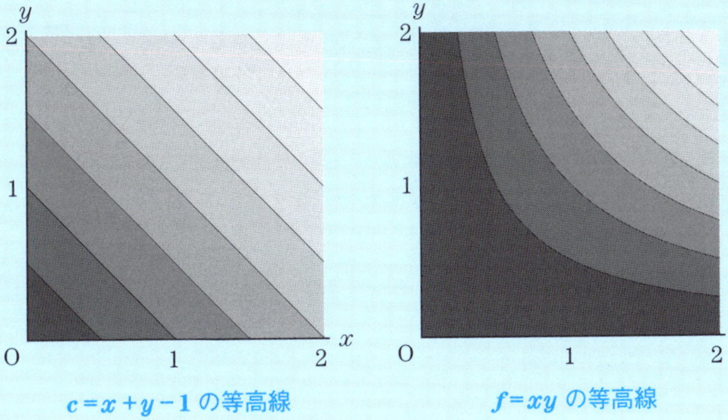

問 題

3.11.2 問題 3.11.1 (p.159) をラグランジュの未定係数法を用いて解け．

制約条件がパラメータを使って解けるときは，未定係数法を使うより，パラメータで解いた方が早くて分かりやすい．制約条件が解けない（あるいは解き方が分からない）ときこそ，未定係数法が力を発揮する．

例題 3.11.3

$c(x,y) = x^3 + y^3 + x + y - 4 = 0$ を満たす条件のもと，$f(x,y) = xy$ の最大値・最小値を求めよ．

解答 $c' = (3x^2+1, 3y^2+1)$, $f' = (y,x)$ である．

$$\begin{aligned} c' \mathbin{/\!/} f' &\iff (3x^2+1)x - (3y^2+1)y = 0 \\ &\iff (x-y)\{3(x+y/2)^2 + (9/4)y^2 + 1\} = 0 \\ &\iff y = x \end{aligned}$$

となる．これを $c=0$ に代入して

$$0 = c = 2x^3 + 2x - 4 = 2(x-1)\{(x+1/2)^2 + 7/4\}$$

となるので，$x = y = 1$ のみが極値の候補である．端点は $f(\infty, -\infty) = -\infty$, $f(-\infty, \infty) = -\infty$ であり，$f(1,1) = 1$ が最大値，最小値はなしとなる． ◆

問　題

3.11.3 $c(x,y) = x^3+y^3+2x+2y-6 = 0$ を満たす条件のもと，$f(x,y) = 2xy$ の最大値・最小値を求めよ．

節末問題

3.11.4 $c(x,y) = 2x^2 + y^2 - 1 = 0$ を満たす条件のもと，$f(x,y) = xy$ の最大値・最小値を求めよ．

3.11.5 $c(x,y) = x^2 - y^2 - 1 = 0,\ x > 0$ を満たす条件のもと，$f(x,y) = 2x + y$ の最大値・最小値を求めよ．

3.11.6 $c(x,y) = x^3 + y^3 - 2xy = 0,\ x \geqq 0,\ y \geqq 0$ を満たす条件のもと，$f(x,y) = x^2 + y^2$ の最大値・最小値を求めよ．

3.12　3 変数関数の微分

2 変数関数の微分について一通り学んだところで，ここでは 3 変数関数 $f(x,y,z)$ について考えることにする．2 変数関数の微分について，直接的に拡張すればよい箇所，そうでない箇所を押さえながら理解していこう．

グラフ

$w = f(x,y,z)$ は 4 次元空間内の 3 次元面である．

極限

(1) （**定義**）

$$\lim_{(x,y,z)\to(a,b,c)} f(x,y,z) = d$$

$$:\Longleftrightarrow \lim_{n\to\infty} (x_n - a)^2 + (y_n - b)^2 + (z_n - c)^2 = 0$$

$$(x_n, y_n, z_n) \neq (a,b,c)$$

となる任意の (x_n, y_n, z_n) に対し，$\displaystyle\lim_{n\to\infty} f(x_n, y_n, z_n) = d$

(2) （**収束の十分条件**）　任意の θ, ϕ について

$$|f(a + r\sin\theta\cos\phi, b + r\sin\theta\sin\phi, c + r\cos\theta) - d| \leqq g(r),$$

$$\lim_{r\to 0+0} g(r) = 0$$

となる $g(r)$ が存在すれば $\displaystyle\lim_{(x,y,z)\to(a,b,c)} f(x,y,z) = d$ となる．

連続性

$f(x,y,z)$ は (a,b,c) において連続 $:\Longleftrightarrow \displaystyle\lim_{(x,y,z)\to(a,b,c)} f(x,y,z) = f(a,b,c)$

問 題

3.12.1 次の関数の連続性を調べよ．

(1) $f(x,y,z) = \begin{cases} \frac{x+y+z}{\sqrt{x^2+y^2+z^2}} & ((x,y,z) \fallingdotseq (0,0,0) \text{ のとき}) \\ 0 & ((x,y,z) = (0,0,0) \text{ のとき}) \end{cases}$

(2) $f(x,y,z) = \begin{cases} \frac{xy}{\sqrt{x^2+y^2+z^2}} & ((x,y,z) \fallingdotseq (0,0,0) \text{ のとき}) \\ 0 & ((x,y,z) = (0,0,0) \text{ のとき}) \end{cases}$

ヒント $x = r\sin\theta\cos\phi,\ y = r\sin\theta\sin\phi,\ z = r\cos\theta$ と置く．

偏微分，勾配ベクトル，全微分

$$f'(x,y,z) = (f_x, f_y, f_z)$$
$$= \left(\frac{\partial f}{\partial x}, \frac{\partial f}{\partial y}, \frac{\partial f}{\partial z}\right) \quad df(x,y,z) = f_x dx + f_y dy + f_z dz$$

接平面，法線

$w = f(x,y,z)$ は 4 次元空間内の 3 次元面なので，接平面は 3 次元面，法線は 1 次元直線になる．n 次元空間においては $n-1$ 次元集合を面，1 次元集合を線と呼ぶことが多い．

- **$w = f(x,y,z)$ の (a,b,c) における接平面**

$$w - f(a,b,c) = f_x(a,b,c)(x-a) + f_y(a,b,c)(y-b) + f_z(a,b,c)(z-c)$$

- **$w = f(x,y,z)$ の (a,b,c) における法線**

$$\frac{x-a}{f_x(a,b,c)} = \frac{y-b}{f_y(a,b,c)} = \frac{z-c}{f_z(a,b,c)} = \frac{w-f(a,b,c)}{-1}$$

分母が 0 のときは分子も 0.

問 題

3.12.2 $f(x,y,z) = x^2+xy+y^2+xz^3$ とする．点 $(1,2,3)$ における $(1,1,1)/\sqrt{3}$ 方向の勾配を求めよ．
また，点 $(1,2,3)$ における接平面，法線の方程式を求めよ．

陰関数 1

3 変数関数 $f(x,y,z)$ について.

$$a,b,c \text{ が } f(a,b,c)=0 \text{ かつ } f_z(a,b,c) \neq 0$$

を満たすとき

$$f(x,y,z(x,y))=0, \quad z(a,b)=c$$

となるような 2 変数関数 $z(x,y)$ が (a,b) 付近で存在し

$$\frac{\partial z}{\partial x}=-\frac{f_x}{f_z}, \quad \frac{\partial z}{\partial y}=-\frac{f_y}{f_z}$$

となる.

陰関数 2

2 つの 3 変数関数 $f(x,y,z)$, $g(x,y,z)$ について.

a,b,c が

$$f(a,b,c)=0, g(a,b,c)=0, f_y(a,b,c)g_z(a,b,c)-f_z(a,b,c)g_y(a,b,c) \neq 0$$

を満たすとき

$$f(x,y(x),z(x))=0, \quad g(x,y(x),z(x))=0, \quad y(a)=b, \quad z(a)=c$$

となるような関数 $y(x)$,$z(x)$ が a 付近で存在し

$$\frac{dy}{dx}=\frac{g_xf_z-g_zf_x}{f_yg_z-f_zg_y}, \quad \frac{dz}{dx}=\frac{g_yf_x-g_xf_y}{f_yg_z-f_zg_y}$$

となる.

合成関数

(1) $$\frac{d}{dt}f(x(t),y(t),z(t))=\frac{\partial f}{\partial x}\frac{dx}{dt}+\frac{\partial f}{\partial y}\frac{dy}{dt}+\frac{\partial f}{\partial z}\frac{dz}{dt}$$

(2) $$\frac{\partial}{\partial s}f(x(s,t),y(s,t),z(s,t))=\frac{\partial f}{\partial x}\frac{\partial x}{\partial s}+\frac{\partial f}{\partial y}\frac{\partial y}{\partial s}+\frac{\partial f}{\partial z}\frac{\partial z}{\partial s}$$

$$\frac{\partial}{\partial t}f(x(s,t),y(s,t),z(s,t))=\frac{\partial f}{\partial x}\frac{\partial x}{\partial t}+\frac{\partial f}{\partial y}\frac{\partial y}{\partial t}+\frac{\partial f}{\partial z}\frac{\partial z}{\partial t}$$

(3) $$\frac{\partial}{\partial s}f(x(s,t,u),y(s,t,u),z(s,t,u))=\frac{\partial f}{\partial x}\frac{\partial x}{\partial s}+\frac{\partial f}{\partial y}\frac{\partial y}{\partial s}+\frac{\partial f}{\partial z}\frac{\partial z}{\partial s}$$

$$\frac{\partial}{\partial t}f(x(s,t,u),y(s,t,u),z(s,t,u))=\frac{\partial f}{\partial x}\frac{\partial x}{\partial t}+\frac{\partial f}{\partial y}\frac{\partial y}{\partial t}+\frac{\partial f}{\partial z}\frac{\partial z}{\partial t}$$

$$\frac{\partial}{\partial u}f(x(s,t,u),y(s,t,u),z(s,t,u))=\frac{\partial f}{\partial x}\frac{\partial x}{\partial u}+\frac{\partial f}{\partial y}\frac{\partial y}{\partial u}+\frac{\partial f}{\partial z}\frac{\partial z}{\partial u}$$

変数変換

$$\frac{\partial(f,g,h)}{\partial(x,y,z)} = \begin{bmatrix} f_x & f_y & f_z \\ g_x & g_y & g_z \\ h_x & h_y & h_z \end{bmatrix}$$

$\det \dfrac{\partial(f,g,h)}{\partial(x,y,z)} \neq 0$ のとき，$(x,y,z) \mapsto (f,g,h)$ を変数変換という．このとき逆変換 $(f,g,h) \mapsto (x,y,z)$ が存在する．

$$\frac{\partial(f,g,h)}{\partial(x,y,z)}\frac{\partial(x,y,z)}{\partial(f,g,h)} = \begin{bmatrix} 1 & 0 & 0 \\ 0 & 1 & 0 \\ 0 & 0 & 1 \end{bmatrix}$$

問　題

3.12.3 変数変換 $(x,y,z) \mapsto (s,t,u)$ について，微分作用素 $\dfrac{\partial}{\partial x}, \dfrac{\partial}{\partial y}, \dfrac{\partial}{\partial z}$ を $\dfrac{\partial}{\partial s}, \dfrac{\partial}{\partial t}, \dfrac{\partial}{\partial u}$ を用いて表せ．

極座標（3 次元）

- $(\boldsymbol{x},\boldsymbol{y},\boldsymbol{z})$ から $(\boldsymbol{r},\boldsymbol{\theta},\boldsymbol{\phi})$ へ．

  点 $\mathrm{A}(x,y,z)$ と $\mathrm{O}(0,0,0)$ の距離を r とする．また z 軸正と $\overrightarrow{\mathrm{OA}}$ のなす角を θ とする．点 A を xy 平面に射影した $\mathrm{A}'(x,y,0)$ をとり，x 軸正の方向からベクトル $\overrightarrow{\mathrm{OA}'}$ への左回り回転角を ϕ とする．

$$r = \sqrt{x^2+y^2+z^2},$$

$$\cos\theta = \frac{z}{\sqrt{x^2+y^2+z^2}},\ \sin\theta = \frac{\sqrt{x^2+y^2}}{\sqrt{x^2+y^2+z^2}},$$

$$\cos\phi = \frac{x}{\sqrt{x^2+y^2}},\ \sin\phi = \frac{y}{\sqrt{x^2+y^2}}$$

- **(r, θ, ϕ) から (x, y, z) へ.**

  $\mathrm{A}(r, 0, 0)$ をとり，ベクトル $\overrightarrow{\mathrm{OA}}$ を zx 平面内で左回り（z 軸正から x 軸正の向きへ近い方に回る方向）に θ 回転する．さらにそれを，z 軸を回転軸として，左回り（x 軸正から y 軸正の向きへ近い方に回る方向）に ϕ 回転してできる A の座標を (x, y, z) とする．

$$x = r\sin\theta\cos\phi, \quad y = r\sin\theta\sin\phi, \quad z = r\cos\theta$$

- **標準的な範囲**

$$\begin{aligned} &-\infty < x < \infty,\ -\infty < y < \infty,\ -\infty < z < \infty \\ \Longleftrightarrow\ &0 \leqq r < \infty, \quad 0 \leqq \theta \leqq \pi, \quad 0 \leqq \phi < 2\pi \end{aligned}$$

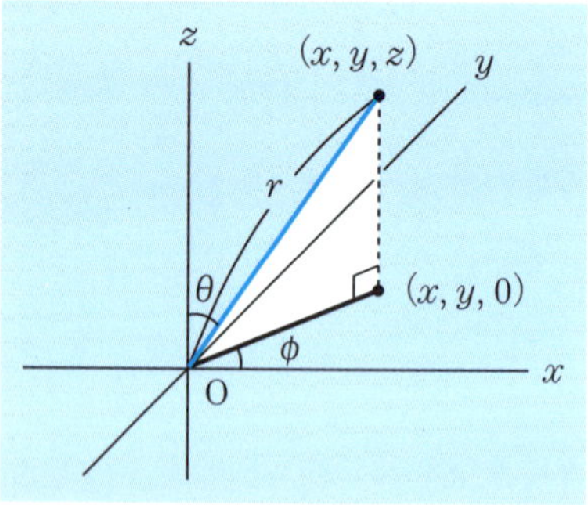

ヤコビアン（3 次元）

$$J = \det \frac{\partial(x, y, z)}{\partial(r, \theta, \phi)} = \begin{vmatrix} x_r & x_\theta & x_\phi \\ y_r & y_\theta & y_\phi \\ z_r & z_\theta & z_\phi \end{vmatrix}$$

問　題

3.12.4 3 次元極座標を (r, θ, ϕ) として，$\dfrac{\partial(x, y, z)}{\partial(r, \theta, \phi)}$，およびその行列式を求めよ．

高階偏微分

$$f''(x,y,z)=\begin{bmatrix} f_{xx} & f_{xy} & f_{xz} \\ f_{yx} & f_{yy} & f_{yz} \\ f_{zx} & f_{zy} & f_{zz} \end{bmatrix} \quad \text{(3 次元のヘッセ行列)}$$

$$\Delta f(x,y,z)=f_{xx}+f_{yy}+f_{zz} \quad \text{(3 次元のラプラシアン)}$$

テイラー展開

$$f(x,y,z)=\sum_{k=0}^{\infty}\frac{1}{k!}\left\{(x-a)\frac{\partial}{\partial x}+(y-b)\frac{\partial}{\partial y}+(z-c)\frac{\partial}{\partial z}\right\}^k f(a,b,c)$$

極値

（必要条件） $f(a,b,c)$ が極値をとるならば，$f'(a,b,c)=(0,0,0)$

（十分条件） $f'(a,b,c)=(0,0,0)$ かつ $f''(a,b,c)$ の固有値が全て正（負）ならば，$f(a,b,c)$ は極小（大）値．

未定係数法

(1) $c(x,y,z)=0$ という条件のもとで，$f(a,b,c)$ が極値をとるならば

$$f'(a,b,c)+\lambda c'(a,b,c)=0$$

となる $\lambda\in\mathbf{R}$ が存在する．

(2) $c(x,y,z)=0$ かつ $d(x,y,z)=0$ という条件のもとで，$f(a,b,c)$ が極値をとり，$c'(a,b,c)\not\parallel d'(a,b,c)$ のとき

$$f'(a,b,c)+\lambda\, c'(a,b,c)+\mu\, d'(a,b,c)=0$$

となる $\lambda,\mu\in\mathbf{R}$ が存在する．

問題

3.12.5 $x^2+y^2+z^2=1$ という条件のもと，xyz の最大値・最小値を求めよ．

ヒント　未定係数法 (1) を使えば，極値の候補が $|x|=|y|=|z|$ に限られることが分かる．

節末問題

3.12.6 $f(x,y,z)=-x^4+xy-y^2-z^4+yz$ の極値を求めよ．

ヒント　停留点を調べた後，3×3 のヘッセ行列の固有値を調べる．

演習問題

◆**1**　以下の問に答えよ．

(1)　$x^2+y^2=1$ を満たす x,y について $\dfrac{dy}{dx}$ を求めよ．

(2)　$x^2+y^2+z^2=1$ を満たす x,y,z について $\dfrac{\partial z}{\partial x}, \dfrac{\partial z}{\partial y}$ を求めよ．

◆**2**　a,b を定数，重力加速度を g として，以下の問に答えよ．

(1)　xy 平面を y 軸正方向を鉛直上向きに向け，x 軸方向を水平にとる．曲線 $y=f(x)$ の上に置いた質点の時刻 t で x 座標を $x(t)$ と表すことにする．地点 $x=a$ に質点を置いたときの加速度 $\dfrac{d^2x}{dt^2}$ を求めよ．

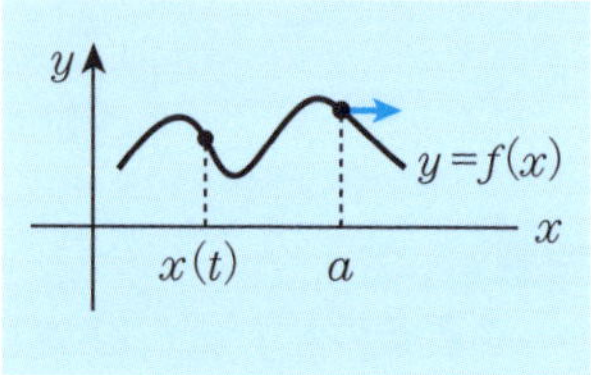

(2)　xyz 空間で，z 軸正方向を鉛直上向きに向け，xy 平面を水平にとる．曲面 $z=f(x,y)$ の上に，置いた質点の時刻 t で x,y 座標をそれぞれ $x(t),y(t)$ と表すことにする．地点 $(x,y)=(a,b)$ に質点を置いたときの加速度 $\left(\dfrac{d^2x}{dt^2}, \dfrac{d^2y}{dt^2}\right)$ を求めよ．

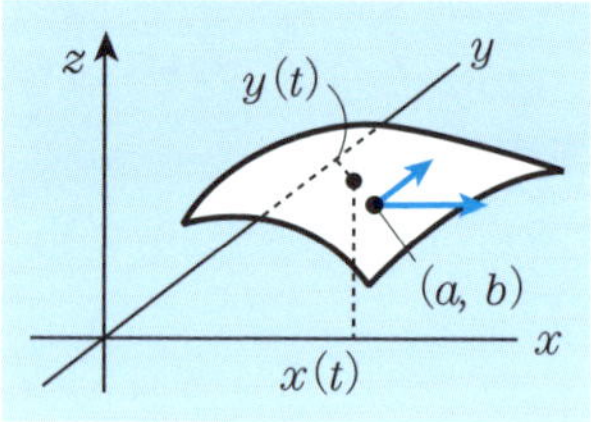

ヒント　下図左のような坂に質量 m の質点を置いたときに受ける力は，下向きに mg であり，その斜面に垂直な成分は斜面の抗力と相殺され，残るのは斜面に沿った成分の $mg\sin\theta$ である．

よって，質点の受ける加速度は右斜め下に $g\sin\theta$ であるが，下図右のように，この加速度の水平成分が x 方向の加速度で $g\sin\theta\cos\theta$ となる．これを $\tan\theta$ を用いて表せば $\dfrac{g\tan\theta}{1+\tan^2\theta}$ となる．

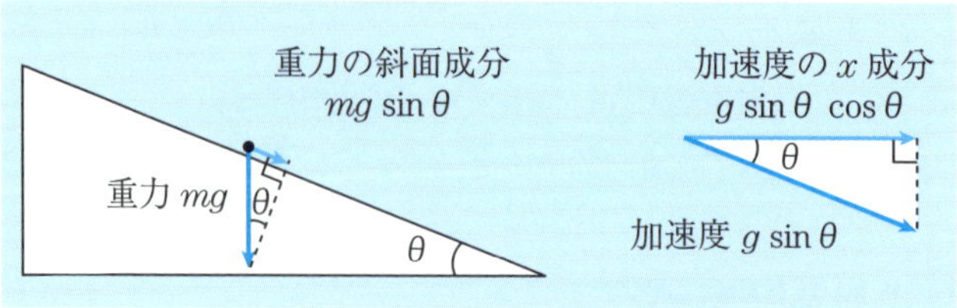

◆**3** 以下の問に答えよ.

(1) 微分作用素 $\Delta = \dfrac{\partial^2}{\partial x^2} + \dfrac{\partial^2}{\partial y^2}$ を極座標 r, θ を用いて表せ.

(2) 微分作用素 $\Delta = \dfrac{\partial^2}{\partial x^2} + \dfrac{\partial^2}{\partial y^2} + \dfrac{\partial^2}{\partial z^2}$ を極座標 r, θ, ϕ を用いて表せ.

ヒント 例題 3.6.2 (1) (p.145) に $\frac{\partial}{\partial x} = \cos\theta \frac{\partial}{\partial r} - \frac{\sin\theta}{r}\frac{\partial}{\partial \theta}$ を作用させて $\frac{\partial^2 f}{\partial x^2}$ を得る. 同様に $\frac{\partial^2 f}{\partial y^2}$ も得る.

◆**4** $f(x, y, z)$ は全微分可能とする. $f(x, y, z) = 0$ で決まる xyz 空間内の曲面について, $(x, y, z) = (a, b, c)$ における接平面と法線の方程式を求めよ.

◆**5** 極値を求めよ.

(1) $f(x, y) = xy + \dfrac{1}{x} + \dfrac{1}{y}$ (2) $f(x, y) = x^3 + y^3$

◆**6** 半径 $a > 0$ の円に内接する三角形について考える.

(1) 内角を α, β と置き, 三角形の面積 S を α, β で表せ.
また, その最大値を求めよ.

(2) 2 辺の長さを x, y と置き, 三角形の面積 S を x, y で表せ.
また, その最大値を求めよ.

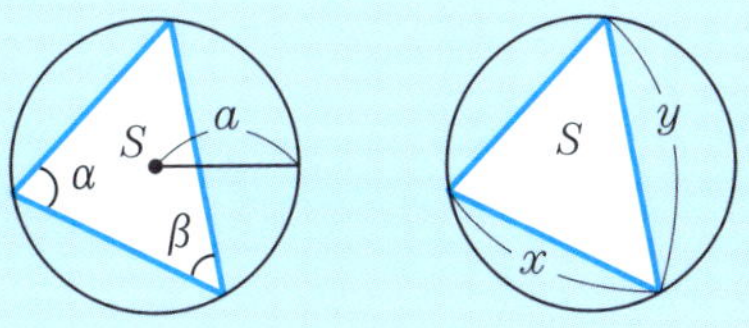

(1) (2)

◆**7** $f(x, y) = x^2 - xy + y^2$ $(x^2 + y^2 \leqq 1)$ について答えよ.

(1) 極値を求めよ.

(2) $x^2 + y^2 = 1$ の条件のもとで, $f(x, y)$ の極値を求めよ.

(3) (1), (2) を使って, 最大値・最小値を求めよ.

(4) 極座標に直してから, 極値を求め, 最大値・最小値を求めよ.

◆**8** (**最小 2 乗法**) 点列 (x_k, y_k) $(k = 1, 2, \cdots, n)$ が与えられているとする. 実数 a, b に対し

$$f(a, b) = \sum_{k=1}^{n} (ax_k + b - y_k)^2$$

と定義する. $f(a, b)$ が最小となるような (a, b) の値を求めよ.

ヒント $\frac{\partial f}{\partial a} = \frac{\partial f}{\partial b} = 0$ となる a, b を求める.

第4章

多変数関数の積分

1 変数関数 $f(x)$ に積分（1 重積分と呼ぶことにする）$\int_a^b f(x)\,dx$ があったように，2 変数関数 $f(x,y)$ には 2 重積分と呼ばれる $\iint_D f(x,y)\,dxdy$ というものがある．1 変数関数には不定積分と定積分があったが，2 変数関数には 2 重定積分しかない．

この章ではまず 2 重積分について 4.1 ～ 4.7 節で一通りのことを扱い，最後に 4.8 節で 3 重積分（3 変数関数の積分）以上を扱う．その意味で前章と同じ構成である．一般に 2 重以上の積分を（多）重積分という．

4.1　2 重積分の定義

まずは 2 重積分とは何か，ということから始める．1 重積分は面積と理解できたが，2 重積分は体積と考えることができる．

定義 4.1.1（2 重積分）　xy 平面内の領域 $D \subset \mathbf{R}^2$ は有界で境界を含むとする．その D 上の連続関数 $f(x,y)$ に対し

$$\iint_D f(x,y)\,dxdy = \{D \text{ を底面とし，} f(x,y) \text{ を高さとする物体の体積}\}$$

とする．このとき，$\iint_D f(x,y)dxdy$ を $f(x,y)$ の D 上の **2 重積分**という．

注釈 1　領域を domain の頭文字をとって D と書く．

注釈 2　領域 $D \subset \mathbf{R}^2$ が面積有限の長方形に含まれるときに有界であるという．

例題 4.1.1

$\displaystyle\iint_{0\leqq x\leqq 1,\ 0\leqq y\leqq 1}(x+y)\,dxdy$ の値を求めよ．

解答　まず底面 D は図 (a) のような正方形である．これに $z=x+y$ で表される上面をつけると，図 (b) のような物体になる．この物体は底面が D で高さが 2 の直方体（体積 2）を斜めに 2 分割したものだから，体積は 1 である．◆

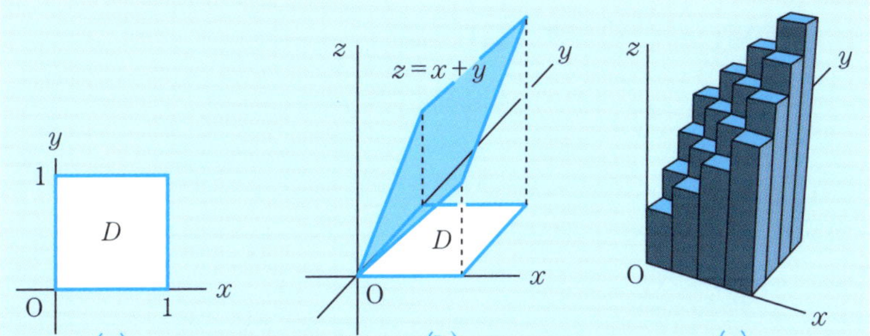

(a)　(b)　(c)

1 重積分のときの面積が正確にはリーマン和で考えられたように，2 重積分のときの体積も次のようなリーマン和によって定義される：

$$\iint_{a\leqq x\leqq b,\ c\leqq y\leqq d} f(x,y)\,dxdy = \lim_{n\to\infty}\sum_{k=1}^{n}\sum_{l=1}^{n} f(a+k\,dx, c+l\,dy)dxdy$$

ただし，$dx=(b-a)/n$, $dy=(d-c)/n$ とする．

図 (b) の物体の体積を図 (c) のように直方体の体積の和で近似しているのである．この方法で 2 重積分を求めることを**区分求積法（2 変数）**という．

注釈　より厳密にいうと，均等な分割でなくても，最も面積の大きいものの面積を 0 に近づければよい．また，高さをとるところも左下端に限らず，各領域内のどこで高さをとっても構わない．例えば上の和は

$$\sum_{k=0}^{n-1}\sum_{l=0}^{n-1} f(a+k\,dx, c+l\,dy)dxdy$$

としてもよい．分割の仕方や，高さを各領域内でどこにとるかという選択肢に依存しないで上の値が決まるときに，その値を 2 重積分の値とする．

このリーマン和は，長方形の領域でしか定義できていないが，長方形でない有界領域 $D \subset \mathbf{R}^2$ については，次のように定義する： D を含むような長方形 K をとる．

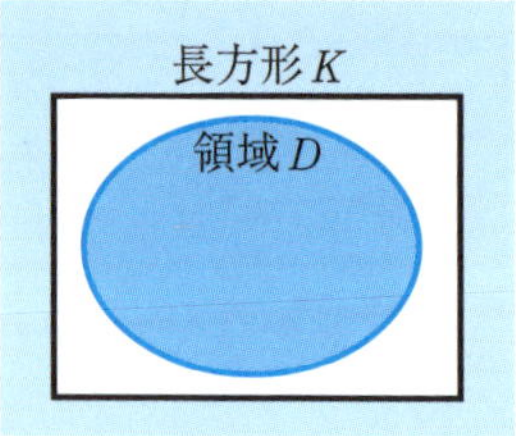

$f(x,y)$ $((x,y) \in D)$ を次のように拡張する：

$$f^*(x,y) := \begin{cases} f(x,y) & ((x,y) \in D \text{ のとき}) \\ 0 & ((x,y) \notin D \text{ かつ} \in K \text{ のとき}) \end{cases}$$

この $f^*(x,y)$ $((x,y) \in K)$ を使うと，

$$\iint_D f(x,y)\,dxdy := \iint_K f^*(x,y)\,dxdy$$

と定義できる．

例題 4.1.2

例題 4.1.1（p.171）を区分求積法で求めよ．

解答

$$\iint_{0 \leqq x \leqq 1,\ 0 \leqq y \leqq 1} (x+y)\,dxdy$$

$$= \lim_{n \to \infty} \sum_{k=1}^{n} \sum_{l=1}^{n} (k\,dx + l\,dy) dxdy \quad \left(\boldsymbol{dx = \frac{1}{n}, dy = \frac{1}{n}} \text{ と置く} \right)$$

$$= \lim_{n \to \infty} \sum_{k=1}^{n} \sum_{l=1}^{n} (k+l) \frac{1}{n^3}$$

$$= \lim_{n \to \infty} \frac{1}{n^3} \sum_{k=1}^{n} \left\{ kn + \frac{n(n+1)}{2} \right\}$$

$$= \lim_{n \to \infty} \frac{1}{n^3} \left\{ \frac{n(n+1)}{2} n + \frac{n(n+1)}{2} n \right\}$$

$$= \lim_{n \to \infty} \frac{n^3 + n^2}{n^3} = 1$$

◆

問 題

4.1.1 $\displaystyle\iint_{0 \leqq x \leqq 1,\ 0 \leqq y \leqq 1} (x+y)^2\,dxdy$ の値を区分求積法で求めよ．

定理 4.1.1（2 重積分の性質）

(1)　境界を含む有界領域 $D \subset \mathbf{R}^2$ 上の連続関数 $f(x,y)$, $g(x,y)$ と定数 a,b について，次の式が成り立つ：

$$\iint_D \{a\,f(x,y) + b\,g(x,y)\}\,dxdy = a\iint_D f(x,y)\,dxdy + b\iint_D g(x,y)\,dxdy$$

(2)　境界を含む有界領域 $D \subset \mathbf{R}^2$ について，次のことが成り立つ：

$$\iint_D dxdy = D \text{ の面積}$$

(3)　境界を含む有界領域 $D_1, D_2 \subset \mathbf{R}^2$ 上の連続関数 $f(x,y)$ について，次のことが成り立つ：

$$\iint_{D_1} f(x,y)\,dxdy + \iint_{D_2} f(x,y)\,dxdy = \iint_{D_1 \cup D_2} f(x,y)\,dxdy + \iint_{D_1 \cap D_2} f(x,y)\,dxdy$$

特に $D_1 \cap D_2$ が面積 0 のときは次のことが成り立つ：

$$\iint_{D_1} f(x,y)\,dxdy + \iint_{D_2} f(x,y)\,dxdy = \iint_{D_1 \cup D_2} f(x,y)\,dxdy$$

いずれも 2 重積分の定義に戻れば，証明は直接的であるので省略する．

問　題

4.1.2　定理 2.2.1 (3)〜(7)（p.68）に対応する 2 重積分の公式を書け．

節末問題

4.1.3　次の 2 重積分の値を区分求積法で求めよ．

(1)　$\displaystyle\iint_{0 \leqq x \leqq 1,\ 0 \leqq y \leqq 1} x\,dxdy$　　(2)　$\displaystyle\iint_{0 \leqq x \leqq 1,\ 0 \leqq y \leqq 1} xy^2\,dxdy$

4.1.4　次の xyz 空間内の物体の体積を表す 2 重積分を書け．

またその値を求めよ．

(1)　$x^2 + y^2 + z^2 \leqq 1$, $z \geqq 0$ と表される半球

(2)　底面を $x^2 + y^2 \leqq a^2$, $z = 0$ とした高さ b の円錐（a, b は正定数）

4.2 累次積分

区分求積法では，限定的な 2 重積分しか値を求めることができない．一般に 2 重積分の値を求めるには，**累次積分**（るいじ）という方法が有効である．本によっては逐次積分（ちくじ）という．累次というのは，複数のことが 1 つずつ続いて起こることを意味する．累次積分は，x と y で順々に積分していく手法である．

定理 4.2.1（累次積分（長方形領域））

連続関数 $f(x,y)$ について次の式が成り立つ：

$$\iint_{a \leqq x \leqq b,\ c \leqq y \leqq d} f(x,y)\,dxdy = \int_c^d \left\{ \int_a^b f(x,y)\,dx \right\} dy$$

$\int_a^b f(x,y)\,dx$ を計算するときは y は定数だと思って x で積分する．

$$\iint_{a \leqq x \leqq b,\ c \leqq y \leqq d} f(x,y) = \int_a^b \left\{ \int_c^d f(x,y)\,dy \right\} dx$$

も成り立つ．

注釈　括弧を省略して $\int_a^b \int_c^d f(x,y)\,dydx$ と書くと，a,b が x の下限上限なのか，y のそれなのか分からなくなってしまう．そのためには，きちんと括弧をつけるか，あるいは $\int_a^b dx \int_c^d dy\, f(x,y)$ と書くと混乱なく理解できる．

例題 4.2.1

例題 4.1.1（p.171）を累次積分で求めよ．

解答　$$\iint_{0 \leqq x \leqq 1,\ 0 \leqq y \leqq 1} (x+y)\,dxdy = \int_0^1 \left\{ \int_0^1 (x+y)\,dx \right\} dy$$

$$= \int_0^1 \left(\left[\frac{x^2}{2} + yx \right]_0^1 \right) dy = \int_0^1 \left(\frac{1}{2} + y \right) dy = \left[\frac{y}{2} + \frac{y^2}{2} \right]_0^1 = 1$$ ◆

問　題

4.2.1　問題 4.1.1（p.172）を累次積分で求めよ．

4.2.2　$\int_1^2 dx \int_0^3 dy\, xy$ を累次積分で求めよ．

次に長方形でない領域での累次積分を扱うが，その前に領域を表現する方法を少し練習する．図①のような領域は，②, ③, ④のようにも表現できる．

①

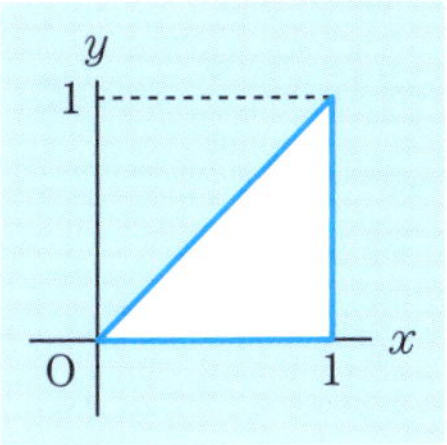

② $\{0 \leqq y,\ x \leqq 1,\ y \leqq x\}$

③ $\{0 \leqq x \leqq 1,\ 0 \leqq y \leqq x\}$

④ $\{0 \leqq y \leqq 1,\ y \leqq x \leqq 1\}$

それぞれの表現の仕方を類別しておくと次のように書ける：

① は図による表現．

② は図形の構成パーツごと（ここでは三角形の 3 辺）にそれぞれ不等式で表現したもの（パーツ表現と呼ぼう）．

③ は $\{a \leqq x \leqq b,\ g(x) \leqq y \leqq h(x)\}$ という形をしたもの（x 優先の累次表現と呼ぼう）．

④ は $\{a \leqq y \leqq b,\ g(y) \leqq x \leqq h(y)\}$ という形をしたもの（y 優先の累次表現と呼ぼう）．

注釈　正確にはこれらの表現は，$\{(x, y) \in \mathbf{R}^2 :$ 条件$\}$ という書き方が正しいだろう．"$(x, y) \in \mathbf{R}^2 :$" の部分を省略した書き方である．

例題 4.2.2

右の図の領域（境界を含む）を次の 3 種類で表せ．

(1)　パーツ表現

(2)　x 優先の累次表現

(3)　y 優先の累次表現

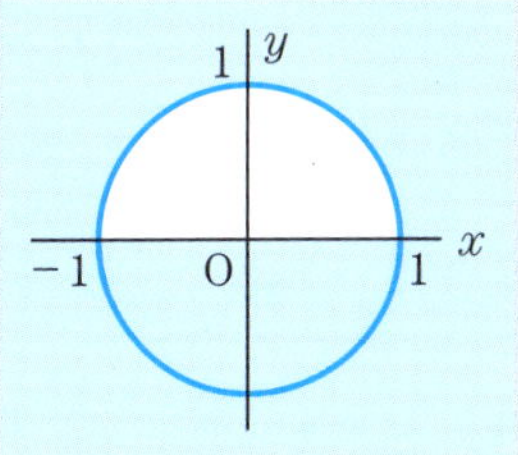

解答　(1)　$\{0 \leqq y,\ x^2 + y^2 \leqq 1\}$

(2)　$\{-1 \leqq x \leqq 1,\ 0 \leqq y \leqq \sqrt{1 - x^2}\}$

(3)　$\{0 \leqq y \leqq 1,\ -\sqrt{1 - y^2} \leqq x \leqq \sqrt{1 - y^2}\}$ ◆

問 題

4.2.3 図，パーツ表現，x 優先の累次表現，y 優先の累次表現のうち，1 種類の表現で与えられた領域を他の 3 種類の方法で表せ．

(1) $D = \{0 \leqq x,\ 0 \leqq y,\ x^2 + y^2 \leqq a^2\}$（$a$ は正定数）

(2) $D = \{0 \leqq x \leqq 1,\ x \leqq y \leqq 1\}$

定理 4.2.2（累次積分（非長方形領域））

$D = \{a \leqq x \leqq b,\ g(x) \leqq y \leqq h(x)\}$ と表されるとき，D 上の連続関数 $f(x, y)$ について次のことが成り立つ：

$$\iint_D f(x,y)\,dxdy = \int_a^b \left(\int_{g(x)}^{h(x)} f(x,y)\,dy \right) dx$$

$\displaystyle\int_{g(x)}^{h(x)} f(x,y)\,dy$ を計算するときは x は定数だと思って y で積分する．

証明 D を底面として $f(x, y)$ を高さとする物体の $x =$ 一定面 で切った断面の面積が，$\displaystyle\int_{g(x)}^{h(x)} f(x,y)\,dy$ になるから． ◆

注釈 もちろん上の定理で x と y の役割を入れ替えたものも成り立つ．つまり y 優先の累次表現がされていれば，x で先に積分すればよい．

例題 4.2.3

右の図の領域を D として

$$\iint_D y\,dxdy$$

を累次積分で求めよ．

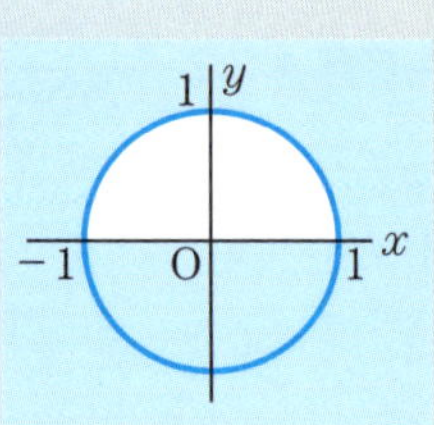

解答 $D = \{-1 \leqq x \leqq 1,\ 0 \leqq y \leqq \sqrt{1 - x^2}\}$ と表現できるから，次のような累次積分になる：

$$与式 = \int_{-1}^{1} \left(\int_0^{\sqrt{1-x^2}} y\,dy \right) dx = \int_{-1}^{1} \left[\frac{y^2}{2} \right]_0^{\sqrt{1-x^2}} dx$$

$$= \frac{1}{2} \int_{-1}^{1} (1 - x^2)\,dx = \frac{1}{2} \left[x - \frac{x^3}{3} \right]_{-1}^{1} = \frac{2}{3}$$ ◆

注釈　この領域は例題 4.2.2 (p.175) と同じものである．もちろん y 優先の累次表現を使って，先に x で積分することも可能である．だが，積分計算の難しさは異なる．なるべく計算が簡単になる方を選びたい．その選別法のテクニックはとりたててここで挙げないが，どちらか（x 優先か y 優先か）でしばらく計算してみて，計算が困難になるようならば，別の方の変数を優先に切り替えよう．

問　題

4.2.4　次を累次積分で求めよ．

$$\iint_{0 \leqq x,\ 0 \leqq y,\ x^2+y^2 \leqq a^2} x\,dxdy \quad (a \text{ は正定数})$$

ヒント　積分の領域は問題 4.2.3 (1) (p.176) と同じもの．

例題 4.2.4

$$\int_0^1 \left(\int_0^{\sqrt{1-x^2}} x^3\,dy \right) dx \text{ を累次積分で求めよ．}$$

このまま y で積分しようとすると，面倒な積分計算となる．領域を y 優先のものに変えてから計算する．

解答　積分領域 $\{0 \leqq x \leqq 1,\ 0 \leqq y \leqq \sqrt{1-x^2}\}$ は $\{0 \leqq y \leqq 1,\ 0 \leqq x \leqq \sqrt{1-y^2}\}$ とも書ける．

$$\text{与式} = \int_0^1 \left(\int_0^{\sqrt{1-y^2}} x^3\,dx \right) dy = \int_0^1 \left[\frac{x^4}{4} \right]_0^{\sqrt{1-y^2}} dy = \int_0^1 \frac{(1-y^2)^2}{4} dy$$

$$= \int_0^1 \frac{1-2y^2+y^4}{4} dy = \left[\frac{y}{4} - \frac{y^3}{6} + \frac{y^5}{20} \right]_0^1 = \frac{1}{4} - \frac{1}{6} + \frac{1}{20} = \frac{2}{15}$$ ◆

問　題

4.2.5　次を累次積分で求めよ．

(1)　$\displaystyle \int_0^1 dx \int_x^1 dy \cos\left(\frac{\pi y^2}{2}\right)$

(2)　$\displaystyle \iint_{0 \leqq x,\ y \leqq 1,\ x \leqq y} \frac{\sin(\pi y)}{y}\,dxdy$

ヒント　積分の領域は問題 4.2.3 (2) (p.176) と同じもの．

補足　どんな領域でも，x（あるいは y）優先の累次表現ができるとは限らない．x（あるいは y）優先の累次表現で表すことができる領域を “x（あるいは y）に関して単純な領域” と呼ぶ．例題 4.2.4 や問題 4.2.5（p.177）で扱った領域は，x に関しても，y に関しても，単純な領域だった．

下図のような領域を見てみよう．左図は x に関しては単純だが，y に関しては単純でない（y によっては $a \leqq x \leqq f(x)$, $g(x) \leqq x \leqq b$ と複数の区間になってしまう）．この図を $\pi/2$ 回転すれば，y に関しては単純だが，x に関しては単純でない領域ができる．また，右図は x に関しても，y に関しても，単純でない領域である．

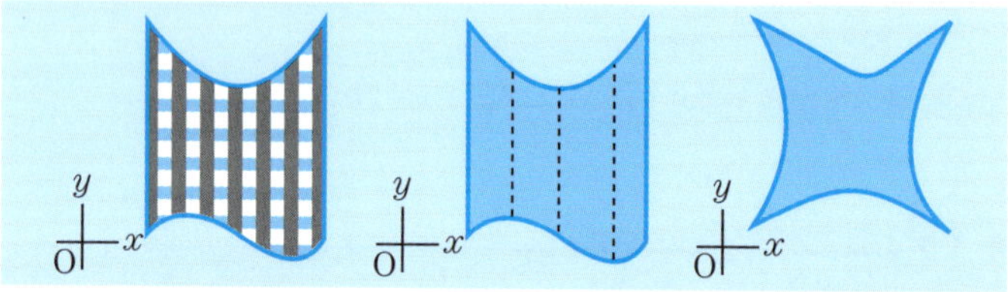

これらの領域は適当に分割することで，単純な領域の足し合わせと考えることができる．例えば左図は中央図のように 4 分割すれば，それぞれは y に関しても単純となる．領域の分割に対応して，定理 4.1.1 (3)（p.173）を使って 2 重積分も分割し，累次積分を行えばよい．

節末問題

4.2.6 次を累次積分で求めよ．

(1) $\displaystyle\iint_{0 \leqq x \leqq \pi,\ 0 \leqq y \leqq \pi} (\sin x)(\sin y)\, dxdy$　(2) $\displaystyle\iint_{|x| \leqq y \leqq 1} ye^x\, dxdy$

(3) $\displaystyle\iint_{x^2+y^2 \leqq a^2} \sqrt{a^2 - x^2}\, dxdy$　(4) $\displaystyle\iint_{\sqrt{x}+\sqrt{y} \leqq 1} y\, dxdy$

(5) $\displaystyle\iint_{\sqrt{|x|}+\sqrt{|y|} \leqq 1} \frac{dxdy}{(1-\sqrt{|x|})^2}$　(6) $\displaystyle\int_0^1 dy \int_y^1 dx\, \exp(-x^2)$

ヒント　(5)　$-1 \leqq x \leqq 1$, $-(1-\sqrt{|x|})^2 \leqq y \leqq (1-\sqrt{|x|})^2$

(6)　x 優先に直す．

4.2.7 連続関数 $f(x), g(y)$ について，次のことを示せ．

$$\int_a^b f(x)\left(\int_c^d g(y)dy\right)dx = \left(\int_a^b f(x)dx\right)\left(\int_c^d g(y)\,dy\right)$$

ヒント　$\displaystyle\int_c^d g(y)dy$ は定数．

4.3　2 重積分の置換積分

1 重積分についての置換積分（定理 2.3.1（p.71））を復習しておこう．

$$\int_D f(x)\,dx = \int_{D\text{ を } t \text{ で書いたもの}} f(x(t))\,\frac{dx}{dt}dt$$

積分の変数変換には次の 3 つの作業が必要ということになる．

(1)　領域を新しい変数で表現し直す

(2)　被積分関数を新しい変数で表現し直す

(3)　$dx = \frac{dx}{dt}dt$

この 3 つの作業が必要ということは，2 重積分の置換積分でも同じである．

定理 4.3.1（2 重積分の置換積分）

D 上の連続関数 $f(x,y)$ と変数変換 $(x,y) \mapsto (t,s)$ に対して次の式が成り立つ：

$$\iint_D f(x,y)\,dxdy$$

$$= \iint_{D\text{ を } t,s \text{ で書いたもの}} f(x(t,s),y(t,s))\,\left|\det\frac{\partial(x,y)}{\partial(t,s)}\right|\,dtds$$

証明　同じ物体の体積を変数を変えて評価するので，積分領域と被積分関数に関しては，これでよいものとしよう．

t,s が dt,ds だけ微小増加するとき，xy 平面上で増える部分の面積が $\left|\det\frac{\partial(x,y)}{\partial(t,s)}\right|\,dtds$ であることを示す．

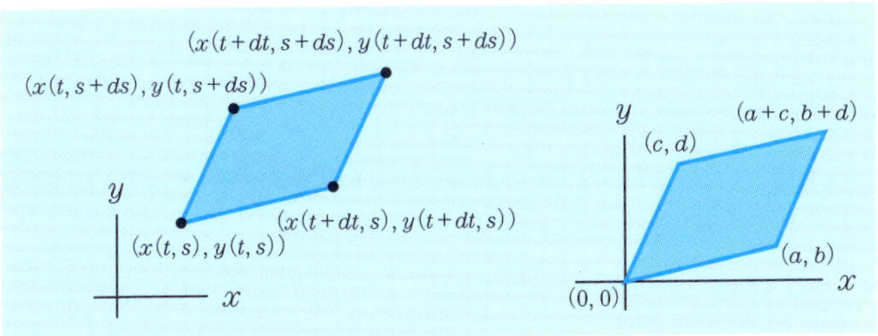

そのときの領域は左図のような平行四辺形になる．右図の平行四辺形の面積が $|ad - bc|$ であることを使う．

$$a = x(t+dt, s) - x(t, s) = x_t dt, \quad b = y(t+dt, s) - y(t, s) = y_t dt,$$

$$c = x(t, s+ds) - x(t, s) = x_s ds, \quad d = y(t, s+ds) - y(t, s) = y_s ds$$

となり，平行四辺形の面積は

$$|ad - bc| = |(x_t y_s - x_s y_t)| dtds$$

となる． ◆

注釈　1 重積分の置換積分（定理 2.3.1（p.71））で，$dx = \frac{dx}{dt} dt$ の $\frac{dx}{dt}$ は x 軸上の長さと t 軸上の長さのレートである，と解説した．2 重積分の置換積分

$$dxdy = \left|\det \frac{\partial(x, y)}{\partial(t, s)}\right| dtds$$

における $\left|\det \frac{\partial(x,y)}{\partial(t,s)}\right|$ は $\frac{xy\text{ 平面上の面積}}{ts\text{ 平面上の面積}}$ のレートと理解できる．

例題 4.3.1

次を置換積分で求めよ．

$$\iint_{|x+y| \leqq 1,\ |x-y| \leqq 1} (x+y)^2 \exp(x-y)\, dxdy$$

解答　$t = x + y$, $s = x - y$ と置く．

$t_x s_y - t_y s_x = 1 \times (-1) - 1 \times 1 = -2$ より，$dxdy = |(-2)^{-1}|\, dtds = (1/2)\, dtds$.

$$\begin{aligned} \text{与式} &= \iint_{|t| \leqq 1,\ |s| \leqq 1} t^2 \exp(s)\, \frac{1}{2} dtds \\ &= \frac{1}{2} \int_{1}^{1} t^2\, dt \int_{-1}^{1} \exp(s)\, ds \\ &= \frac{1}{2} \left[\frac{t^3}{3}\right]_{-1}^{1} \Big[\exp(s)\Big]_{-1}^{1} = \frac{e - e^{-1}}{3} \end{aligned}$$

◆

注釈　(x, y) から (t, s) への変数変換を $x = x(t, s), y = x(t, s)$ と書いたときのヤコビアン $\det \frac{\partial(x,y)}{\partial(t,s)}$ と，$t = t(x, y), s = s(x, y)$ と書いたときのヤコビアン $\det \frac{\partial(t,s)}{\partial(x,y)}$ は，逆数の関係にあるので注意しよう．

問　題

4.3.1　次を置換積分で求めよ．

$$\iint_{0 \leq x+y \leq \pi/2,\ 0 \leq x-y \leq \pi/2} (x+y)^2 \cos^2(x-y)\, dxdy$$

定理 4.3.2（2 重積分の極座標変換）　D 上の連続関数 $f(x,y)$ と，変数変換 $x = r\cos\theta,\ y = r\sin\theta$ について次の式が成り立つ：

$$\iint_D f(x,y)\, dxdy = \iint_{D\ \text{を}\ r,\theta\ \text{で書いたもの}} f(x(r,\theta), y(r,\theta))\, r\, drd\theta$$

証明　例題 3.5.1（p.140）より，次のようになるから：

$$dxdy = \left| \det \frac{\partial(x,y)}{\partial(r,\theta)} \right| drd\theta = r\, drd\theta$$

◆

注釈　$\left|\det \frac{\partial(x,y)}{\partial(t,s)}\right| dtds$ は変数 t が $t \sim t+dt$ の範囲を動き，変数 s が $s \sim s+ds$ の範囲を動くときにできる微小な部分の面積を表している．極座標でこれに対応するものは，$r \sim r+dr$, $\theta \sim \theta + d\theta$ に対応した右図のような微小領域（青色部分）の面積 S である．この面積は

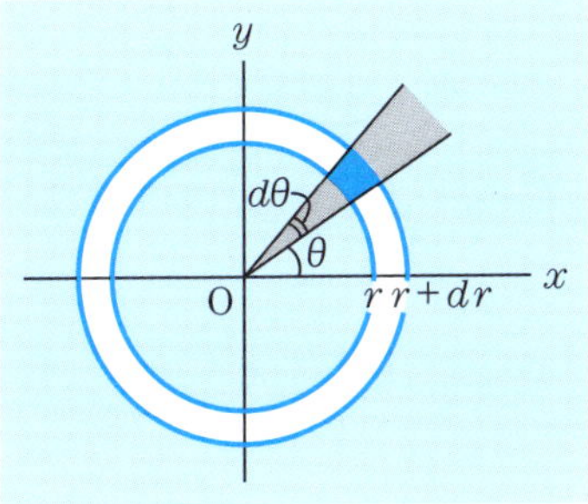

$$S = r\, drd\theta + \frac{1}{2} dr^2 d\theta$$

であるが，2.13 節（p.116）の補足でも説明したのと同様に，第 2 項は高位の無限小であり無視しても構わない．これを積分するときは，$(drd\theta)^{-1}$ をかけてから，$dr \to 0,\ d\theta \to 0$ という意味があり，第 2 項は積分値に貢献しないのである．つまり，ここでは面積は $S = r\, drd\theta$ と扱うのである．

実際に2重積分を極座標へ変換する前に，領域を極座標で表現する練習をしておこう．

例題 4.3.2

次の領域を極座標 r, θ を用いて表せ．ただし a は正定数とする．

(1) $D = \{x^2+y^2 \leqq a^2,\ 0 \leqq y\}$ (2) $D = \{x^2+y^2 \leqq a^2,\ 0 \leqq x\}$

解答 (1) 条件に $x = r\cos\theta,\ y = r\sin\theta$ を代入すると，$r^2 \leqq a^2,\ 0 \leqq r\sin\theta$．極座標の範囲 $0 \leqq r,\ 0 \leqq \theta \leqq 2\pi$ を考慮すると

$$D = \{0 \leqq r \leqq a,\ 0 \leqq \theta \leqq \pi\}$$

となる．

(2) 同様に $r^2 \leqq a^2,\ 0 \leqq r\cos\theta$ となって，$0 \leqq r \leqq a,\ 0 \leqq \theta \leqq \pi/2$ または $3\pi/2 \leqq \theta < 2\pi$ となるが，θ の範囲は $-\pi/2 \leqq \theta \leqq \pi/2$ と書いた方が扱いやすい．よって

$$D = \{0 \leqq r \leqq a,\ -\pi/2 \leqq \theta \leqq \pi/2\}$$

となる（もちろん $0 \leqq \theta \leqq \pi/2$ または $3\pi/2 \leqq \theta < 2\pi$ と書いても正解である）．◆

問 題

4.3.2 次の領域を極座標 r, θ を用いて表せ．ただし a は正定数とする．

(1) $D = \{x^2+y^2 \leqq a^2,\ 0 \leqq y,\ 0 \leqq x\}$

(2) $D = \{x^2+y^2 \leqq a^2\}$ (3) $D = \{0 \leqq x\}$

(4) $D = \mathbf{R}^2$ (5) $D = \{x^2+y^2-y \leqq 0\}$

例題 4.3.3

例題 4.2.3（p.176）を，極座標を用いて求めよ．

解答 与式 $= \displaystyle\int_0^1 dr \int_0^\pi d\theta\, r\sin\theta\, r = \left[\frac{r^3}{3}\right]_0^1 \Big[-\cos\theta\Big]_0^\pi$

$$= \left(\frac{1^3}{3} - \frac{0^3}{3}\right)\{(-\cos\pi) - (-\cos 0)\}$$

$$= \frac{1}{3} \times \{1-(-1)\} = \frac{2}{3}$$ ◆

問 題

4.3.3 問題 4.2.4（p.177）を，極座標を用いて求めよ．

例題 4.3.4

次を極座標を用いて求めよ．

$$\iint_{x^2+y^2 \leqq a^2} \sqrt{x^2+y^2}\, dxdy \quad (a \text{ は正定数})$$

解答 極座標に変換する．

$$\text{与式} = \iint_{0 \leqq r \leqq a} r\,(r dr d\theta) = \int_0^{2\pi} d\theta \int_0^a dr\, r^2 = 2\pi \left[\frac{r^3}{3}\right]_0^a = \frac{2\pi a^3}{3}$$ ◆

問 題

4.3.4 次を極座標を用いて求めよ．

$$\iint_{x^2+y^2 \leqq 1} \frac{dxdy}{\sqrt{4-x^2-y^2}}$$

ヒント 極座標に変換する． $0 \leqq r \leqq 1,\ 0 \leqq \theta \leqq 2\pi$

節 末 問 題

4.3.5 a, b は正定数とする．次の 2 重積分の値を求めよ．

(1) $\displaystyle\iint_{0 \leqq x+y \leqq 2x-y \leqq 1} \exp\left\{(2x-y)^2\right\} dxdy$

(2) $\displaystyle\iint_{x^2+y^2 \leqq \pi} \sin(x^2+y^2)\, dxdy$

(3) $\displaystyle\iint_{x^2+y^2 \leqq ax} x\, dxdy$

(4) $\displaystyle\iint_{(x^2/a^2)+(y^2/b^2) \leqq 1} (x^2+y^2)\, dxdy$

ヒント (1) $s = 2x - y,\ t = x + y$

(2) 極座標

(3) $x - a/2 = r\cos\theta,\ y = r\sin\theta$

(4) $x = ar\cos\theta,\ y = br\sin\theta$

4.4　特異 2 重積分♣

1 重積分の特異積分を復習しておこう．$\int_a^b f(x)\,dx$ という積分で，$f(x)$ が $[a,b]$ のどこか 1 点で無定義だったとしても，その 1 点を除く積分が収束すればよしとする．2 重積分でも，この考えは同様である．ただ積分領域が 2 次元なので，無定義点のとり除き方がやや複雑になる．

定義 4.4.1（特異 2 重積分）　境界を含む有界領域 $D \subset \mathbf{R}^2$ の中の点 (x_0, y_0) で $f(x,y)$ が無定義とする．

$D_1 \subset D_2 \subset \cdots \subset D_\infty = D$ という単調増大領域列 D_n で，次の 2 つを満たすものを**近似増加列**という：

(1)　有限の n では $(x_0, y_0) \notin D_n$ となる．

(2)　(x_0, y_0) 以外の点からなる D の部分集合 K が境界を含み，無定義点を含んでいなければ，ある有限の n で $K \subset D_n$ となる．

このような近似増加列 D_n について，$\lim_{n\to\infty} \iint_{D_n} f(x,y)\,dxdy$ が D_n の選び方に依らずに同じ値に収束すれば，その収束値を

$$\iint_D f(x,y)\,dxdy$$

とする．

例題 4.4.1

次の特異 2 重積分は収束しないことを示せ．

(1)　$\displaystyle\iint_{0\leqq x\leqq y\leqq 1} \frac{dxdy}{x^2+y^2}$　　(2)　$\displaystyle\iint_{0\leqq x\leqq 1,\ 0\leqq y\leqq 1} \frac{x-y}{(x+y)^3}dxdy$

証明　(1)　次の図左のような近似増加列 D_n を考える．

$$\iint_{D_n} \frac{dxdy}{x^2+y^2} = \int_{1/n}^1 dy \int_0^y \frac{dx}{x^2+y^2} = \int_{1/n}^1 dy \left[\frac{1}{y}\tan^{-1}\frac{x}{y}\right]_0^y$$
$$= \int_{1/n}^1 dy \frac{\pi}{4y} = \frac{\pi}{4}\Big[\log y\Big]_{1/n}^1 = \frac{\pi}{4}\log n \to \infty \quad (n \to \infty)$$

よって特異積分は収束しない．

(2) 定数 a は $0<a<1$ とする．下図右のような近似増加列 D_n を考える．

$$\begin{aligned}
&\iint_{D_n}\frac{x-y}{(x+y)^3}dxdy\\
&=\int_{a/n}^{1}dx\int_0^1 dy\frac{x-y}{(x+y)^3}+\int_0^{a/n}dx\int_{1/n}^1 dy\frac{x-y}{(x+y)^3}\\
&=\int_{a/n}^{1}dx\left[\frac{y}{(x+y)^2}\right]_0^1+\int_0^{a/n}dx\left[\frac{y}{(x+y)^2}\right]_{1/n}^1\\
&=\int_{a/n}^{1}\frac{dx}{(x+1)^2}+\int_0^{a/n}dx\left\{\frac{1}{(x+1)^2}-\frac{\frac{1}{n}}{\left(x+\frac{1}{n}\right)^2}\right\}\\
&=\left[-\frac{1}{x+1}\right]_{a/n}^1+\left[-\frac{1}{x+1}\right]_0^{a/n}+\left[\frac{\frac{1}{n}}{x+\frac{1}{n}}\right]_{a/n}^0\\
&=-\frac{1}{2}+\frac{1}{1+\frac{a}{n}}-\frac{1}{1+\frac{a}{n}}+1-1+\frac{\frac{1}{n}}{\frac{1}{n}+\frac{a}{n}}\\
&\to-\frac{1}{2}+\frac{1}{1+a}\quad(n\to\infty)
\end{aligned}$$

この値が a に依存するので，特異積分は収束しない． ◆

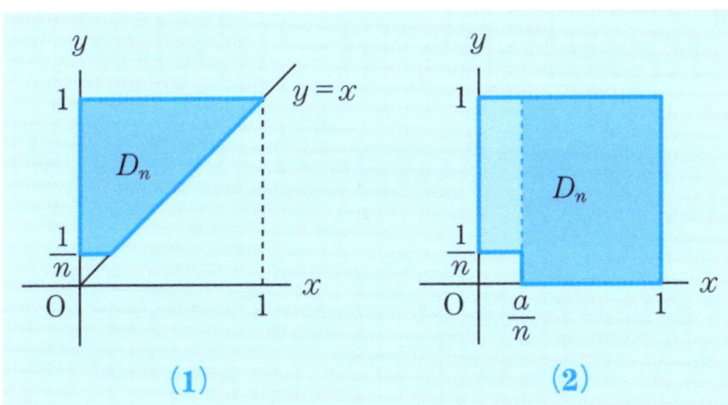

特異積分が収束することを示すのは，収束しないことを示すよりも簡単ではない．“任意の近似増加列に依らずに同じ値に収束する” ということを証明しなければならないからだ．しかし定符号の場合は，次の定理が役に立つ：

定理 4.4.1（定符号関数の特異 2 重積分）

連続関数 $f(x,y)$ が定符号のとき（$f(x,y) \geqq 0$ または $f(x,y) \leqq 0$），領域 D に無定義点があっても，任意の 2 つの近似増加列 D_n, D'_n について

$$\lim_{n\to\infty} \iint_{D_n} f(x,y)\,dxdy = \lim_{n\to\infty} \iint_{D'_n} f(x,y)\,dxdy$$

が成り立つ．

つまり定符号のときは，定義 4.4.1（p.184）の "D_n の選び方に依らず" という点は気にせずに，1 つの近似増加列について調べればよいということになる．

証明　与式の左辺を α，右辺を β と置く．$f(x,y) \geqq 0$ とする．

近似増加列の定義より $D_n \subset D'_{a_n}$ となるような数列 a_n が存在する．

よって

$$\iint_{D_n} f(x,y)\,dxdy \leqq \iint_{D'_{a_n}} f(x,y)\,dxdy$$

となる．

$\lim\limits_{n\to\infty} a_n \to \infty$ であるので，上式の極限をとると

$$\alpha \leqq \lim_{n\to\infty} \iint_{D'_{a_n}} f(x,y)\,dxdy = \beta$$

となる．D_n と D'_n の役割を入れ替えて同様のことをすれば，$\alpha \geqq \beta$ が得られ，結局 $\alpha = \beta$ となる．

$f(x,y) \leqq 0$ の場合は，上の不等号の向きが変わるだけなので，やはり $\alpha = \beta$ となる． ◆

例題 4.4.2

次の特異 2 重積分の値を調べよ．

(1) $\displaystyle\iint_{0 \leqq x \leqq y \leqq 1} \frac{dxdy}{\sqrt{x^2+y^2}}$　　(2) $\displaystyle\iint_{x^2+y^2 \leqq 1,\ 0 \leqq x} \frac{dxdy}{\sqrt{1-x^2-y^2}}$

(1), (2) とも定符号なので，1 つの近似増加列を考えればよい．

解答　(1)　例題 4.4.1 (1)（p.184）と同じ近似増加列を使う．

$$\iint_{D_n} \frac{dxdy}{\sqrt{x^2+y^2}} = \int_{1/n}^{1} dy \int_0^y \frac{dx}{\sqrt{x^2+y^2}}$$ （問題 2.3.2(9)（p.73）を使う．）

$$= \int_{1/n}^{1} dy \left[\log\left(x+\sqrt{x^2+y^2}\right)\right]_0^y$$

$$= \int_{1/n}^{1} dy \left\{\log\left(y+\sqrt{2}y\right) - \log y\right\} = \int_{1/n}^{1} dy \log\left(1+\sqrt{2}\right)$$

$$= \left(1-\frac{1}{n}\right)\log\left(1+\sqrt{2}\right) \to \log\left(1+\sqrt{2}\right) \quad (n\to\infty)$$

(2)　$x^2+y^2=1$ で無定義．極座標を用いて，近似増加列を

$$\{0 \leqq r \leqq 1-1/n,\ -\pi/2 \leqq \theta \leqq \pi/2\}$$

とする．

$$\int_{-\pi/2}^{\pi/2} d\theta \int_0^{1-1/n} dr \frac{r}{\sqrt{1-r^2}} = -\pi\left[\sqrt{1-r^2}\right]_0^{1-1/n}$$

$$= \pi\left\{1-\sqrt{1-\left(1-\frac{1}{n}\right)^2}\right\} \to \pi \quad (n\to\infty)$$

◆

問　題

4.4.1　次の特異 2 重積分の値を調べよ．

(1) $\displaystyle\iint_{0\leqq x\leqq y\leqq 1} \frac{dxdy}{\sqrt{y-x}}$　　(2) $\displaystyle\iint_{x^2+y^2\leqq 1} \frac{dxdy}{\sqrt{x^2+y^2}}$

ヒント　(1) $y=x$ が無定義点．(2) 極座標を使う．$r=0$ が無定義点．

節 末 問 題

4.4.2　a は正定数とする．次の特異 2 重積分の値を調べよ．

(1) $\displaystyle\iint_{x^2+y^2\leqq a^2} \frac{dxdy}{\sqrt{a^2-x^2-y^2}}$

(2) $\displaystyle\iint_{0\leqq x,\ 0\leqq y,\ x^2+y^2\leqq 1} \tan^{-1}\left(\frac{y}{x}\right) dxdy$

(3) $\displaystyle\iint_{x^2+y^2\leqq 1} \log(x^2+y^2)\, dxdy$　　(4) $\displaystyle\iint_{0\leqq x\leqq y\leqq 1} \frac{dxdy}{(y-x)^a}$

ヒント　(1), (2), (3) 極座標．

(4) $y=x$ で無定義，$D_n=\{0\leqq x\leqq 1,\ x+\frac{1}{n}\leqq y\leqq 1\}$

4.5　無限2重積分♣

2重積分の積分領域が有界でない場合，つまり無限遠点を含んでいる場合は，前節の無定義点のところを**無限遠点**と読み替えるだけである．これを**無限2重積分**という．つまり，無限遠点をとり除くような近似増加列を考えて，その上で積分を求める．定理4.4.1（p.186）は無限重積分に関しても成り立つ．

例題 4.5.1

次の無限2重積分の値を調べよ．

(1) $\displaystyle\iint_{0\leqq x,\ 0\leqq y}\frac{dxdy}{(x+y+2)^3}$　　(2) $\displaystyle\iint_{\mathbf{R}^2}\frac{dxdy}{(1+x^2+y^2)^2}$

(1), (2) とも定符号であるので，1つの近似増加列だけを考える．

解答　(1)　無限遠点をとり除く近似増加列を

$$D_n=\{0\leqq x\leqq n,\ 0\leqq y\leqq n\}$$

とする．

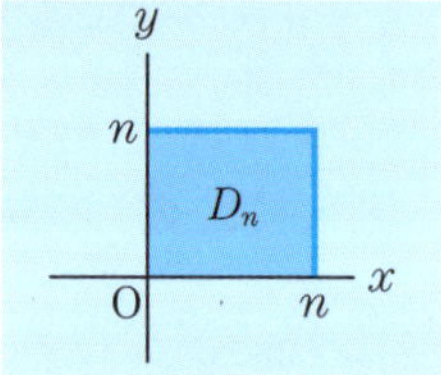

$$\iint_{D_n}\frac{dxdy}{(x+y+2)^3}=\int_0^n dx\int_0^n dy\frac{1}{(x+y+2)^3}$$

$$=\int_0^n dx\left[-\frac{1}{2}(x+y+2)^{-2}\right]_0^n=\int_0^n dx\left\{-\frac{1}{2}(x+n+2)^{-2}+\frac{1}{2}(x+2)^{-2}\right\}$$

$$=\left[\frac{1}{2}(x+n+2)^{-1}-\frac{1}{2}(x+2)^{-1}\right]_0^n$$

$$=\frac{1}{2}(2n+2)^{-1}-\frac{1}{2}(n+2)^{-1}-\frac{1}{2}(n+2)^{-1}+\frac{1}{2}\times 2^{-1}\to\frac{1}{4}\quad(n\to\infty)$$

(2)　極座標を使って，無限遠点をとり除く近似増加列を

$$D_n=\{0\leqq r\leqq n,\ 0\leqq\theta\leqq 2\pi\}$$

とする．

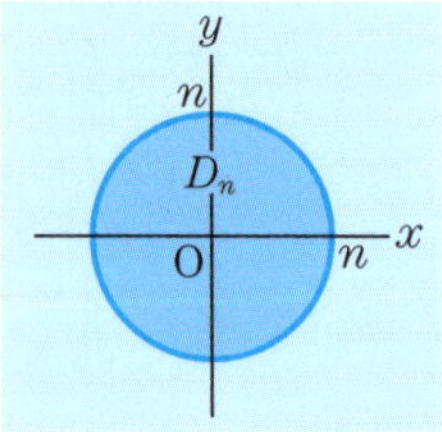

$$\int_0^n dr\int_0^{2\pi}d\theta(1+r^2)^{-2}r=2\pi\left[-\frac{1}{2}(1+r^2)^{-1}\right]_0^n$$

$$=2\pi\left\{-\frac{1}{2}(1+n^2)^{-1}+\frac{1}{2}\right\}\to\pi\quad(n\to\infty)$$

◆

問　題

4.5.1 次の無限 2 重積分の値を調べよ．

(1) $\displaystyle\iint_{0\leqq x,\ 0\leqq y} \frac{dxdy}{(x+y+1)^a}$　（定数 $a>2$）

(2) $\displaystyle\iint_{\mathbf{R}^2} \exp(-x^2-y^2)\,dxdy$

節末問題

4.5.2 $\displaystyle\int_0^\infty \exp(-x^2)\,dx$ の値を問題 4.5.1 (2)（p.189）の結果を利用して求めよ．

4.5.3 a は正定数とする．次の無限 2 重積分の値を調べよ．

(1) $\displaystyle\iint_{0\leqq x\leqq y} e^{-y^2}\,dxdy$　**ヒント** $D_n=\{0\leqq y\leqq n,\ 0\leqq x\leqq y\}$

(2) $\displaystyle\iint_{1\leqq x^2+y^2} \frac{dxdy}{(x^2+y^2)^a}$　**ヒント** $D_n=\{1\leqq r\leqq n,\ 0\leqq\theta\leqq 2\pi\}$

(3) $\displaystyle\iint_{\mathbf{R}^2} x^2\exp(-x^2-y^2)\,dxdy$

ヒント 与式 $=\left\{\int_{-\infty}^{\infty} x^2\exp(-x^2)dx\right\}\left\{\int_{-\infty}^{\infty}\exp(-y^2)dy\right\}$
前半は部分積分，後半は問題 4.5.2（p.189）を使う．

4.6　2 重積分で体積を求める

定理 4.6.1（体積と 2 重積分）

3 次元物体 $D_3\subset\mathbf{R}^3$ が $D_3=\{(x,y,z)\in\mathbf{R}^3 : (x,y)\in D_2\subset\mathbf{R}^2,\ z_1(x,y)\leqq z\leqq z_2(x,y)\}$ と表されるとき，その体積 V は次のようになる：

$$V=\iint_{D_2}\{z_2(x,y)-z_1(x,y)\}dxdy$$

証明 x が x から $x+dx$ へ微小増加し，y が y から $y+dy$ へ微小増加するとき，増える 3 次元領域は直方体であり，体積は $\{z_1(x,y)-z_2(x,y)\}dxdy$ であるから．◆

注釈 D_3 を xy 平面に斜影したもの（真上から見た形，真上から日が差しているときに xy 平面にできる影）が D_2 である．$z=z_1(x,y)$ は下側の面，$z=z_2(x,y)$ は上側の面である．

例題 4.6.1

球 $x^2+y^2+z^2 \leqq 1$ の体積 V を定理 4.6.1 (p.189) を使って求めよ．

解答 上面 $z_2 = \sqrt{1-x^2-y^2}$，下面 $z_1 = -\sqrt{1-x^2-y^2}$，射影面 $D_2 = \{x^2+y^2 \leqq 1\}$ と表されるので

$$V = \iint_{x^2+y^2 \leqq 1} 2\sqrt{1-x^2-y^2}\,dxdy \quad \text{（極座標に変換する）}$$

$$= \int_0^{2\pi} d\theta \int_0^1 dr\, 2\sqrt{1-r^2}\, r = 2\pi \left[-\frac{2}{3}(1-r^2)^{3/2} \right]_0^1 = \frac{4\pi}{3}$$

◆

問　題

4.6.1 a, b, c を正定数とする．楕円体

$$\frac{x^2}{a^2} + \frac{y^2}{b^2} + \frac{z^2}{c^2} \leqq 1$$

の体積 V を求めよ．

ヒント　$x = ar\cos\theta,\ y = br\sin\theta$ と変換．

4.6.2 a を正定数とする．

$$x^2+y^2 \leqq z \leqq a^2$$

と表される物体の体積 V を求めよ．

ヒント　$D_2 = \{x^2+y^2 \leqq a^2\}$

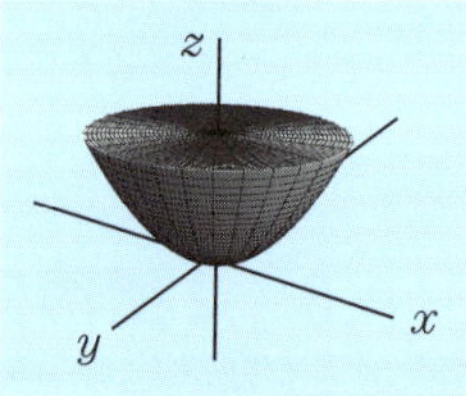

例題 4.6.2

$x^2+y^2 \leqq 1,\ 0 \leqq z \leqq y$ と表される 3 次元物体 $D_3 \subset \mathbf{R}^3$ の体積 V を求めよ．

（物体の概観の解説）　D_3 は，円柱 $x^2+y^2=1$ の内部で，平面 $z=0$ より上にあり，平面 $z=y$ より下にある部分である（右図）．

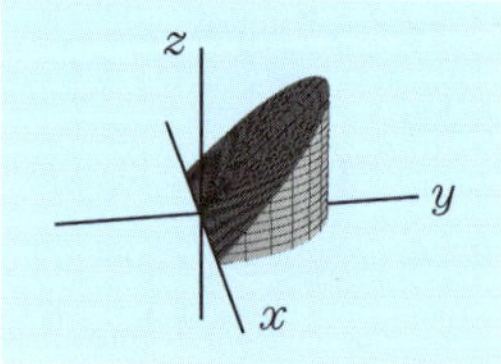

解答　上面は $z = y$，下面は $z = 0$，xy 平面に斜影したものは 2 分円 $\{(x,y) \in \mathbf{R}^2 : x^2 + y^2 \leqq 1, 0 \leqq y\}$ である．

$$V = \iint_{x^2+y^2 \leqq 1,\, 0 \leqq y} y\,dxdy \quad \text{（極座標に変換する）}$$
$$= \int_0^{\pi} d\theta \int_0^1 dr\,(r\sin\theta)\,r = \Big[-\cos\theta\Big]_0^{\pi} \left[\frac{r^3}{3}\right]_0^1 = \frac{2}{3}$$ ◆

問　題

4.6.3　a は正定数とする．

$$x^2 + y^2 \leqq a^2,\ -a \leqq z \leqq x$$

と表される 3 次元物体 $D_3 \subset \mathbf{R}^3$ の体積 V を求めよ．

ヒント　$D_2 = \{x^2 + y^2 \leqq a^2\}$

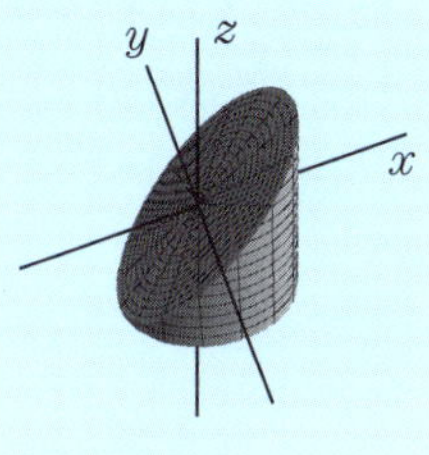

例題 4.6.3

$x^2 + y^2 + z^2 \leqq 1,\ x^2 + y^2 \leqq z^2,\ 0 \leqq z$ と表される 3 次元物体 $D_3 \subset \mathbf{R}^3$ の体積 V を求めよ．

（物体の概観の解説）　$x^2 + y^2 + z^2 = 1$ は球面であり，$x^2 + y^2 + z^2 \leqq 1$ はその内部である．$x^2 + y^2 = z^2$ は左図のような円錐の側面であり，$x^2 + y^2 \leqq z^2$ は円錐の内部を表している．

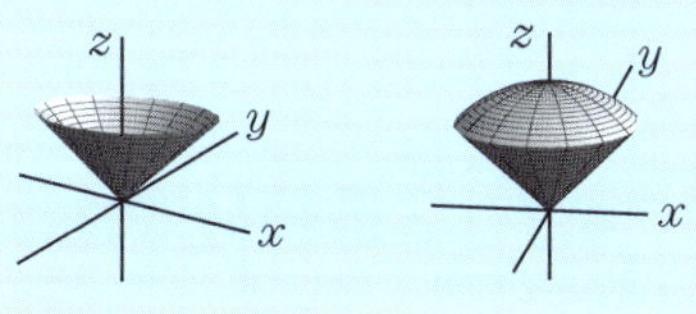

よって，D_3 は右図のように球と円錐に挟まれた部分である．球と円錐が交差している部分は $x^2 + y^2 + z^2 = 1$ と $x^2 + y^2 = z^2$ の連立方程式を解いて

$$x^2 + y^2 = 1/2, \quad z = 1/\sqrt{2}$$

という円である．

解答　D_3 の上面は球面 $z = \sqrt{1 - x^2 - y^2}$ であり，下面は円錐側面 $z = \sqrt{x^2 + y^2}$ である．また，xy 平面に斜影したものは $D_2 = \{x^2 + y^2 \leqq 1/2\}$ という円板である．

$$
\begin{aligned}
V &= \iint_{x^2+y^2 \leqq 1/2} \left(\sqrt{1-x^2-y^2} - \sqrt{x^2+y^2}\right) dxdy \quad \text{（極座標に変換する）} \\
&= \int_0^{2\pi} d\theta \int_0^{1/\sqrt{2}} dr \left(\sqrt{1-r^2} - r\right) r = 2\pi \left[-\frac{1}{3}(1-r^2)^{3/2} - \frac{r^3}{3}\right]_0^{1/\sqrt{2}} \\
&= 2\pi \left\{\left(-\frac{1}{3} \times \frac{1}{2\sqrt{2}} - \frac{1}{6\sqrt{2}}\right) + \frac{1}{3}\right\} = \frac{\left(2-\sqrt{2}\right)\pi}{3}
\end{aligned}
$$

◆

問　題

4.6.4　$$x^2+y^2+z^2 \leqq 2,\ x^2+y^2 \leqq z$$

と表される 3 次元物体 $D_3 \subset \mathbf{R}^3$ の体積 V を求めよ．

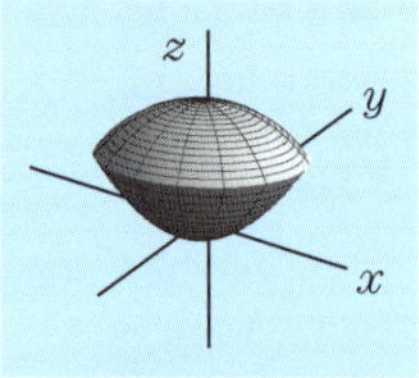

ヒント　$D_2 = \{x^2+y^2 \leqq 1\}$

節 末 問 題

4.6.5　$$x^2+y^2+z^2 \leqq 1,\ x^2+y^2 \leqq 3z^2,$$
$$0 \leqq x,\ 0 \leqq y,\ 0 \leqq z$$

と表される 3 次元物体 $D_3 \subset \mathbf{R}^3$ の体積 V を求めよ．

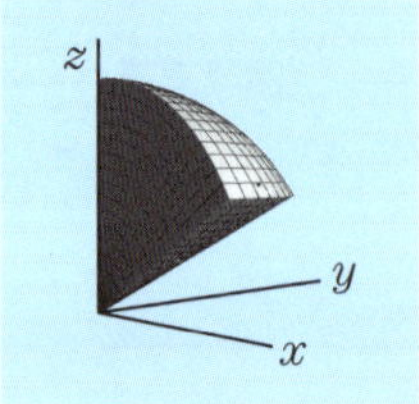

ヒント　$D_2 = \{x^2+y^2 \leqq \frac{3}{4},\ 0 \leqq x,\ 0 \leqq y\}$

4.7　2 重積分で曲面積を求める

2.11 節で求めたのは，xy 平面上の領域の面積なので，全て平らな面であった．ここでは，xyz 空間内の 2 次元的な広がりをもつ曲面について，その面積を求める．

定理 4.7.1（曲面積）

$z = z(x,y)$ $((x,y) \in D)$ と表される曲面の面積 S は次のようになる：

$$S = \iint_D \sqrt{1 + \left(\frac{\partial z}{\partial x}\right)^2 + \left(\frac{\partial z}{\partial y}\right)^2}\, dxdy$$

準備　右図の平行四辺形の面積 S は

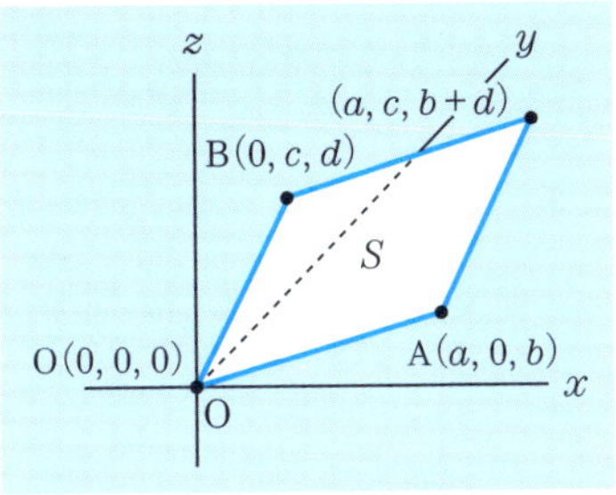

$$\begin{aligned} S^2 &= |\overrightarrow{\mathrm{OA}}|^2\,|\overrightarrow{\mathrm{OB}}|^2 \sin^2 \angle\mathrm{OAB} \\ &= |\overrightarrow{\mathrm{OA}}|^2\,|\overrightarrow{\mathrm{OB}}|^2 (1-\cos^2 \angle\mathrm{OAB}) \\ &= |\overrightarrow{\mathrm{OA}}|^2\,|\overrightarrow{\mathrm{OB}}|^2 - (\overrightarrow{\mathrm{OA}}\cdot\overrightarrow{\mathrm{OB}})^2 \\ &= (a^2+b^2)(c^2+d^2)-(bd)^2 \\ &= a^2c^2+a^2d^2+b^2c^2 \end{aligned}$$

なので

$S=\sqrt{a^2c^2+a^2d^2+b^2c^2}$ となる．

証明　x が x から $x+dx$ へ微小増加し，y が y から $y+dy$ へ微小増加する間，増える部分は (x,y,z), $(x+dx,y,z+z_x dx)$, $(x,y+dy,z+z_y dy)$, $(x+dx,y+dy,z+z_x dx+z_y dy)$ の 4 点からなる平行四辺形である．この面積は上の準備から次のようになる：

$$S=\sqrt{dx^2dy^2+dx^2(z_y dy)^2+dy^2(z_x dx)^2}=\sqrt{1+(z_y)^2+(z_x)^2}\,dxdy \quad ◆$$

例題 4.7.1

$x+y+z=1,\ 0\leqq x,y,z$ と表される曲面の面積 S を定理 4.7.1（p.192）を使って求めよ．

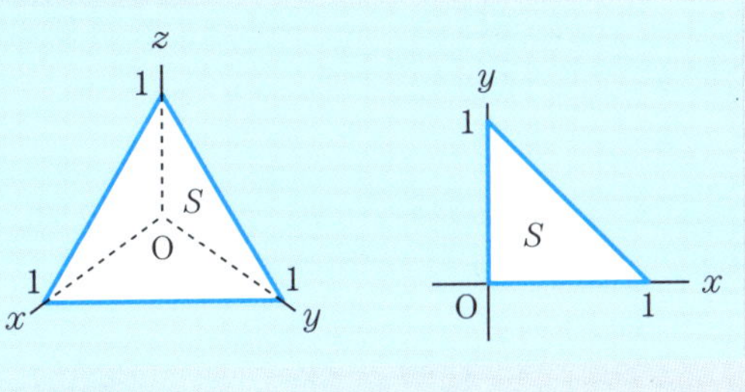

これは左図のような一辺の長さが $\sqrt{2}$ の正三角形になり，面積は $S=\sqrt{3}/2$ である．ここではあえて定理 4.7.1（p.192）を使って求めてみよう．

解答　上の右図の領域を D, $z=1-x-y$ として定理 4.7.1（p.192）を使う．$\sqrt{1+(z_x)^2+(z_y)^2}=\sqrt{1+(-1)^2+(-1)^2}=\sqrt{3}$ となる．

$$S=\iint_D \sqrt{3}\,dxdy=(D\text{ の面積})\cdot\sqrt{3}=\frac{\sqrt{3}}{2} \quad ◆$$

注釈　D は曲面を真上から見た図形，つまり真上から光があたったときに xy 平面という地面にできる影である．

$\sqrt{1+(z_x)^2+(z_y)^2}$ という値は $\frac{\text{曲面の面積}}{\text{射影の面積}}$ というレートを表している．上の例題は平面なのでこのレートは $\sqrt{3}$ という定数であるが，曲面では x, y に依存する．

例題 4.7.2

球面 $x^2+y^2+z^2=a^2$（a は正定数）の面積 S を定理 4.7.1（p.192）を使って求めよ．

解答　上半分 $(z \geqq 0)$ を求めて 2 倍にする．

$z=\sqrt{a^2-x^2-y^2}$ より，$1+(z_x)^2+(z_y)^2=a^2/(a^2-x^2-y^2)$ となり，S は以下のようになる：

$$S = 2\iint_{x^2+y^2 \leqq a^2} \frac{a\,dxdy}{\sqrt{a^2-x^2-y^2}} = 4\pi a^2 \quad \text{（問題 4.4.2 (1)（p.187）より）}$$

◆

問　題

4.7.1　次の式で表される曲面の面積 S を求めよ．

(1)　$y^2+z^2=1,\ x^2+y^2 \leqq 1$　　(2)　$x^2+y^2+z^2 \leqq 1,\ x^2+y^2-y=0$

（曲面の概観の解説）(1)　問題 2.12.1（p.110）の円柱相貫体で，片方の円柱（$y^2+z^2=1$）上にあり，もう片方の円柱（$x^2+y^2 \leqq 1$）内にある部分である．その 4 分の 1（$y \leqq 0,\ 0 \leqq z$）が図 (a) である．

(2)　球面 $x^2+y^2+z^2=1$ と円柱 $x^2+y^2-y=0$ が図 (b) のように交差している．円柱上にあり，球内部にある部分が図 (c) の曲面である．

ヒント　(1)　x で先に積分する．

(2)　x と z を交換して考える．問題 2.7.2 (3)（p.86）

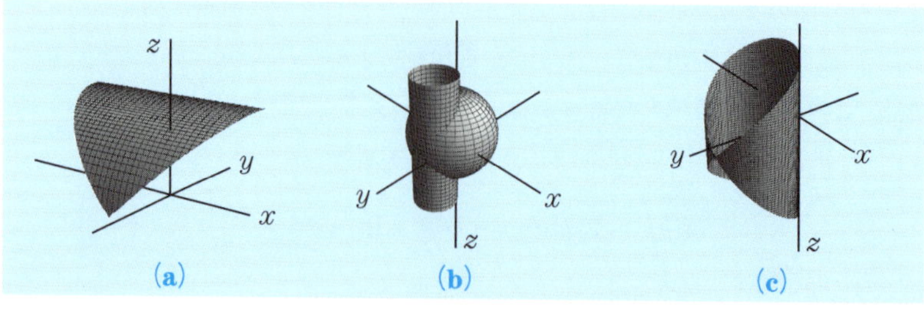

定理 4.7.2（曲面積（極座標））

$x = r\cos\theta, y = r\sin\theta$ という極座標を使って，$z = z(r,\theta)$ $((r,\theta) \in D)$ と表される曲面の面積 S は次のようになる：

$$S = \iint_D \sqrt{r^2 + r^2\left(\frac{\partial z}{\partial r}\right)^2 + \left(\frac{\partial z}{\partial \theta}\right)^2}\, drd\theta$$

証明　定理 4.7.1（p.192）の積分を極座標に変換する．

$$\begin{aligned}
&\sqrt{1 + \left(\frac{\partial z}{\partial x}\right)^2 + \left(\frac{\partial z}{\partial y}\right)^2}\, dxdy \\
&= \sqrt{1 + \left(\frac{\partial z}{\partial r}\frac{\partial r}{\partial x} + \frac{\partial z}{\partial \theta}\frac{\partial \theta}{\partial x}\right)^2 + \left(\frac{\partial z}{\partial r}\frac{\partial r}{\partial y} + \frac{\partial z}{\partial \theta}\frac{\partial \theta}{\partial y}\right)^2}\, rdrd\theta \\
&= \sqrt{r^2 + r^2\left(\frac{\partial z}{\partial r}\cos\theta - \frac{\partial z}{\partial \theta}\frac{\sin\theta}{r}\right)^2 + r^2\left(\frac{\partial z}{\partial r}\sin\theta + \frac{\partial z}{\partial \theta}\frac{\cos\theta}{r}\right)^2}\, drd\theta \\
&= \sqrt{r^2 + r^2\left(\frac{\partial z}{\partial r}\right)^2 + \left(\frac{\partial z}{\partial \theta}\right)^2}\, drd\theta
\end{aligned}$$

◆

例題 4.7.3

球面 $x^2 + y^2 + z^2 = a^2$ の面積 S を定理 4.7.2（p.195）を使って求めよ．

解答　球面の z 正側だけの面積を求めて 2 倍にする．$z = \sqrt{1 - x^2 - y^2}$ であり，極座標 $x = r\cos\theta$, $y = r\sin\theta$ を使うと

$$z = \sqrt{a^2 - r^2},\ 0 \leqq r \leqq a,\ 0 \leqq \theta \leqq 2\pi$$

となる．よって

$$\sqrt{r^2 + r^2(z_r)^2 + (z_\theta)^2} = ar/\sqrt{a^2 - r^2}$$

となり，定理 4.7.2（p.195）を使うと次のようになる：

$$S = 2\int_0^a dr \int_0^{2\pi} d\theta \frac{ar}{\sqrt{a^2 - r^2}} = 2 \times 2\pi \times \left[-a\sqrt{a^2 - r^2}\right]_0^a = 4\pi a^2$$

◆

問　題

4.7.2　次の式で表される曲面の面積 S を求めよ．

(1)　$z = x^2 + y^2 \leqq a^2$　（a は正定数）

(2)　$x^2 + y^2 - y \leqq 0,\ x^2 + y^2 + z^2 = 1$

（曲面の概観の解説） (1) 問題 4.6.2（p.190）の物体の側面である（下図左）．

(2) 球と円柱は問題 4.7.1 (2)（p.194）の図 (b) と同じだが，今度は球上にあり，円柱内にある部分である．同じものが z の正側と負側にあり，正側にあるものが下図右である．

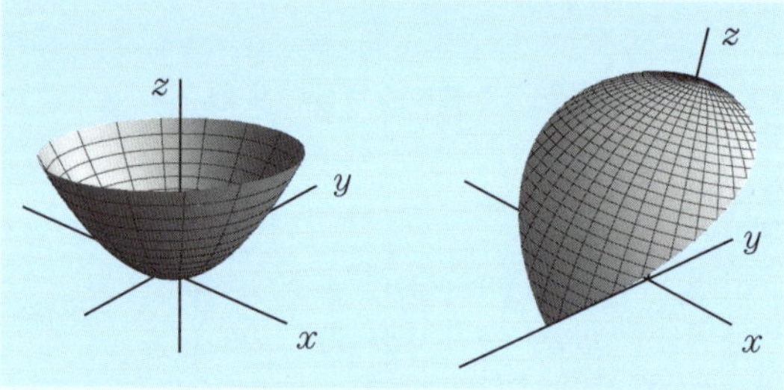

ヒント (2) 問題 4.3.2 (5)（p.182）

節末問題

4.7.3 $(x(t,s), y(t,s), z(t,s))$ $((t,s) \in D)$ と表される曲面の面積 S は次のようになることを示せ．

$$S = \iint_D \sqrt{\left|\frac{\partial(x,y)}{\partial(t,s)}\right|^2 + \left|\frac{\partial(y,z)}{\partial(t,s)}\right|^2 + \left|\frac{\partial(z,x)}{\partial(t,s)}\right|^2}\, dtds$$

ヒント 定理 4.7.1（p.192）の S について，積分変数を x, y から t, s へ変換してみよ．

4.8 3重積分

ここまで2重積分について扱ってきたが，これを3重積分に拡張する．多くのことは2重積分の概念をそのまま変数を増やすだけである．3次元極座標の扱いに慣れるようにしたい．1重積分は面積，2重積分は体積であったが，3重積分はそういうものは使えないので**リーマン和**を使って定義する．

3 重積分 連続な 3 変数関数 $f(x,y,z)$ に対し，次のように定義する：

$$\iiint_{a\leqq x\leqq b,\ c\leqq y\leqq d,\ e\leqq z\leqq f} f(x,y,z)\,dxdydz$$
$$= \lim_{n\to\infty}\sum_{k=1}^{n}\sum_{l=1}^{n}\sum_{m=1}^{n} f(a+k\,dx, c+l\,dy, e+m\,dz)dxdydz$$
$$\left(dx = \frac{b-a}{n},\ dy = \frac{d-c}{n},\ dz = \frac{f-e}{n} \text{ と置く}\right)$$

直方体ではない領域 D についての拡張は，2 重積分のリーマン和の非長方形領域と同様とする．

累次積分

$D = \{a \leqq x \leqq b,\ g(x) \leqq y \leqq h(x),\ i(x,y) \leqq z \leqq j(x,y)\}$ と表されるとき，次のように定義する：

$$\iiint_D f(x,y,z)\,dxdydz = \int_a^b \left\{\int_{g(x)}^{h(x)} \left(\int_{i(x,y)}^{j(x,y)} f(x,y,z)dz\right) dy\right\} dx$$

問 題

4.8.1 次の 3 重積分の値を求めよ．

(1) $\displaystyle\iiint_{a\leqq x\leqq b,\ c\leqq y\leqq d,\ e\leqq z\leqq f} g\,dxdydz$ （a,b,c,d,e,f,g は定数）

(2) $\displaystyle\iiint_{x^2+y^2\leqq z\leqq 1,\ 0\leqq x} xz\,dxdydz$

ヒント (2) $\{0 \leqq z \leqq 1,\ -\sqrt{z} \leqq y \leqq \sqrt{z},\ 0 \leqq x \leqq \sqrt{z-y^2}\}$

置換積分

$$\iiint_D f(x,y,z)\,dxdydz$$
$$= \iiint_{D \text{ を } s,t,u \text{ で書いたもの}} f(x(s,t,u), y(s,t,u), z(s,t,u))\,|J|\,dsdtdu$$
$$\left(\text{ただし } J = \det\frac{\partial(x,y,z)}{\partial(s,t,u)}\right)$$

特に 3 次元極座標（3.12 節（p.165）を参照）

$x = r\sin\theta\cos\phi,\ y = r\sin\theta\sin\phi,\ z = r\cos\theta$ に対し，次のようになる：

$$dxdydz = r^2\sin\theta\,drd\theta d\phi$$

注釈 $r^2 \sin\theta\, drd\theta d\phi$ は，右図のような，変数 r が $r \sim r+dr$，変数 θ が $\theta \sim \theta + d\theta$，変数 ϕ が $\phi \sim \phi + d\phi$ をそれぞれ動くときにできる微小な部分の体積を表している．ただし高位の無限小は無視してある．

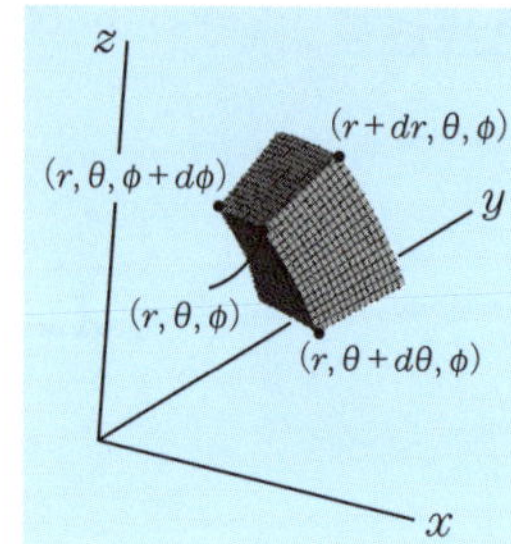

特異3重積分，無限3重積分も特異2重積分，無限2重積分と同様に，近似増加列を考えればよい．定理 4.4.1（p.186）もそのまま3次元で成り立つ．

問 題

4.8.2 a は正定数とする．次の3重積分の値を調べよ．

(1) $$\iiint_{x^2+y^2+z^2 \leqq a^2} \sqrt{x^2+y^2+z^2}\, dxdydz$$

(2) $$\iiint_{x^2+y^2+z^2 \leqq a^2,\ 0 \leqq x,\ 0 \leqq y,\ 0 \leqq z} xyz\, dxdydz$$

(3) $$\iiint_{\mathbf{R}^3} \exp\left\{-(x^2+y^2+z^2)^{3/2}\right\} dxdydz$$

ヒント (1) $\{0 \leqq r \leqq a,\ 0 \leqq \theta \leqq \pi,\ 0 \leqq \phi \leqq 2\pi\}$

(2) $\{0 \leqq r \leqq a,\ 0 \leqq \theta \leqq \pi/2,\ 0 \leqq \phi \leqq \pi/2\}$

(3) $\{0 \leqq r < \infty,\ 0 \leqq \theta \leqq \pi,\ 0 \leqq \phi \leqq 2\pi\}$

定理 4.8.1（体積（3重積分））

3次元物体 $D_3 \subset \mathbf{R}^3$ の体積 V は次のようになる：

$$V = \iiint_{D_3} dxdydz$$

例題 4.8.1

球 $x^2+y^2+z^2 \leqq a^2$ （a は正定数）の体積を定理 4.8.1（p.198）を使って求めよ．

解答 $V = \iiint_{x^2+y^2+z^2 \leqq a^2} dxdydz = \int_0^1 dr \int_0^\pi d\theta \int_0^{2\pi} d\phi\, r^2 \sin\theta$

$$= 2\pi \left[\frac{r^3}{3}\right]_0^a \left[-\cos\theta\right]_0^\pi = \frac{4}{3}\pi a^3$$

◆

問　題

4.8.3 問題 4.6.4（p.192）の体積を定理 4.8.1（p.198）を使って求めよ．

節末問題

4.8.4 次の 3 重積分の値を求めよ．

(1)　$D = \{x+y+z \leqq 1,\ 0 \leqq x, y, z\}$ として $\iiint_D (x+y+z)\, dxdydz$

(2)　$D = \{x^2+y^2+z^2 \leqq 1\}$ として $\iiint_D (x^2+y^2)\, dxdydz$

(3)　$D = \{x^2+y^2 \leqq 1\}$ として $\iiint_D \sqrt{x^2+y^2}\, \exp(-z^2)\, dxdydz$

ヒント　(2), (3) 極座標．

演習問題

◆**1**　3 次元極座標 (r, θ, ϕ) を用いて $r = r(\theta, \phi)$ $((\theta, \phi) \in D)$ と表される曲面の面積 S は次のようになることを示せ．

$$S = \iint_D r\sqrt{r^2 \sin^2\theta + (r_\theta)^2 \sin^2\theta + (r_\phi)^2}\, d\theta d\phi$$

また，これを使って $r = 1 + \cos\theta$ と表される曲面の面積を求めよ．

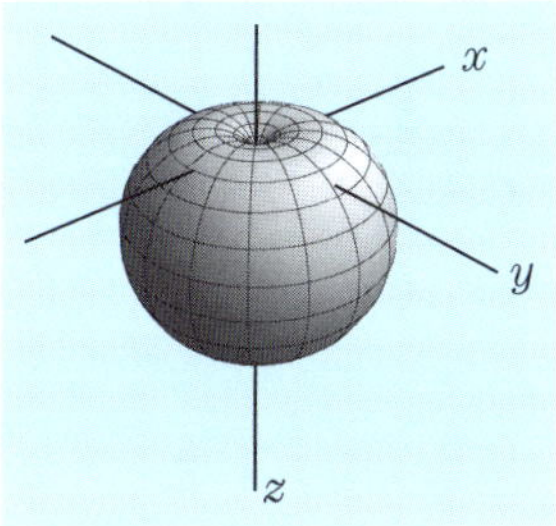

◆**2**　次のような物体と回転軸に対し，慣性モーメント I を求めよ．ただし，物体の質量は m とし，質量密度は一様とする．

(1)　辺の長さが a, b, c の直方体．回転軸は直方体の重心を通り，長さ c の辺と平行．

(2)　半径 a の球面（球郭）．回転軸は中心を通る．

(3)　半径 a の球（中身のつまったもの）．回転軸は中心を通る．

ヒント　回転軸を z 軸にする．

◆**3**　$D \subset \mathbf{R}^2$ の面積は $\displaystyle\iint_D dxdy$ である．

これを使って，$|x|^{2/3}+|y|^{2/3} \leqq a^{2/3}$ の面積を求めよ．ただし a は正定数とする．

ヒント　$x = r\cos^3\theta,\ y = r\sin^3\theta$

◆**4**　次の 2 重，3 重積分の値を求めよ．

(1)　$\displaystyle\iint_{1 \leqq x^2+y^2 \leqq 4} \frac{dxdy}{\sqrt{x^2+y^2}}$　　(2)　$\displaystyle\iiint_{x^2+y^2+z^2 \leqq 1} z^2\,dxdydz$

(3)　$\displaystyle\iint_{x^2-2xy+2y^2 \leqq 1} (x-y)^2\,dxdy$

(4)　$\displaystyle\iint_{x^2-2xy+2y^2+z^2 \leqq 1} (x-y)^2\,dxdydz$

ヒント　(1), (2) 極座標.

(3) $x-y=s,\ y=t$

(4) $x-y=s,\ y=t,\ z=u$

◆**5**　次の 3 重積分の値を求めよ．

(1)　$\displaystyle\iiint_{x^2+y^2+z^2 \leqq 1} \frac{dxdydz}{x^2+y^2+z^2}$

(2)　$\displaystyle\iiint_{1 \leqq x^2+y^2+z^2} \frac{dxdydz}{(x^2+y^2+z^2)^2}$

ヒント　極座標.

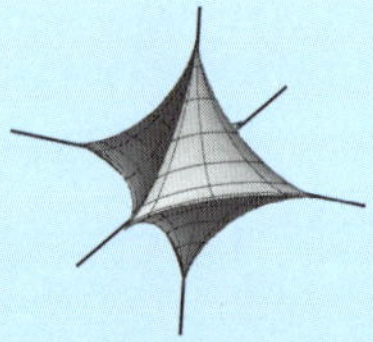

6(1)　アステロイド曲面

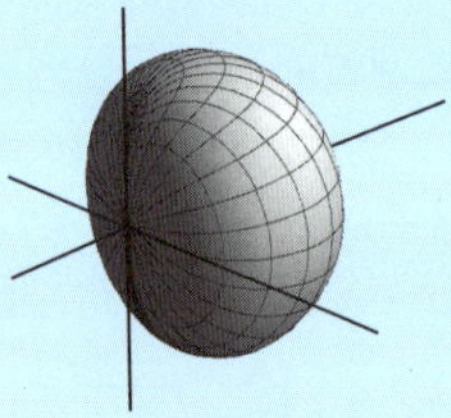

6(2)　$r^4 = x$

◆**6**　xyz 空間で次の物体の体積を求めよ．

(1)　a は正定数とする．

$|x|^{2/3}+|y|^{2/3}+|z|^{2/3} = a^{2/3}$ と表される曲面で囲まれる部分

(2)　$(x^2+y^2+z^2)^2 = x$ と表される曲面で囲まれる部分

ヒント　(1) $z=$ 一定面 の断面はアステロイド.

(2) x と z を入れ替えて，$0 \leqq r^3 \leqq \cos\theta$

◆**7**　次の 2 重積分の値を調べよ．

(1)　$\displaystyle\iint_{x^2+y^2 \leqq 1} \tan^{-1}\left(\frac{y}{x}\right) dxdy$

(2)　$\displaystyle\iint_{\mathbf{R}^2} (x^2-y)\exp(-x^2-y^2)\,dxdy$

ヒント　広義積分であるが，定符号でない．

(1) 問題 4.4.2（p.187）(2) の類題．(2) 問題 4.5.3（p.189）(3) の類題．

付録A

微分方程式

変数 x，関数 $y(x)$，およびその微分の間の関係式

$$f(x, y, y', y'', \cdots) = 0$$

を**微分方程式**という．これを満たす $y(x)$ を微分方程式の解といい，解を求めることを“微分方程式を解く”という．微分方程式に登場する y の導関数の階数のうち，最大のものが n 階であるとき n 階の微分方程式という．その中で

$$y^{(n)} = f(x, y, y', y'', \cdots, y^{(n-1)})$$

という形のものを，**正規形**（せいき）の微分方程式という．付録 A では，正規形の微分方程式について扱う．

一般的に，n 階の微分方程式の解は n 個の任意定数を含む．これを**一般解**という．上の微分方程式に加えて，定数 $a, b_0, b_1, b_2, \cdots, b_{n-1}$ を用いて

$$y(a) = b_0, \quad y'(a) = b_1, \quad y''(a) = b_2, \quad \cdots, \quad y^{(n-1)}(a) = b_{n-1}$$

という形の条件を付加すれば，解を得ることができる．この条件を**初期条件**といい，初期条件付きの微分方程式を解くことを**初期値問題**を解くという．

定理 A.0.1（正規形微分方程式の解の存在）　n は自然数とする．

$n+1$ 変数関数 f が，定点 $(a, b_0, b_1, b_2, \cdots, b_{n-1})$ の近くで偏微分可能で偏導関数が連続であるとき，初期条件

$$y(a) = b_0,\ y'(a) = b_1,\ y''(a) = b_2,\ \cdots,\ y^{(n-1)}(a) = b_{n-1}$$

を満たす微分方程式

$$y^{(n)} = f(x, y, y', y'', \cdots, y^{(n-1)})$$

の解が $(a, b_0, b_1, b_2, \cdots, b_{n-1})$ の近くで存在する．

A.1 1階微分方程式の解法

ここでは1階の正規形微分方程式について扱う．つまり

$$y' = f(x, y)$$

という形の微分方程式を解くことを考える．その中でも，後述する変数分離形，同次形，1階線形の3タイプについて扱う．

定義 A.1.1（変数分離形） 変数 x，関数 $y(x)$ に関する微分方程式が，2つの連続な1変数関数 g, h を用いて

$$y' = g(x)h(y)$$

という形になるとき**変数分離形**という．

次のように変形することで解くことができる：

$$\frac{dy}{h(y)} = g(x)\,dx, \quad \int \frac{dy}{h(y)} = \int g(x)\,dx$$

左辺に y を，右辺に x を分離して，まとめることができるので分離形という．

両辺の不定積分を完成し，それを y について解けば解を得る（y について解けなければ陰関数の表示となる）．不定積分なので，両辺とも積分定数を含むが，両者の差を改めて1つの定数と見ることができる．この微分方程式の一般解は任意定数を1つ含むことが分かる．

例題 A.1.1

a は定数とする．次の微分方程式を解け．

(1) $\dfrac{dy}{dx} = ay$　(2) $\dfrac{dy}{dx} = ay,\ y(0) = 1$

(3) $\dfrac{dy}{dx} = \sqrt{x^2+1}$　(4) $\dfrac{dy}{dx} = \sqrt{x^2+1},\ y(0) = 0$

(5) $\dfrac{dy}{dx} = xy$　(6) $\dfrac{dy}{dx} = xy,\ y(0) = -1$

解答 (1) $dy/y = a\,dx$, $\int dy/y = \int a\,dx$, $\log|y| = ax + c$, $|y| = \exp(ax + c)$. $\pm\exp(c)$ を改めて定数 c と置くと，$y = c\exp(ax)$ となる．

(2) (1) の一般解に初期条件 $y(0) = 1$ を代入すると $c = 1$ なので，$y = \exp(ax)$.

(3)　定理 2.7.1 (1)（p.87）より

$$y = \int \sqrt{x^2+1}\,dx = \frac{1}{2}\sinh^{-1} x + \frac{1}{2}x\sqrt{x^2+1} + c$$

(4)　(3) に $y(0)=0$ を代入すると $c=0$.

$$y = \frac{1}{2}\sinh^{-1} x + \frac{1}{2}x\sqrt{x^2+1}$$

(5)　$dy/y = x\,dx$, $\int dy/y = \int x\,dx$, $\log|y| = x^2/2 + c$, $y = \pm\exp\left(x^2/2 + c\right)$. ここで $\pm\exp(c)$ を改めて c と置くと，$y = c\exp\left(x^2/2\right)$

(6)　(5) に $y(0) = -1$ を代入すると，$c=-1$ となる．$y = -\exp\left(x^2/2\right)$　◆

問　題

A.1.1 次の微分方程式を解け．

(1)　$y' = \exp(x+y)$, $y(0)=0$　　(2)　$x + y\,y' = 0$, $y(1)=1$

定義 A.1.2（同次形）

変数 x，関数 $y(x)$ に関する微分方程式が，1 つの連続な 1 変数関数 g を用いて

$$y' = g\left(\frac{y}{x}\right)$$

という形になるとき**同次形**（どうじ）という．

次のように変形することで解くことができる．

$z = \frac{y}{x}$ と置き，y を消去していく．$y = z(x)x$ より $y' = z + \frac{dz}{dx}x$ なので

$$y' = g\left(\frac{y}{x}\right),\quad z + z'x = g(z),\quad z' = \frac{g(z)-z}{x}$$

となり関数 $z(x)$ に関する分離形の微分方程式になる．

例題 A.1.2

次の微分方程式を解け．

(1)　$y' = 1 + \dfrac{y}{x}$, $y(1)=0$　　(2)　$(x^2-y^2)y' = 2xy$, $y(0)=0$

解答　(1)　$z = \frac{y}{x}$ と置くと，与式は $z + z'x = 1 + z$ となる．$dz = \frac{dx}{x}$ と変数分離して両辺を積分すると，$z = \log|x| + c$ となる．$y = zx = x\log|x| + cx$ となり，$y(1)=0$ を代入すると $c=0$ である．さらに連続であることを考慮すると，$x>0$ だけ考えて，$y = x\log x$ $(x>0)$ となる．

(2)　$y' = \dfrac{2xy}{x^2 - y^2} = \dfrac{2\frac{y}{x}}{1 - \left(\frac{y}{x}\right)^2}$ となり同次形である．

$z = \frac{y}{x}$ と置くと，与式は $z + z'x = \frac{2z}{1-z^2}$ となる．$dz = \frac{dx}{x}$ と変数分離して両辺を積分すると，$\dfrac{dz}{dx}x = \dfrac{z + z^3}{1 - z^2}$

$$\begin{aligned}
&\Longleftrightarrow \quad \frac{1 - z^2}{z(1 + z^2)}dz = \frac{dx}{x} \\
&\Longleftrightarrow \quad \left(\frac{1}{z} - \frac{2z}{1 + z^2}\right)dz = \frac{dx}{x} \qquad \text{（部分分数分解を使った）} \\
&\Longleftrightarrow \quad \log|z| - \log(1 + z^2) = \log|x| + c \\
&\Longleftrightarrow \quad \log\frac{|z|}{1 + z^2} = \log|x| + c
\end{aligned}$$

となる．

$$cz = \pm x(1 + z^2) \qquad \text{（}\pm e^{-c}\text{ を改めて }c \neq 0\text{ と置いた），}$$

$$c\frac{y}{x} = x\left\{1 + \left(\frac{y}{x}\right)^2\right\}, \quad 2cy = x^2 + y^2, \quad y = c \pm \sqrt{c^2 - x^2}$$

$y(0) = 0$ を代入し整理すると $y = \pm(c - \sqrt{c^2 - x^2})$ $(c > 0)$.

問　題

A.1.2 次の微分方程式を解け．

(1)　$y' = \frac{y+x}{y-x}$, $y(0) = 1$　　(2)　$(x^2 + y^2)y' = 2xy$, $y(0) = 1$

定義 A.1.3（1 階線形微分方程式）　変数 x，関数 $y(x)$ に関する微分方程式が，2 つの連続な 1 変数関数 g, h を用いて

$$y' = g(x)y + h(x)$$

という形になるとき **1 階線形**という．

次のように変形することで解くことができる．$g(x)$ の原始関数を $G(x)$ と書くことにして，微分方程式 $y' = g(x)y + h(x)$ の両辺に $\exp(-G(x))$ をかける．

$$\begin{aligned}
&\exp(-G(x))y' = \exp(-G(x))g(x)y + \exp(-G(x))h(x) \\
\Longleftrightarrow \quad &\exp(-G(x))y' - \exp(-G(x))g(x)y = \exp(-G(x))h(x) \\
\Longleftrightarrow \quad &(\exp(-G(x))y)' = \exp(-G(x))h(x) \\
\Longleftrightarrow \quad &\exp(-G(x))y = \int \exp(-G(x))h(x)\,dx + c
\end{aligned}$$

よって $y = \exp(G(x))\left(\int \exp(-G(x))h(x)\,dx + c\right)$.

例題 A.1.3

次の微分方程式を解け．

(1)　$y' = x - \dfrac{y}{x}$　　(2)　$y' = 2y + x^3 e^x$

解答　上の解を使って $g(x) = -\frac{1}{x}$, $h(x) = x$ を代入すれば，すぐに解は得られるが，ここでは，上の手順だけを適用して解を導出する．

(1)　$\exp \int -\left(-\dfrac{dx}{x}\right) = \exp(\log x) = x$ を与式の両辺にかける．

$$
\begin{aligned}
& xy' = x^2 - y \\
\iff\ & xy' + y = x^2 \\
\iff\ & (xy)' = x^2 \\
\iff\ & xy = \int x^2 dx = \frac{x^3}{3} + c
\end{aligned}
$$

よって $y = \dfrac{x^2}{3} + \dfrac{c}{x}$.

(2)　$\exp \int (-2)dx = \exp(-2x)$ を与式の両辺にかける．

$$
\begin{aligned}
& \exp(-2x)y' = 2y\exp(-2x) + x^3 e^x \exp(-2x) \\
\iff\ & \{\exp(-2x)y\}' = x^3 \exp(-x) \\
\iff\ & \exp(-2x)y = \int x^3 \exp(-x)dx = e^{-x}(-6 - 6x - 3x^2 - x^3) + c
\end{aligned}
$$

よって $y = e^x(-6 - 6x - 3x^2 - x^3) + ce^{2x}$.

問　題

A.1.3 次の微分方程式を解け．

(1)　$y' + e^x y + e^x = 0,\ y(0) = 0$

(2)　$\sqrt{x^2+1}\,y' + y = x\sqrt{x^2+1},\ y(0) = 0$

A.2　2 階微分方程式の解法

ここでは 2 階の正規形の微分方程式を扱う．運動方程式は加速度に関する方程式であり，加速度は位置を時間で 2 階微分したものなので，2 階の微分方程式には物理的に意味のあるものが多い．1 階に比べて難しいので，定数係数の線形の場合のみ扱う．

定義 A.2.1（定数係数の斉次 2 階線形微分方程式）

変数 x，関数 $y(x)$ に関する微分方程式が，2 つの定数 a, b を用いて

$$y'' = ay' + by$$

という形になるとき**定数係数の斉次 2 階線形微分方程式**という．

次のようにして解くことができる： 特性方程式 $y^2 = ay + b$ の解を α, β とする．

α, β が異なる実数のとき	$y = c_1 e^{\alpha x} + c_2 e^{\beta x}$
$\alpha = \beta$ のとき	$y = c_1 x e^{\alpha x} + c_2 e^{\alpha x}$
$\alpha = p + qi$ $\beta = p - qi$ $(p, q \in \mathbf{R})$ のとき	$y = c_1 e^{px} \cos qx + c_2 e^{px} \sin qx$

解であることは，1 階微分，2 階微分を計算し微分方程式を満たすことを確認すればよいので省略し，ここでは導出法を記す．解と係数の関係より $\alpha + \beta = a$, $\alpha\beta = -b$ を使うと，微分方程式は次のように書きなおせる：

$$y'' = ay' + by, \quad (y' - \alpha y)' = \beta(y' - \alpha y)$$

ここで $z = y' - \alpha y$ と置くと，z に関する微分方程式 $z' = \beta z$ は変数分離形であり，例題 A.1.1 (1)（p.202）より $z = ce^{\beta x}$．$y' - \alpha y = ce^{\beta x}$ は 1 階線形である．両辺に $e^{-\alpha x}$ をかけて

$$(ye^{-\alpha x})' = ce^{(\beta - \alpha)x}$$

$\alpha \neq \beta$ のときは

$$ye^{-\alpha x} = \frac{c}{\beta - \alpha} e^{(\beta - \alpha)x} + d, \ y = ce^{\beta x} + de^{\alpha x} \quad \left(\frac{\boldsymbol{c}}{\boldsymbol{\beta - \alpha}} \text{ を改めて } \boldsymbol{c} \text{ と置いた} \right)$$

となる．

$\alpha = \beta$ のときは

$$ye^{-\alpha x} = cx + d, \ \ y = cxe^{\alpha x} + de^{\alpha x}$$

となる．

最後に α, β が異なる共役複素数のときは $\alpha = p + qi$, $\beta = p - qi$ $(p, q \in \mathbf{R})$ と書けるので

$$\begin{aligned} y &= ce^{\beta x} + de^{\alpha x} = ce^{(p-qi)x} + de^{(p+qi)x} \\ &= ce^{px}(\cos qx - i \sin qx) + de^{px}(\cos qx + i \sin qx) \\ &= (c + d)e^{px} \cos qx + i(d - c)e^{px} \sin qx \end{aligned}$$

となり，これが実数となるためには，c, d は共役複素数になる必要があり，$c + d, (d - c)i$ を実定数 c_1, c_2 と書くと，解は与式のようになる．

例題 A.2.1

次の微分方程式を解け.

(1)　$y'' = y$　　(2)　$y'' = -y$　　(3)　$y'' = 3y' - 2y$

公式を用いれば簡単であるが，ここでは導出してみる.

解答　(1)　特性方程式 $y^2 = 1$ の解は ± 1 である.

与式を変形して　　$(y' + y)' = y' + y, \quad y' + y = ce^x$

両辺に e^x をかけて　$(ye^x)' = ce^{2x}, \quad ye^x = \dfrac{c}{2}e^{2x} + d,$

$$y = \frac{c}{2}e^x + de^{-x}, \quad y = c_1e^x + c_2e^{-x}$$

(2)　特性方程式 $y^2 = -1$ の解は $\pm i$ である.

与式を変形して　　$(y' + iy)' = i(y' + y), \quad y' + iy = ce^{ix}.$

両辺に e^{ix} をかけて　$(ye^{ix})' = ce^{2ix}, \quad ye^{ix} = \dfrac{c}{2i}e^{2ix} + d,$

$$y = \frac{c}{2i}e^{ix} + de^{-ix}$$

これが実であるために $\frac{c}{2i}$ と d は共役である必要があり

$$y = c_1 \cos x + c_2 \sin x$$

となる.

(3)　特性方程式 $y^2 = 3y - 2$ の解は $1, 2$ である.

与式を変形して　　$(y' - 2y)' = (y' - 2y), \quad y' - 2y = ce^x.$

両辺に e^{-2x} をかけて　$(ye^{-2x})' = ce^{-x}, \quad ye^{-2x} = -ce^{-x} + d,$

$$y = -ce^x + de^{2x} = c_1e^x + c_2e^{2x}$$

◆

問　題

A.2.1 次の微分方程式を解け.

(1)　$y'' = 2y,\ y(0) = 2,\ y'(0) = 0$

(2)　$y'' = -2y' - 2y,\ y(0) = 0,\ y'(0) = 1$

(3)　$y'' = 2y' - y,\ y(0) = 1,\ y'(0) = 2$

x を時刻，y をその時刻での位置と見れば，2 階の微分方程式は運動方程式である. $y'' = -ky$ はバネ定数 k の運動方程式で単振動になり，$y'' = -ky + ly'$ は速度に比例した空気抵抗を含んだ運動方程式と解釈できる.

例題 A.2.2

ω は 0 でない定数，γ は負でない定数とする．

$$y'' = -2\gamma y' - \omega^2 y \quad (\omega \neq 0)$$

の解を次のように場合分けして求めよ．

(1) $\gamma = 0$ のとき　　(2) $0 < \gamma < \omega^2$ のとき

(3) $\omega^2 = \gamma^2$ のとき　　(4) $\omega^2 < \gamma^2$ のとき

(1) 特性方程式 $y^2 = -\omega^2$ の解は $\pm\omega i$ なので

$$y = c_1 \cos(\omega x) + c_2 \sin(\omega x) = \sqrt{c_1^2 + c_2^2}\cos(\omega x + c_3)$$

となる．これを周期 $\frac{2\pi}{\omega}$ の**単振動**という．

(2) 特性方程式 $y^2 = -2\gamma y - \omega^2$ の解は共役複素数 $-\gamma \pm i\sqrt{\omega^2 - \gamma^2}$ なので

$$\begin{aligned} y &= c_1 e^{-\gamma x}\cos(\sqrt{\omega^2 - \gamma^2}\,x) + c_2 e^{-\gamma x}\sin(\sqrt{\omega^2 - \gamma^2}\,x) \\ &= c_3 e^{-\gamma x}\cos(\sqrt{\omega^2 - \gamma^2}\,x + c_4) \end{aligned}$$

となる．これを**減衰振動**という．

(3) 特性方程式 $y^2 = -2\gamma y - \omega^2$ は重解 $(-\gamma)$ となるので

$$y = e^{-\gamma x}(cx + d)$$

となる．これを**臨界減衰**という．

(4) 特性方程式 $y^2 = -2\gamma y - \omega^2$ の解は異なる 2 実数 $-\gamma \pm \sqrt{\gamma^2 - \omega^2}$ なので

$$y = c_1 \exp\{(-\gamma + \sqrt{\gamma^2 - \omega^2})x\} + c_2 \exp\{(-\gamma - \sqrt{\gamma^2 - \omega^2})x\}$$

という単調減少な指数関数になる．これを**過減衰**という．

$\omega = 1$ と固定し，上の (1) ～ (4) に相当するように，順に $\gamma = 0, 0.2, 1, 1.1$ とし，初期条件 $y(0) = 1$, $y'(0) = 0$ をつけて解いたものをグラフにしたのが次の図である．

臨界減衰と過減衰はグラフでは区別がつきにくいが，関数の形を見れば少し異なることが分かる．

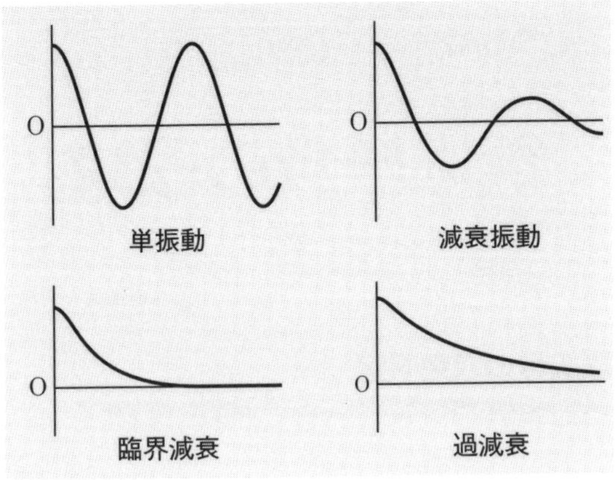

$\gamma < 0$ は負の空気抵抗を表すので，現実的ではないが，$0 < -\gamma < \omega^2$ なら**増幅振動**，$\omega^2 = -\gamma$ なら**臨界増幅**，$\omega^2 < -\gamma$ なら**過増幅**となる．

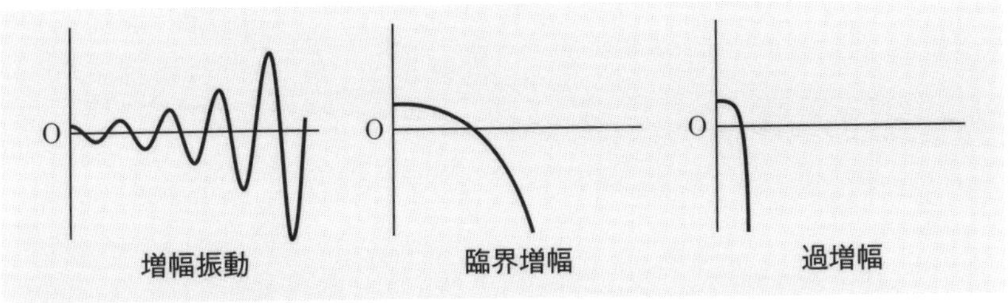

節末問題

A.2.2 変数 x，関数 $y(x)$ に関する微分方程式が，2 つの定数 a, b と 1 つの関数 $c(x) \neq 0$ を用いて

$$y'' = ay' + by + c(x)$$

という形になるとき**定数係数の非斉次 2 階線形微分方程式**という．

(1)　特性方程式 $y^2 = ay + b$ の解を α, β としたとき，次の $y(x)$ は上の微分方程式を満たすことを示せ．

$$y = \frac{1}{\alpha - \beta}\left(e^{\alpha x}\int e^{-\alpha x}c(x)dx - e^{\beta x}\int e^{-\beta x}c(x)dx\right)$$

(2)　上の解で $\alpha \to \beta$ の極限をとったものを求め，それが $\alpha = \beta$ のときの微分方程式の解になっていることを示せ．

付録B

無限級数の収束

B.1 無限級数の収束判定

数列 a_n に対し

$$\sum_{n=1}^{\infty} a_n = \lim_{N\to\infty} \sum_{n=1}^{N} a_n$$

とする．これを**無限級数**という．この極限が存在するかどうかを判定する方法をここでは扱う．付録 B では $\sum\limits_{n=1}^{\infty}$ を単に $\sum$ と省略して書くことにする．

定理 B.1.1（無限級数の収束判定 1）

(1) **（線形性）** p, q を定数とし，$\sum a_n, \sum b_n$ が収束するとき $\sum (p\,a_n + q\,b_n)$ も収束する．

(2) **（0 収束が必要）** $\sum a_n$ が収束すれば，$\lim\limits_{n\to\infty} a_n = 0$ となる．

(3) **（有界単調なら収束）** $0 \leqq a_n$ とする．ある M があって $\sum a_n \leqq M$ となるとき $\sum a_n$ は収束する．

(4) **（優級数）** $0 \leqq a_n \leqq b_n$ とする．$\sum b_n$ が収束すれば，$\sum a_n$ も収束する．

(5) **（有限入れ替えは不問）** $\sum a_n$ が収束するとき，a_n の有限個を入れ替えた b_n についても $\sum b_n$ は収束する．

証明の概略のみに留める．

証明 (1) 数列の極限の性質（定理 1.2.1（p.8））より．

(2) $a_n = \sum\limits_{k=1}^{n} a_k - \sum\limits_{k=1}^{n-1} a_k$ において，$n \to \infty$ とする．

(3) $\min\{M \in \mathbf{R} : \text{任意の } n \text{ について } \sum\limits_{k=1}^{n} a_k \leqq M\}$ に収束する．

(4) $0 \leqq a_n$ であって，$\sum\limits_{k=1}^{n} a_k \leqq \sum\limits_{k=1}^{\infty} b_k$ であるから有界なので，(3) が使える．

(5) 有限個入れ替えた影響は無限級数に有限の影響しか与えないから． ◆

例題 B.1.1

次の a_n について，$\sum a_n$ は収束するか調べよ．

(1)　$a_n = 3 \cdot \left(\frac{1}{2}\right)^n - \left(-\frac{1}{3}\right)^n$　(2)　$a_n = \sin n$

(3)　$a_n = \frac{\sin n}{2^n}$　(4)　$a_n = \begin{cases} 1 & (n \leqq 100) \\ \cos\left(\frac{1}{n}\right)\left(-\frac{\sqrt{3}}{2}\right)^n & (n \geqq 101) \end{cases}$

解答　(1)　等比級数 $\sum\left(\frac{1}{2}\right)^n, \sum\left(-\frac{1}{3}\right)^n$ は収束する．その線形和である $\sum a_n$ も収束する．

(2)　$\lim_{n\to\infty} a_n \neq 0$ なので，$\sum a_n$ は収束しない．

(3)　$0 \leqq |a_n| \leqq \left(\frac{1}{2}\right)^n$ が成り立ち，等比級数 $\sum\left(\frac{1}{2}\right)^n$ が収束するので，$\sum |a_n|$ は収束し $\sum a_n$ も収束する．

(4)　$n \geqq 101$ についてのみ考えればよい．

$$0 \leqq \left|\cos\left(\frac{1}{n}\right)\left(-\frac{\sqrt{3}}{2}\right)^n\right| \leqq \left(\frac{\sqrt{3}}{2}\right)^n$$

が成り立ち，等比級数 $\sum_{n=101}^{\infty}\left(\frac{\sqrt{3}}{2}\right)^n$ が収束するので

$$\sum_{n=101}^{\infty}\left|\cos\left(\frac{1}{n}\right)\left(-\frac{\sqrt{3}}{2}\right)^n\right|$$

は収束し

$$\sum_{n=101}^{\infty}\cos\left(\frac{1}{n}\right)\left(-\frac{\sqrt{3}}{2}\right)^n$$

も収束する．◆

問　題

B.1.1 次の a_n について，$\sum a_n$ は収束するか調べよ．

(1)　$a_n = 1$　(2)　$a_n = (-1)^n$

(3)　$a_n = 2^n + \left(-\frac{1}{2}\right)^n$　(4)　$a_n = (\sin^2 n)\left(\frac{1}{2}\right)^n$

(5)　$a_n = (\sin n)\left(\frac{1}{2}\right)^n$

定理 B.1.2（無限級数の収束判定 2）

(6) **（絶対収束なら十分）** $\sum |a_n|$ が収束すれば，$\sum a_n$ も収束する．

(7) **（等比級数）** $\sum r^n$ が収束する条件は $|r| < 1$ である．

(8) **（コーシーの判定法）** $\lim_{n\to\infty} |a_n|^{1/n} = A$ が存在するとき
$A < 1$ ならば $\sum a_n$ は収束，$A > 1$ ならば $\sum a_n$ は発散する．

(9) **（ダランベールの判定法）** $\lim_{n\to\infty} \left|\dfrac{a_{n+1}}{a_n}\right| = B$ が存在するとき
$B < 1$ ならば $\sum a_n$ は収束，$B > 1$ ならば $\sum a_n$ は発散する．

(10) **（ゼータ級数）** $\sum \frac{1}{n^a}$ が収束する条件は $a > 1$ である．

(11) **（比較級数）** $0 \leqq a_n, b_n$ とする．$\lim_{n\to\infty} \left|\frac{b_n}{a_n}\right| = C$ が存在し

- $0 < C < \infty$ のとき $\sum a_n$ が収束 $\Longleftrightarrow \sum b_n$ が収束
- $C = 0$ のとき $\sum a_n$ が収束 $\Longrightarrow \sum b_n$ が収束
- $C = \infty$ のとき $\sum a_n$ が収束 $\Longleftarrow \sum b_n$ が収束

となる．

(12) **（交代級数）** a_n は正と負が交互に現れるとする．
$|a_n| > |a_{n+1}|$ かつ $\lim_{n\to\infty} a_n = 0$ であるとき，$\sum a_n$ は収束する．

証明 (6) $b_n = \max(a_n, 0)$, $c_n = \max(-a_n, 0)$ と置くと，$a_n = b_n - c_n$ が成り立つ．$|b_n| \leqq |a_n|$, $|c_n| \leqq |a_n|$ と仮定より，$\sum b_n$, $\sum c_n$ は収束する．
よって $\sum a_n = \sum (b_n - c_n)$ も収束する．

(7) $\sum_{n=1}^{N} r^n = \frac{r - r^{N+1}}{1-r}$ より．

(8) (i) $A < 1$ のとき．$A < A' < 1$ となる A' をとる．十分大きい n で $|a_n|^{1/n} < A'$ となる．よって $0 < |a_n| < (A')^n$ となり，$\sum (A')^n$ が収束するので，$\sum a_n$ も収束する．

(ii) $1 < A$ のとき．$A < 1$ のときとほぼ同様．

(9) (i) $B < 1$ のとき．$B < B' < 1$ となる B' をとる．十分大きい n で $|\frac{a_{n+1}}{a_n}| < B'$ となるので，$\frac{|a_{n+1}|}{(B')^{n+1}} < \frac{|a_n|}{(B')^n}$ となり，$\frac{|a_n|}{(B')^n}$ は減少する．ある M があって，$\frac{|a_n|}{(B')^n} < M$ で，$0 < |a_n| < M(B')^n$ となり，$\sum M(B')^n$ が収束するので，$\sum a_n$ も収束する．

(ii) $1 < B$ のとき．$B < 1$ のときとほぼ同様．

(10) (i) $a \leqq 1$ のとき．$\sum \frac{1}{n^a} \geqq \sum \frac{1}{n} \geqq \int_1^{\infty} \frac{dx}{x} = \Big[\log x\Big]_1^{\infty} = \infty$ となり，$\sum \frac{1}{n^a}$ は発散する．

(ii)　$a>1$ のとき．$\sum \frac{1}{n^a} \leqq 1+\int_1^\infty \frac{dx}{x^a} = \left[\frac{x^{-a+1}}{-a+1}\right]_1^\infty = \frac{1}{a-1}$ より，$\sum \frac{1}{n^a}$ は有界単調で収束する．

(11)　(i) $0<C<\infty$ のとき．$0<C_1<C<C_2<\infty$ となる C_1, C_2 をとる．十分大きい n で，$C_1 < \frac{b_n}{a_n} < C_2$ となる．よって $C_1 a_n < b_n < C_2 a_n$ となり，題意が証明できる．

(ii)　$C=0$ のとき．上の C_2 のみがとれる．

(iii)　$C=\infty$ のとき．上の C_1 のみがとれる．

(12)　(i)　$a_1>0$ のとき．$a_{2k-1}+a_{2k}>0$ となるので，$b_n = \sum_{k=1}^{2n} a_k = \sum_{k=1}^{n}(a_{2k-1}+a_{2k})$ は単調増加する．一方 $a_{2k}+a_{2k+1}<0$ なので，$b_n - a_1 = \sum_{k=1}^{n}(a_{2k}+a_{2k+1})<0$ となり，b_n は上限をもつ．よって b_n は収束し，$\sum_{k=1}^{\infty} a_n$ も収束する．

(ii)　$a_1<0$ のとき．$a_2>0$ なので，上の議論により $\sum_{N=2}^{\infty} a_n$ が収束し，それに a_1 を足した $\sum a_n$ も収束する．◆

例題 B.1.2

次の a_n について，$\sum a_n$ は収束するか調べよ．

(1)　$a_n = \dfrac{\sin n}{n^2}$　　(2)　$a_n = \left(\dfrac{4n+10}{5n+3}\right)^n$

(3)　$a_n = \dfrac{n}{2^n}$　　(4)　$a_n = \dfrac{1}{3n^2+2n-5}$

(5)　$a_n = \dfrac{\sqrt{n+1}-\sqrt{n}}{n}$　　(6)　$a_n = \dfrac{(-1)^n}{n}$

解答　(1)　$\left|\frac{\sin n}{n^2}\right| < \frac{1}{n^2}$ であり，$\sum \frac{1}{n^2}$ が収束するので，$\sum \frac{\sin n}{n^2}$ も収束する．

(2)　コーシーの判定法を使う．

$$|a_n|^{1/n} = \frac{4n+10}{5n+3} \to \frac{4}{5}\ (n\to\infty)$$

なので収束する．

(3)　ダランベールの判定法を使う．

$$\left|\frac{a_{n+1}}{a_n}\right| = \frac{n+1}{2^{n+1}}\Big/\frac{n}{2^n} = \frac{n+1}{2n} \to \frac{1}{2}\quad (n\to\infty)$$

なので収束する．

(4)

$$\frac{1}{3n^2+2n-5}\Big/\frac{1}{n^2} = \frac{n^2}{3n^2+2n-5} \to \frac{1}{3}(n\to\infty)$$

であり，$\sum \frac{1}{n^2}$ が収束するので，$\sum \frac{1}{3n^2+2n-5}$ も収束する．

(5)
$$\frac{\sqrt{n+1}-\sqrt{n}}{n} = \frac{1}{\sqrt{n}}\left\{\left(1+\frac{1}{n}\right)^{1/2}-1\right\}$$
$$= \frac{1}{\sqrt{n}}\left(1+\frac{1}{2n}-\frac{1}{8n^2}+\cdots-1\right)$$
$$= \frac{1}{2n^{3/2}}-\frac{1}{8n^{5/2}}+\cdots$$

を参考にすると

$$\frac{\sqrt{n+1}-\sqrt{n}}{n}\Big/\frac{1}{n^{3/2}} = \sqrt{n}(\sqrt{n+1}-\sqrt{n}) = \frac{\sqrt{n}}{\sqrt{n+1}+\sqrt{n}}$$
$$= \frac{1}{\sqrt{1+\frac{1}{n}}+1} \to \frac{1}{2} \quad (n\to\infty)$$

となる．$\sum \frac{1}{n^{3/2}}$ が収束するので，$\sum \frac{\sqrt{n+1}-\sqrt{n}}{n}$ も収束する．

(6) 交代級数で，$|a_n| > |a_{n+1}|$, $\lim_{n\to\infty} a_n = 0$ を満たすので収束する． ◆

問　題

B.1.2 次の a_n について，$\sum a_n$ は収束するか調べよ．

(1) $a_n = \dfrac{\cos n}{2^n}$　(2) $a_n = \left(\dfrac{3n+5}{2n+1}\right)^n$

(3) $a_n = \left(1+\dfrac{1}{n}\right)^{n^2}$　(4) $a_n = \left(1-\dfrac{1}{n}\right)^{n^2}$

(5) $a_n = \dfrac{5n}{3^n}$　(6) $a_n = \dfrac{2^n}{n!}$

(7) $a_n = \dfrac{n^2}{n!}$　(8) $a_n = \dfrac{1\cdot 3\cdot 5\cdots(2n-1)}{n!}$

(9) $a_n = \dfrac{1}{\sqrt{n}}$　(10) $a_n = \dfrac{1}{n\sqrt{n}}$

(11) $a_n = \dfrac{1}{2n^2-1}$　(12) $a_n = \dfrac{(n+1)^{3/2}-n^{3/2}}{n}$

(13) $a_n = \sin\dfrac{1}{n}$　(14) $a_n = \sin^2\dfrac{1}{n}$

(15) $a_n = (-1)^n\dfrac{n}{n^2+1}$

ヒント　(1) 絶対収束なら十分　(2)~(4) コーシーの判定法
(5)~(8) ダランベールの判定法　(9), (10) ゼータ級数
(11)~(14) 比較級数　(15) 交代級数

B.2 無限積分・特異積分の収束

ここでは無限積分は $\int_1^\infty f(x)dx$，特異積分は $\int_0^1 f(x)dx$ という形で表現する．特異積分における無定義点は $x=0$ に限定する．無限積分の積分区間下限と特異積分の積分区間上限を 1 としたのは，0 と ∞ の間という意味だけである．前節で扱った無限級数の性質 (1) ～ (12) と番号を合わせて記述していく．

定理 B.2.1（無限積分の収束）

(1) **（線形性）** p, q を定数とし，$\int_1^\infty f(x)\,dx$, $\int_1^\infty g(x)\,dx$ が収束するとき $\int_1^\infty \{p\,f(x)+q\,g(x)\}\,dx$ も収束する．

(2) **（0 収束が必要）** $\int_1^\infty f(x)\,dx$ が収束すれば，$\lim_{x\to\infty} f(x)=0$ となる．

(3) **（有界単調なら収束）** $0 \leqq f(x)$ とする．ある M があって $\int_1^\infty f(x)\,dx < M$ となるとき $\int_1^\infty f(x)\,dx$ は収束する．

(4) **（優積分）** $0 \leqq f(x) \leqq g(x)$ とする．$\int_1^\infty g(x)\,dx$ が収束すれば，$\int_1^\infty f(x)\,dx$ も収束する．

(6) **（絶対収束なら十分）** $\int_1^\infty |f(x)|\,dx$ が収束すれば，$\int_1^\infty f(x)\,dx$ も収束する．

(7) **（等比級数）** $\int_1^\infty r^x\,dx$ が収束する条件は $|r|<1$ である．

(10) **（ゼータ級数）** $\int_1^\infty \frac{dx}{x^a}$ が収束する条件は，$a>1$ である．

(11) **（比較級数）** $0 \leqq f(x), g(x)$ とする．$\lim_{x\to\infty}\left|\frac{g(x)}{f(x)}\right| = C$ が存在し

- $0<C<\infty$ のとき $\int_1^\infty f(x)\,dx$ が収束 $\Longleftrightarrow \int_1^\infty g(x)\,dx$ が収束
- $C=0$ のとき $\int_1^\infty f(x)\,dx$ が収束 $\Longrightarrow \int_1^\infty g(x)\,dx$ が収束
- $C=\infty$ のとき $\int_1^\infty f(x)\,dx$ が収束 $\Longleftarrow \int_1^\infty g(x)\,dx$ が収束

となる．

注釈　(5) 有限入れ替え不問　(8) コーシーの判定法　(9) ダランベールの判定法　(12) 交代級数，はここでは相当するものがない．

[証明] (7) $\int_1^\infty r^x\,dx = \left[\dfrac{r^x}{\log r}\right]_1^\infty$ より.

(10) (i) $a \neq 1$ のときは $\int_1^\infty \dfrac{dx}{x^a} = \left[\dfrac{x^{-a+1}}{-a+1}\right]_1^\infty$ を使う.

(ii) $a = 1$ のときは $\int_1^\infty \dfrac{dx}{x} = \Bigl[\log x\Bigr]_1^\infty$ を使う.

そのほかは省略. ◆

例題 B.2.1

次の無限積分は収束するか調べよ.

(1) $\displaystyle\int_1^\infty \dfrac{\sin x}{2^x}\,dx$

(2) $\displaystyle\int_1^\infty x\exp(-x)\,dx$

[解答] (1)
$$0 \leq \left|\dfrac{\sin x}{2^x}\right| \leq \left(\dfrac{1}{2}\right)^x$$

で, $\int_1^\infty \dfrac{dx}{2^x}$ が収束するので, 与式も収束する.

(2)
$$\dfrac{x\exp(-x)}{x^{-2}} = \dfrac{x^3}{\exp x} \to 0 \ (x \to \infty)$$

で, $\int_1^\infty \dfrac{dx}{x^2}$ が収束するので, 与式も収束する. ◆

■問 題■

B.2.1 次の無限積分は収束するか調べよ.

(1) $\displaystyle\int_1^\infty \sin(x^2)\,dx$ (2) $\displaystyle\int_1^\infty \dfrac{\cos x}{x^2}\,dx$ (3) $\displaystyle\int_1^\infty \dfrac{3+x}{2^x}\,dx$

ヒント (3) $(2/3)^x$ と比較する.

定理 B.2.2（**特異積分の収束**）　$f(x), g(x)$ は $x=0$ で無定義とする．

(1)（**線形性**）　p, q を定数とし，$\int_0^1 f(x)\,dx$, $\int_0^1 g(x)\,dx$ が収束するとき $\int_0^1 \{p\,f(x)+q\,g(x)\}\,dx$ も収束する．

(3)（**有界単調なら収束**）　$0 \leqq f(x)$ とする．ある M があって $\int_0^1 f(x)\,dx < M$ となるとき $\int_0^1 f(x)\,dx$ は収束する．

(4)（**優積分**）　$0 \leqq f(x) \leqq g(x)$ とする．
$\int_0^1 g(x)\,dx$ が収束すれば，$\int_0^1 f(x)\,dx$ も収束する．

(6)（**絶対収束なら十分**）　$\int_0^1 |f(x)|\,dx$ が収束すれば，$\int_0^1 f(x)\,dx$ も収束する．

(10)（**ゼータ級数**）　$\displaystyle\int_0^1 \frac{dx}{x^a}$ が収束する条件は，$1>a$ である．

(11)（**比較級数**）　$0 \leqq f(x), g(x)$ とする．$\displaystyle\lim_{x\to 0+0}\left|\frac{g(x)}{f(x)}\right| = C$ が存在し

- $0<C<\infty$ のとき $\int_0^1 f(x)\,dx$ が収束 $\Longleftrightarrow$ $\int_0^1 g(x)\,dx$ が収束
- $C=0$ のとき $\int_0^1 f(x)\,dx$ が収束 $\Longrightarrow$ $\int_0^1 g(x)\,dx$ が収束
- $C=\infty$ のとき $\int_0^1 f(x)\,dx$ が収束 $\Longleftarrow$ $\int_0^1 g(x)\,dx$ が収束

となる．

注釈　(2) 0 収束が必要　(5) 有限入れ替え不問　(7) 等比級数
(8) コーシーの判定法　(9) ダランベールの判定法　(12) 交代級数，はここでは拡張できない．証明は省略する．

例題 B.2.2

次の特異積分は収束するか調べよ．

(1)　$\displaystyle\int_0^{\pi/2} \frac{dx}{\sin x}$　　(2)　$\displaystyle\int_0^1 \frac{\sqrt{x}\,dx}{\log(1+x)}$

解答　(1)
$$\frac{1}{\sin x}\Big/\frac{1}{x} = \frac{x}{\sin x} \to 1 \quad (x\to 0+0)$$
で，$\displaystyle\int_0^{\pi/2}\frac{dx}{x}$ は発散するので，与式も発散する．

(2)
$$\frac{\sqrt{x}\,dx}{\log(1+x)}\Big/x^{-1/2} = \frac{x}{\log(1+x)} \to 1 \quad (x \to 0+0)$$

で，$\displaystyle\int_0^1 x^{-1/2}\,dx$ は収束するので，与式も収束する． ◆

問　題

B.2.2 次の特異積分は収束するか調べよ．

(1) $\displaystyle\int_0^{\pi/2} \frac{\sqrt{x}\,dx}{\sin x}$

(2) $\displaystyle\int_0^1 \frac{dx}{1-\cos x}$

(3) $\displaystyle\int_0^1 \frac{dx}{\log(1+x)-x}$

ヒント　(1) $x^{-1/2}$ と比較　(2), (3) x^{-2} と比較

節末問題

B.2.3 p, q は正定数とする．以下のものが収束することを示せ．

$$B(p,q) = \int_0^1 x^{p-1}(1-x)^{q-1}\,dx$$

この関数を**ベータ関数**という．

ヒント　次の 4 つに場合分けする．

(i) $0<p<1,\ 0<q<1$　(ii) $1 \leqq p,\ 0<q<1$

(iii) $0<p<1,\ 1 \leqq q$　(iv) $1 \leqq p,\ 1 \leqq q$

B.2.4 p は正定数とする．以下のものが収束することを示せ．

$$\Gamma(p) = \int_0^\infty e^{-x}x^{p-1}\,dx$$

この関数を**ガンマ関数**という．

ヒント　積分区間を $[0,1]$ と $[1,\infty]$ に分ける．

問題略解

1章の問題

1.1.1 11520　**1.1.2** 3/4（$x=-1/2$ のとき）　**1.1.3** $(b,-a),\ (a,b)$

1.1.4 略　**1.1.5** $-1-\sqrt{2}\leqq x\leqq -1+\sqrt{2},\ 0\leqq f(x)\leqq\sqrt{2}$

1.1.6 $\exp(\text{左辺}-\text{右辺})=ab/(ab)=1$ なので，$\text{左辺}-\text{右辺}=0$　**1.1.7** 略

1.1.8 略　**1.1.9** -1　**1.1.10** $\sqrt{13}$

1.2.1 ∞　**1.2.2** $1/e$　**1.2.3** (1) $0,\infty,n$ が奇数のとき $-\infty$ で n が偶数のとき ∞，n が奇数のとき無しで n が偶数のとき ∞，∞,n が奇数のとき $-\infty$ で n が偶数のとき ∞，$0,0$

(2) $0,\infty,\infty,0,0,\infty,\infty,0$　(3) $-\infty,\infty$　(4) 0, 無，1, 無，0, 無，$-\infty,\infty$, 無

1.2.4 na^{n-1}　**1.2.5** (1) e　(2) e　(3) 1　(4) 1　(5) 1/2

1.2.6 (1) max = 1, min 無　(2) max = 1, min = −1　(3) max 無, min 無

(4) max 無, min = 1　**1.2.7** (1) 2　(2) 振動　(3) 0　(4) 0　**1.2.8** 略

1.2.9 e^{ab}　**1.2.10** (1) $x=0$ で不連続　(2) 連続

1.2.11 $f(0)=0$ より $x=0$ は解．$f(\pi/2)>0,\ f(\pi)<0$ より $\pi/2<x<\pi$ に解あり．奇関数なので，$-\pi<x<\pi/2$ にも解あり．

1.3.1 (1) e^x　(2) $-\sin x$　**1.3.2** 微分可能，連続

1.3.3 (1) $2ax(x^2+1)^{a-1}$　(2) $2x\exp(x^2+1)$

(3) $2x\cos(x^2+1)$　(4) $2x/(x^2+1)$

1.3.4 (1) nx^{n-1}　(2) $\log a\, a^x$　(3) $1/(x\log a)$　(4) $1/\cos^2 x$

1.4.1 (1) 単調増加　(2) 単調増加　(3) 単調増加　(4) 単調でない　(5) 単調減少

(6) 単調増加　**1.4.2** $f^{-1}(x)=\log x$

1.4.3 (1) x　(2) $|x|$　(3) x　(4) x

1.4.4

x	-1	$-\frac{\sqrt{3}}{2}$	$-\frac{1}{\sqrt{2}}$	$-\frac{1}{2}$	0	$\frac{1}{2}$	$\frac{1}{\sqrt{2}}$	$\frac{\sqrt{3}}{2}$	1	定義域	値域
$\sin^{-1}x$	$-\frac{\pi}{2}$	$-\frac{\pi}{3}$	$-\frac{\pi}{4}$	$-\frac{\pi}{6}$	0	$\frac{\pi}{6}$	$\frac{\pi}{4}$	$\frac{\pi}{3}$	$\frac{\pi}{2}$	$[-1,1]$	$[-\frac{\pi}{2},\frac{\pi}{2}]$
$\cos^{-1}x$	π	$\frac{5\pi}{6}$	$\frac{3\pi}{4}$	$\frac{2\pi}{3}$	$\frac{\pi}{2}$	$\frac{\pi}{3}$	$\frac{\pi}{4}$	$\frac{\pi}{6}$	0	$[-1,1]$	$[0,\pi]$
x	$-\infty$	$-\sqrt{3}$	-1	$-\frac{1}{\sqrt{3}}$	0	$\frac{1}{\sqrt{3}}$	1	$\sqrt{3}$	∞	定義域	値域
$\tan^{-1}x$	$-\frac{\pi}{2}$	$-\frac{\pi}{3}$	$-\frac{\pi}{4}$	$-\frac{\pi}{6}$	0	$\frac{\pi}{6}$	$\frac{\pi}{4}$	$\frac{\pi}{3}$	$\frac{\pi}{2}$	$(-\infty,\infty)$	$(-\frac{\pi}{2},\frac{\pi}{2})$

1.4.5 (1) 0.3π (2) $\sqrt{1-x^2}$ (3) $1/\sqrt{1+x^2}$ (4) $\pi/4$ (5) $\pi/2$

1.4.6 略 **1.4.7** (1) $x/\sqrt{1-x^2}$ (2) $\sqrt{1-x^2}/x$ (3) $x/\sqrt{1+x^2}$

1.4.8 略 **1.4.9** (1) $\sqrt{7}/4$ (2) $-24/25$ (3) $3/4$ (4) $1/\sqrt{5}$

1.4.10 (1) $xy \leqq 0$ または $x^2+y^2 \leqq 1$ (2) $0 \leqq x+y$ (3) $xy \leqq 1$

1.4.11 略

1.5.1 $1/x$ **1.5.2** (1) $-1/\sqrt{1-x^2}$ (2) $1/(1+x^2)$

1.5.3 (1) ∞ (2) 1 (3) ∞ (4) $-\infty$ (5) -1 (6) $-\infty$ (7) 0 (8) 1 (9) 0

1.5.4 左辺 $= \cos x/\sqrt{1-\sin^2 x}$ より，$+1$ になるのは $\cos x > 0$ のとき．

1.5.5 与式は微分して 0 になるから．$x=0$ を代入して 与式 $=\pi/2$.

1.5.6 順に $-(1-1/x^2)^{-1/2}x^{-2}$, $(1-1/x^2)^{-1/2}x^{-2}$, $-1/(1+x^2)$.

1.6.1 略 **1.6.2** (1) $\pm\sqrt{a^2-1}$, $\pm\sqrt{a^2-1}/a$ (2) $1/\sqrt{1-a^2}$, $a/\sqrt{1-a^2}$

1.6.3 略 **1.6.4** (1) $|x|$ (2) $\sqrt{x^2-1}$ **1.6.5** (1) $1/\sqrt{x^2-1}$

(2) $1/(1-x^2)$ **1.6.6** (1) x (2) x (3) $x/\sqrt{1+x^2}$ (4) $\sqrt{x^2-1}/x$

(5) x (6) $x/\sqrt{1-x^2}$ (7) $1/\sqrt{1-x^2}$ (8) x **1.6.7** 略 **1.6.8** 略

1.7.1 (1) $-x^{-x}\log x - x^{-x}$ (2) $2x(\cos x)^{x^2}\log\cos x - x^2(\cos x)^{x^2}\tan x$

(3) $-(1/x^2)x^{1/x}\log x + x^{1/x}(1/x^2)$

1.7.2 (1) $\left(1+\frac{1}{x}\right)^x \log\left(1+\frac{1}{x}\right) - \frac{(1+1/x)^{x-1}}{x}$

(2) $\frac{(x+1)^{(1/x)-1}}{x} - (x+1)^{1/x}\frac{\log(x+1)}{x^2}$

1.7.3 $f'(x) = x^{x^x+x}(\log x+1)\log x + x^{x^x+x-1}$

1.8.1 (1) $(-1)^{n+1}(n-1)!\,x^{-n}$ (2) $\sin(x+n\pi/2)$ (3) $a^n e^{ax}$ (4) $(\log a)^n a^x$

1.8.2 $2^{n-2}e^{2x}\{4x^2+4nx+n(n-1)\}$ **1.8.3** (1) $(\log 2)^n 2^x$

(2) $(-1)^{n+1}(n-1)!\,(1+x)^{-n}$ (3) $2^n\sin\{2x+(\pi/2)n\}$

(4) $2^{n-1}\sin\{2x+(\pi/2)(n-1)\}$ (5) $-2^{n-1}\sin\{2x+(\pi/2)(n-1)\}$

(6) $a(a-1)(a-2)\cdots(a-n+1)(1+x)^{a-n}$

(7) $\left\{x^3+(3n+1)x^2+(3n^2-n)x+n(n-1)^2\right\}e^x$

(8) $(-1)^n(1/2)n!\,\{(1+x)^{-n}+(-1+x)^{-n}\}$

1.8.4 (1) $(x^2-380)\sin x - 40x\cos x$ (2) $(x^2-380)\cos x + 40x\sin x$

1.9.1 略 **1.9.2** 略 **1.9.3** (1) $\sinh x = x + x^3/3! + x^5/5! + x^7/7! + \cdots$

(2) $\cosh x = 1 + x^2/2! + x^4/4! + x^6/6! + \cdots$ **1.9.4** 略

1.9.5 (1) $\sin^{-1} x = x + x^3/6 + 3x^5/40 + 5x^7/112 + \cdots$

(2) $\cos^{-1} x = \pi/2 - x - x^3/6 - 3x^5/40 - 5x^7/112 - \cdots$

(3) $\tan^{-1} x = x - x^3/3 + x^5/5 - x^7/7 + \cdots$

1.10.1 (1) $1/2$ (2) $-1/2$ **1.10.2** 9.950×10^{-3}

1.10.3 $a = -1, b = -1/6$

1.10.4 (1) 9.983×10^{-2} (2) 1.104 (3) 7.193×10^{-1}

1.11.1 (1) $-3/2$ (2) $1/6$ (3) 1 (4) 0

1.11.2 (1) 1 (2) $1/2$ (3) 1 (4) 1

1.12.1 (1) ∞ (2) 0 (3) e^a (4) 1 **1.12.2** (1) 0 (2) 0 (3) 0 (4) 0
(5) ∞ (6) 1 (7) $\exp(-2/\pi)$ (8) $1/e$ (9) 0 (10) 1

1.13.1 (1) $f(0) = 0$ が極小．$f(-1) = 1$ が極大．
(2) $f(-1-\sqrt{2}) = (1-\sqrt{2})/2$ が極小．$f(-1+\sqrt{2}) = (1+\sqrt{2})/2$ が極大．

1.13.2 (1) $f(0) = 1$ が極大，最大．$f(2) = e^{-4}$ が最小．
(2) $f(0) = 0$ が極小，最小．$f(\pm 1) = \log 2$ が最大．
(3) $f(-\sqrt{6}) = -3\sqrt{6}/2$ が極大．$f(\sqrt{6}) = 3\sqrt{6}/2$ が極小．最大・最小なし．
(4) $f(\pi/3) = 3\sqrt{3}/4$ が極大，最大．$f(5\pi/3) = -3\sqrt{3}/4$ が極小，最小．
(5) $f(1/e) = 1/e^e$ が極小，最小．$f(1) = 1$ が最大．

1.14.1 (1) $f(-3/4) = 81/128$ が変曲点 (2) $f(-2-\sqrt{3}) = (1-\sqrt{3})/4$, $f(-2+\sqrt{3}) = (1+\sqrt{3})/4$, $f(1) = 1$ が変曲点．

1.14.2 (1) $f(1/\sqrt{2}) = \exp(-1/2)$ と $f(-1/\sqrt{2}) = \exp(-1/2)$ が変曲点．
(2) $f(1) = \log 2$ と $f(-1) = \log 2$ が変曲点． (3) $f(0) = 0$ が変曲点．
(4) $f(\cos^{-1}(1/4)) = 5\sqrt{15}/16$ と $f(2\pi - \cos^{-1}(1/4)) = -5\sqrt{15}/16$ が変曲点．
(5) 変曲点なし．

1章演習問題

1 (1) $-\sin(\log x)/x$ (2) $e^x x^{e^x - 1}(1 + x\log x)$

2 (1) $x - x^2 + x^3 - x^4 + x^5 - \cdots$ (2) $x + x^2 + x^3/3 - x^5/30 + \cdots$
(3) $x - x^2/2 - x^3/6 + 3x^5/40 + \cdots$

3 証明は略．等号は $x = 0$ のときのみ成立． **4** (1) $-1/3$ (2) 0

5 (1) $f(2\pi/3) = \pi/3 + \sqrt{3}/2$ は極大．$f(4\pi/3) = 4\pi/3 - \sqrt{3}/2$ は極小．
$f(2\pi) = \pi$ が最大，$f(0) = 0$ が最小．他は略． (2) $x = \pm\sqrt{6}$ **6** 略

7 $a + \frac{(b^2-a^2)x^2}{2a} + \frac{(a^4+2b^2a^2-3b^4)x^4}{24a^3} + \cdots$ **8** 証明は略．(1) $b = 1/\sqrt{5}$,
$c = \left(1+\sqrt{5}\right)/2$ (2) $\left(1+\sqrt{5}\right)/2$ **9** (1) $f'(x)$ (2) $f'(x)$ (3) $f''(x)$

2章の問題

2.1.1 (1) $\exp(x^2+1)/2$ (2) $\sin(x^2+1)/2$ (3) $(x^2+1)^6/12$
(4) $(x^2+1)^{3/2}/3$ (5) $(x^2+1)^{1/2}$ (6) $\log(x^2+1)/2$

2.1.2 (1) $(2/3)x^{3/2}$ (2) $2x^{1/2}$ (3) $(3/8)x^{8/3}$
(4) $2^x/\log 2$ (5) $(2/3)(x+1)^{3/2}-(2/3)x^{3/2}$

2.1.3 (1) $\sin^{-1}(x^2+1)/2$ (2) $\tan^{-1}(x^2+1)/2$

2.1.4 (1) $\exp(x^3+1)/3$ (2) $\sin(x^3+1)/3$ (3) $\cosh(x^3+1)/3$
(4) $\log(x^3+1)/3$ (5) $(2/9)(x^3+1)^{3/2}$ (6) $(2/3)(x^3+1)^{1/2}$ (7) $(x^3+1)^8/24$

2.2.1 $1/3$ **2.2.2** (1) $e-1$ (2) $1/\log 2$ (3) $\log 2$ (4) $-\log 2$ (5) 2
(6) 1 (7) 1 (8) $\pi/6$ (9) $\pi/4$ (10) $3/4$ (11) $1/4$ (12) $3/5$
(13) $\log(1+\sqrt{2})$ (14) $\log(6+4\sqrt{2}-3\sqrt{3}-2\sqrt{6})$ (15) $(\log 3)/2$

2.2.3 (1) 2 (2) $1/(a+1)$ **2.2.4** (1) $e-1$ (2) $1/\log 2$

2.2.5 (1) $(e^2-e)/2$ (2) $(\sin 2-\sin 1)/2$ (3) $21/4$ (4) $(2\sqrt{2}-1)/3$
(5) $\sqrt{2}-1$ (6) $(\log 2)/2$ **2.3.1** $\sqrt{3}/4$

2.3.2 (1) $(bx)^{c+1}/\{b(1+c)\}$ (2) $a^{bx}/(b\log a)$ (3) $-\cos(bx)/b$
(4) $\tan(bx)/b$ (5) $\tan^{-1}(x/a)/a$ (6) $\sinh(bx)/b$ (7) $\cosh(bx)/b$
(8) $\tanh(bx)/b$ (9) $\sinh^{-1}(x/a)$ または $\log(x+\sqrt{x^2+a^2})$ (10) $\cosh^{-1}\frac{x}{a}$
(11) $\frac{1}{a}\tanh^{-1}\frac{x}{a}$ **2.3.3** (1) $(x/2)\sqrt{a^2-x^2}+(a^2/2)\sin^{-1}(x/a)$ (2) $\pi a^2/2$

2.3.4 $\log(1+e^2)/2e$

2.3.5 (1) $\pi/4$ (2) $\log\{(2+e)/3\}$ (3) $1/4$ (4) $1/3$

2.4.1 (1) $x\sin x+\cos x$ (2) $(2-x^2)\cos x+2x\sin x$ (3) $e^x(x^2-2x+2)$

2.4.2 (1) $(1/2)\sin^2 x$ (2) $(1/2)\tan^2 x$ (3) $(1/2)\log^2 x$ (4) $(1/2)(\sin^{-1}x)^2$
(5) $(1/2)(\tan^{-1}x)^2$ (6) $(1/2)\sinh^2 x$ (7) $(1/2)\tanh^2 x$ (8) $(1/2)(\sinh^{-1}x)^2$
(9) $(1/2)(\cosh^{-1}x)^2$ (10) $(1/2)(\tanh^{-1}x)^2$

2.4.3 (1) $x(\log x)^2-2x\log x+2x$ (2) $(x/2)\sqrt{1-x^2}+(1/2)\sin^{-1}x$

2.4.4 (1) $-(1+x)e^{-x}$ (2) $(x/2-1/4)e^{2x}$ (3) $-(1/2)(1+x^2)e^{-x^2}$

2.4.5 (1) $x\sin^{-1}x+\sqrt{1-x^2}$ (2) $x\tan^{-1}x-\log(1+x^2)/2$
(3) $(x^2/2)\log x-x^2/4$ (4) $(x^2/2)(\log x)^2-(x^2/2)\log x+x^2/4$

2.5.1 (1) $-\frac{(2x+1)^{-1}}{2}$ (2) $\log(x^2-2x+4)+\frac{5}{\sqrt{3}}\tan^{-1}\frac{x-1}{\sqrt{3}}$ (3) $-\frac{(x^2+2)^{-1}}{2}$
(4) $\frac{x}{6(x^2+3)}+\frac{1}{6\sqrt{3}}\tan^{-1}\frac{x}{\sqrt{3}}$
(5) $\log\left|\frac{x-2}{x-1}\right|$ **2.5.2** $\frac{x^2}{2}-3x+\log\left|\frac{x^2+2x+2}{x+1}\right|+2\tan^{-1}(x+1)$

2.5.3 (1) $\frac{1}{4}\log\left|\frac{x-1}{x+1}\right|-\frac{1}{2}\tan^{-1}x$ (2) $\frac{1}{2}\log\left|1-\frac{1}{x^2}\right|$ (3) $\frac{1}{2}\log\left|\frac{x-1}{x+1}\right|$
(4) $-\frac{\log|x+1|}{3}+\frac{1}{6}\log(x^2-x+1)+\frac{1}{\sqrt{3}}\tan^{-1}\frac{2x-1}{\sqrt{3}}$ (5) $x+\log x-\frac{1}{x}$
(6) $\frac{1}{2}\log(x^2-x+1)+\frac{1}{\sqrt{3}}\tan^{-1}\frac{2x-1}{\sqrt{3}}$

2.6.1 (1) $x/2+\sin(2ax)/(4a)$ (2) $(1/2)\sin^2 x$ (3) $\cos^2 x\sin x+(2/3)\sin^3 x$
(4) $2\tanh^{-1}\{\tan(x/2)\}$ (5) $\log|\tan x|+(1/2)\tan^2 x$ **2.6.2** 略

2.6.3 $(1/6)\cos^5 x\sin x+(5/24)\cos^3 x\sin x+(5/16)\cos x\sin x+(5/16)x$

2.6.4 (1) $\tan(x/2)$ (2) $(2/\sqrt{3})\tan^{-1}[\{1+2\tan(x/2)\}/\sqrt{3}]$ **2.6.5** 略

2.6.6 定理 2.6.1（p.83）と帰納法を使う.

2.7.1 (1) $(x^2+1)^{3/2}/3$ (2) $(x^2+1)^{1/2}$ (3) $-(1-x^2)^{3/2}/3$
(4) $-(1-x^2)^{1/2}$ (5) $(x^2-1)^{3/2}/3$ (6) $(x^2-1)^{1/2}$

2.7.2 (1) $(2/3)\log(1+x^{3/2})$ (2) $x\log\left(1+\sqrt{x+1}\right)+\sqrt{x+1}-x/2$
(3) $x\sqrt{1+1/x}+(1/2)\log\left(1+2x+2x\sqrt{1+1/x}\right)$ **2.7.3** 略

2.7.4 (1) $(1/2)(x-1)\sqrt{x^2-2x+2}-(1/2)\sinh^{-1}(1-x)$
(2) $(1/2)(x-1)\sqrt{-2x^2+4x+3}+(5\sqrt{2}/4)\sin^{-1}\{\sqrt{2/5}(x-1)\}$
(3) $(1/\sqrt{2})\sin^{-1}\{(x-1)/2\}$
(4) $(1/2)(x+1)\sqrt{2x^2+4x-3}-(5\sqrt{2}/4)\log\left(2x+2+\sqrt{4x^2+8x-6}\right)$
(5) $\log\left(x+1+\sqrt{x^2+2x-4}\right)$

2.7.5 (1) $-2\sqrt{x^2-1}+3\log\left(x+\sqrt{x^2-1}\right)$
(2) $(1/6)(2x^2-x-9)\sqrt{-x^2+2x+3}+2\sin^{-1}\{(x-1)/2\}$

2.7.6 略 **2.7.7** (1) $(1/\sqrt{3})\log\left\{(x+1/2)/\left(x+2+\sqrt{3-3x^2}\right)\right\}$
(2) $\sinh^{-1}(x+1)+\sqrt{2}\log\left\{x/\left(x+2+\sqrt{2x^2+4x+4}\right)+\sqrt{x^2+2x+2}\right\}$

2.7.8 (1) $-\sqrt{x^2+1}/x+\sinh^{-1}x$ (2) $-\sqrt{x^2+1}/x$
(3) $-\sqrt{x^2-1}/x+\cosh^{-1}x$ (4) $-\sqrt{x^2-1}/x$
(5) $-\sqrt{1-x^2}/x-\sin^{-1}x$ (6) $-\sqrt{1-x^2}/x$

2.7.9 (1) $(1/8)\sqrt{x^2+1}(2x^3+x)-(1/8)\sinh^{-1}x$
(2) $(x/2)\sqrt{x^2+1}-(1/2)\sinh^{-1}x$ (3) $(x/8)\sqrt{x^2-1}(2x^2-1)-(1/8)\cosh^{-1}x$
(4) $(x/2)\sqrt{x^2-1}+(1/2)\cosh^{-1}x$ (5) $(x/8)\sqrt{1-x^2}(2x^2-1)+(1/8)\sin^{-1}x$
(6) $-(x/2)\sqrt{1-x^2}+(1/2)\sin^{-1}x$

2.7.10 (1) $x/\sqrt{1-x^2}$ (2) $(1/\sqrt{5})\log\left\{(2x-3)/\left(6x+2\sqrt{5}\sqrt{x^2-1}-4\right)\right\}$

2.8.1 (1) 10 (2) $\pi/2$ (3) 2 **2.8.2** (1) 発散 (2) 4 **2.8.3** 全て発散

2.8.4 π

2.9.1 (1) 10 (2) $\pi/(2a)$ (3) $\log(3/2)$ **2.9.2** (1) $1/2$ (2) $\pi/2$ (3) $\pi/2$

2.10.1 (1) $\sqrt{5}/2+(1/4)\log(2+\sqrt{5})$ (2) 8 **2.10.2** 8

2.10.3 (1) 16 (2) $(e-1/e)/2$ (3) $\sqrt{2}\{\exp(\pi)-1\}$ (4) $\pi^2/8$

2.11.1 $1/12$ **2.11.2** 3π **2.11.3** a **2.11.4** πab

2.11.5 $\pi/4$ **2.11.6** 1 **2.11.7** $1/6$ **2.11.8** $(b-a)^3/6$

2.11.9 $(b-a)^4/12$

2.12.1 $16/3$ **2.12.2** (1) $\pi/3$ (2) $\pi/5$ (3) $\pi^2/2$ **2.12.3** $4\pi^2$

2.12.4 $7\pi/30$ **2.12.5** $\pi a^2h/3$ **2.12.6** (1) $\pi(b-a)^5/30$
(2) $(a+b)(b-a)^3\pi/6$ **2.12.7** (1) $\pi(b-a)^7/105$
(2) $(b-a)^4(2a+3b)\pi/30$ **2.13.1** (1) $(a/3,0)$ (2) $(3/8,0,0)$
(3) $(a/4,0,0)$ **2.13.2** (1) $((a+b)/3,c/3)$ (2) $(3/8,3/8,3/8)$

2.14.1 $(1/12)ml^2$ **2.14.2** $ma^2+(1/12)ml^2$ **2.14.3** $(1/4)ma^2$

2.14.4 $(1/2)ma^2$ **2.14.5** $(2/5)ma^2$

2章演習問題

1 略 **2** (1) $\sqrt{2}\log(1+\sqrt{2})$ (2) $\pi/2$ (3) なし (4) なし

3 (1) $\sqrt{2}\pi$ (2) $(5\sqrt{5}-1)\pi/6$ (3) $2\pi(\sqrt{2}+\log\{1+\sqrt{2})\}$

4 (1) $\pi^2/4$ (2) $\pi(\pi-2)$

5 (1) $S=(\pi/16)[5\sqrt{34}-16+8\sqrt{2}\log\{(2\sqrt{2}+4)/(5+\sqrt{17})\}]$
(2) $V=13\pi/192$ **6** 略 **7** 略

8 (1), (2) $m=n$ のとき 0, $m\neq n$ のとき π
(3) 0 **9** $2\sqrt{2}\pi$ **10** $3\pi a^2/8$ **11** 略 **12** 略

3章の問題

3.1.1 (1) A2, B3 (2) A3, B2 (3) A1, B1 **3.1.2** (1) $(0,0)$ で不連続
(2) 連続 (3) $(1,0)$ で不連続 **3.1.3** (1) a (2) b (3) c

3.1.4 (1) 存在しない (2) 0 (3) 0

3.1.5 (1) 連続 (2) $x=0$ で不連続

3.2.1 $(x,y)\neq(0,0)$ では $x=0$ または $y=0$ で偏微分不可能,
それ以外では偏微分可能. $(0,0)$ では偏微分可能. **3.2.2** (1) $f_x=y\cos(xy)$,
$f_y=x\cos(xy)$ (2) $f_x=x/\sqrt{x^2+y^2}$, $f_y=y/\sqrt{x^2+y^2}$

3.2.3 (1) $f_x = 2(x+y)$, $f_y = 2(x+y)$ (2) $f_x = 2x$, $f_y = -2y$
(3) $f_x = 3x^2 + 4xy$, $f_y = 2x^2 - 2y$
(4) $f_x = (\cos x)(\cos y)$, $f_y = -(\sin x)(\sin x)$ **3.2.4** (1) (3) 偏微分可能
(2) 原点以外で偏微分可能

3.3.1 (1) $-1/\sqrt{2}$ (2) $-\sqrt{41}$ (3) $\pm(5,-4)/\sqrt{41}$

3.3.2 (1) $-(1+\sqrt{3})e^{-2}$ (2) $2\sqrt{2}e^{-2}$, $(-1,1)/\sqrt{2}$ (3) $\pm(1,1)/\sqrt{2}$ (4) (a)

3.3.3 (1) 最大値 1，最小値 -1 (2) 最大値 $\sqrt{a^2+b^2}$，最小値 $-\sqrt{a^2+b^2}$

3.4.1 (1) $df = -dx - (\pi/2)dy$ (2) $df = 3dx + 4dy$

3.4.2 (1) 接平面 $5(x-1)+7(y-1)-(z-6)=0$，法線 $\frac{x-1}{5} = \frac{y-1}{7} = \frac{z-6}{-1}$
(2) 接平面 $z-16 = 22(x-2)$，法線 $\frac{x-2}{22} = \frac{z-16}{-1}$ かつ $y=1$

3.4.3 (1) 接平面 $-(x-\pi)-\pi(y-1)-z=0$，法線 $\frac{x-\pi}{-1} = \frac{y-1}{-\pi} = \frac{z}{-1}$
(2) 接平面 $\pi y - z = 0$，法線 $x=\pi$ かつ $\frac{y}{\pi} = \frac{z}{-1}$

3.4.4 (1) 全微分可能 (2) 全微分不可能

3.5.1 $\dfrac{\partial(f,g)}{\partial(x,y)} = \begin{bmatrix} 1 & 1 \\ y & x \end{bmatrix}$, $J = x - y$ **3.5.2** 略

3.5.3 (1) $\begin{bmatrix} 1 & 1 \\ 1 & -1 \end{bmatrix}$ (2) $\begin{bmatrix} 2x & 2y \\ 2x & -2y \end{bmatrix}$ **3.5.4** $g(t)g'(t) + h(t)h'(t) = 0$

3.5.5 (1) $f'(g(t))\,g'(t)$ (2) $f'(g(h(t)))\,g'(h(t))\,h'(t)$ (3) $f_x x'(t) + f_t$
(4) $g'(f(x(t),y(t)))\,(f_x x' + f_y y')$

3.6.1 $x - y \fallingdotseq 0$, $\dfrac{\partial(x,y)}{\partial(f,g)} = \dfrac{1}{x-y}\begin{bmatrix} x & -1 \\ -y & 1 \end{bmatrix}$ **3.6.2** $f_r = f_x \cos\theta + f_y \sin\theta$, $f_\theta = -f_x r\sin\theta + f_y r\cos\theta$ **3.6.3** (1) 無条件，$x_f = 1/2$, $x_g = 1/2$, $y_f = 1/2$, $y_g = -1/2$ (2) $xy \fallingdotseq 0$, $x_f = 1/(4x)$, $x_g = 1/(4x)$, $y_f = 1/(4y)$, $y_g = -1/(4y)$

3.7.1 $f''(x,y) = \exp(-x^2-y^2)\begin{bmatrix} 4x^2-2 & 4xy \\ 4xy & 4y^2-2 \end{bmatrix}$ **3.7.2** (a), (b)

3.7.3 略

3.8.1 $7 + 3(x-1) + 4(y-1) + (x-1)^2 - 2(x-1)(y-1) + (y-1)^2$

3.8.2 (1) $1 + 2x + 2x^2 - (9/2)y^2 + (4/3)x^3 - 9xy^2 + \cdots$
(2) $1 - (1/2)x^2 - (1/2)y^2 + (3/8)x^4 + (3/8)y^4 + (3/4)x^2y^2$

3.8.3 $1 - x^2 - y^2 + (1/2)x^4 + x^2y^2 + (1/2)y^4 + \cdots$, $-1/120$, $1/36$

3.9.1 存在証明と導関数は略. (1) $y - \sqrt{3} = \left(2/\sqrt{3}\right)(x-2)$ (2) $y - 1 = -(x-1)$

3.9.2 存在証明と導関数は略. (1) $y = x$ (2) $y = (\pi - x)/(\pi + 1)$

3.9.3 $y''(x) = (-f_{xx}f_y^2 + 2f_{xy}f_xf_y - f_{yy}f_x^2)/f_y^3$

3.10.1 (1) $f(1,1) = -1$ は極小

(2) $f\bigl(1/\sqrt{2}, 1/\sqrt{2}\bigr) = 1/2$ は極大，$f\bigl(-1/\sqrt{2}, -1/\sqrt{2}\bigr) = 1/2$ は極大

3.10.2 (1) $f\bigl(2\pi/3 + 2\pi n, 2\pi/3 + 2\pi m\bigr) = 3\sqrt{3}/2$ が最大値，

$f(4\pi/3 + 2\pi n, 4\pi/3 + 2\pi m) = -3\sqrt{3}/2$ が最小値．ただし n, m は整数とする．

(2) $f(1/2, 1/2) = \exp(-1/2)$ が最大値，$f(-1/2, -1/2) = -\exp(-1/2)$ が最小値.

3.10.3 略

3.11.1 $(x, y) = \pm\Bigl(1/\sqrt{2}, 1/\sqrt{2}\Bigr)$ のとき最大値 $1/2$.

$(x, y) = \pm\Bigl(-1/\sqrt{2}, 1/\sqrt{2}\Bigr)$ のとき最小値 $-1/2$. **3.11.2** 前問と同じ

3.11.3 $(x, y) = (1, 1)$ のとき最大値 2．最小値なし．

3.11.4 $(x, y) = \pm\Bigl(1/2, 1/\sqrt{2}\Bigr)$ のとき最大値 $1/\Bigl(2\sqrt{2}\Bigr)$.

$(x, y) = \pm\Bigl(-1/2, 1/\sqrt{2}\Bigr)$ のとき最大値 $-1/\Bigl(2\sqrt{2}\Bigr)$.

3.11.5 $(x, y) = \Bigl(2\sqrt{3}/3, -\sqrt{3}/3\Bigr)$ のとき，最小値 $\sqrt{3}$．最大値なし．

3.11.6 $(x, y) = (1, 1)$ のとき最大値 2．$(x, y) = (0, 0)$ のとき最小値 0.

3.12.1 (1) $(0, 0, 0)$ で不連続，それ以外で連続 (2) 連続 **3.12.2** 勾配 $21\sqrt{3}$,

接平面 $w - 34 = 31(x-1) + 5(y-2) + 27(z-3)$，法線 $\frac{x-1}{31} = \frac{y-2}{5} = \frac{z-3}{27} = \frac{w-34}{-1}$

3.12.3 $\frac{\partial}{\partial x} = \frac{\partial s}{\partial x}\frac{\partial}{\partial s} + \frac{\partial t}{\partial x}\frac{\partial}{\partial t} + \frac{\partial u}{\partial x}\frac{\partial}{\partial u}$, $\frac{\partial}{\partial y} = \frac{\partial s}{\partial y}\frac{\partial}{\partial s} + \frac{\partial t}{\partial y}\frac{\partial}{\partial t} + \frac{\partial u}{\partial y}\frac{\partial}{\partial u}$,

$\frac{\partial}{\partial z} = \frac{\partial s}{\partial z}\frac{\partial}{\partial s} + \frac{\partial t}{\partial z}\frac{\partial}{\partial t} + \frac{\partial u}{\partial z}\frac{\partial}{\partial u}$

3.12.4 $\begin{bmatrix} \sin\theta\cos\phi & r\cos\theta\cos\phi & -r\sin\theta\sin\phi \\ \sin\theta\sin\phi & r\cos\theta\sin\phi & r\sin\theta\cos\phi \\ \cos\theta & -r\sin\theta & 0 \end{bmatrix}$, $J = r^2\sin\theta$

3.12.5 $|x| = |y| = |z| = 1/\sqrt{3}$ で負が 0 個または 2 個のとき，最大値 $1/(3\sqrt{3})$.

$|x| = |y| = |z| = 1/\sqrt{3}$ で負が 1 個または 3 個のとき，最小値 $-1/(3\sqrt{3})$

3.12.6 $f(1/2, 1/2, 1/2) = 1/8$ は極大．$f(-1/2, -1/2, -1/2) = 1/8$ は極大

($(0, 0, 0)$ は峠点).

3 章演習問題

1 (1)$-x/y$ (2)$-x/z$, $-y/z$ **2** (1) $-gf'(a)/(1 + (f'(a))^2)$

(2) $-gf'(a, b)/\{1 + |f'(a, b)|^2\}$ **3** (1) $\Delta = \frac{\partial^2}{\partial r^2} + \frac{1}{r}\frac{\partial}{\partial r} + \frac{1}{r^2}\frac{\partial^2}{\partial \theta^2}$

(2) $\Delta = \frac{1}{r^2}\frac{\partial}{\partial r}(r^2\frac{\partial}{\partial r}) + \frac{1}{r^2\sin\theta}\frac{\partial}{\partial\theta}(\sin\theta\frac{\partial}{\partial\theta}) + \frac{1}{r^2\sin^2\theta}(\frac{\partial^2}{\partial\phi^2})$ **4** 接平面

$f_x(a, b, c)(x-a) + f_y(a, b, c)(y-b) + f_z(a, b, c)(z-c) = 0$,

法線 $\frac{x-a}{f_x(a,b,c)} = \frac{y-b}{f_y(a,b,c)} = \frac{z-c}{f_z(a,b,c)}$

5 (1) $f(1,1)=3$ は極小 (2) 極値なし

6 (1) $S=(a^2/2)\{\sin(2\alpha)+\sin(2\beta)-\sin(2\alpha+2\beta)\}$，最大値 $3\sqrt{3}\,a^2/4$

(2) $S=(1/8a^2)\left(y^2\sqrt{4a^2x^2-x^4}+x^2\sqrt{4a^2y^2-y^4}\right)$，最大値 $3\sqrt{3}\,a^2/4$

7 (1) $f(0,0)=0$ が極小値.

(2) $f\left(1/\sqrt{2},1/\sqrt{2}\right)=1/2$, $f\left(-1/\sqrt{2},-1/\sqrt{2}\right)=1/2$ が極小.

$f\left(-1/\sqrt{2},1/\sqrt{2}\right)=3/2$, $f\left(1/\sqrt{2},-1/\sqrt{2}\right)=3/2$ が極大.

(3) $f\left(-1/\sqrt{2},1/\sqrt{2}\right)=3/2$, $f\left(1/\sqrt{2},-1/\sqrt{2}\right)=3/2$ が最大値.

$f(0,0)=0$ が最小値.

(4) $f=r^2\{1-(1/2)\sin(2\theta)\}$ となり，$r=1,\theta=3\pi/4,7\pi/4$ で $f=3/2$ が最大値,

$r=0$ で $f=0$ が最小値.

8 $a=\left\{n\left(\sum_{k=1}^{n}x_iy_i\right)-\left(\sum_{k=1}^{n}x_i\right)\left(\sum_{k=1}^{n}y_i\right)\right\}\Big/\left\{n\left(\sum_{k=1}^{n}x_ix_i\right)-\left(\sum_{k=1}^{n}x_i\right)^2\right\}$,

$b=\left\{\left(\sum_{k=1}^{n}x_ix_i\right)\left(\sum_{k=1}^{n}y_i\right)-\left(\sum_{k=1}^{n}x_iy_i\right)\left(\sum_{k=1}^{n}x_i\right)\right\}\Big/\left\{n\left(\sum_{k=1}^{n}x_ix_i\right)-\left(\sum_{k=1}^{n}x_i\right)^2\right\}$

4章の問題

4.1.1 7/6 **4.1.2** (3) $0\leqq f(x,y)$ のとき，$0\leqq\iint_D f(x,y)\,dxdy$

(4) $m\leqq f(x,y)\leqq M$ のとき，m（D の面積）$\leqq\iint_D f(x,y)\,dxdy\leqq M$（$D$ の面積）

(5) $\iint_D f(x,y)\,dxdy=f(c)(D$ の面積$)$ となる $c\in D$ が存在する.

(6) $\left|\iint_D f(x,y)\,dxdy\right|\leqq\iint_D|f(x,y)|\,dxdy$ (7) $|f(x,y)|\leqq M$ のとき,

$\iint_D|f(x,y)|\,dxdy\leqq M$（$D$ の面積） **4.1.3** (1) 1/2 (2) 1/6

4.1.4 (1) $\iint_{x^2+y^2\leqq1}\sqrt{1-x^2-y^2}\,dxdy=2\pi/3$

(2) $\iint_{x^2+y^2\leqq a^2}b(1-\sqrt{x^2+y^2}/a)\,dxdy=\pi a^2b/3$

4.2.1 7/6 **4.2.2** 27/4 **4.2.3** (1) $\{0\leqq x\leqq1,\ 0\leqq y\leqq\sqrt{a^2-x^2}\}$,
$\{0\leqq y\leqq a,\ 0\leqq x\leqq\sqrt{a^2-y^2}\}$，図は略. (2) $\{0\leqq x,\ y\leqq1, x\leqq y\}$,
$\{0\leqq y\leqq1,\ 0\leqq x\leqq y\}$，図は略. **4.2.4** $a^3/3$

4.2.5 (1) $1/\pi$ (2) $2/\pi$ **4.2.6** (1) 4 (2) $2/e$ (3) $8a^3/3$ (4) 1/30

(5) 4 (6) $(e-1)/(2e)$ **4.2.7** 略

4.3.1 $\pi^4/192$ **4.3.2** (1) $\{0\leqq r\leqq a,\ 0\leqq\theta\leqq\pi/2\}$

(2) $\{0\leqq r\leqq a,\ 0\leqq\theta\leqq2\pi\}$ (3) $\{0\leqq r,\ -\pi/2\leqq\theta\leqq\pi/2\}$

(4) $\{0 \leqq r,\ 0 \leqq \theta \leqq 2\pi\}$ (5) $\{0 \leqq \theta \leqq \pi,\ 0 \leqq r \leqq \sin\theta\}$

4.3.3 $a^3/3$ **4.3.4** $2\pi(2-\sqrt{3})$

4.3.5 (1) $(e-1)/6$ (2) 2π (3) $\pi a^3/8$ (4) $(\pi/4)ab(a^2+b^2)$

4.4.1 (1) $4/3$ (2) 2π **4.4.2** (1) $2\pi a$ (2) $\pi^2/16$ (3) $-\pi$

(4) $a<1$ のとき $1/\{(1-a)(2-a)\}$，$1 \leqq a$ のとき発散.

4.5.1 (1) $1/\{(1-a)(2-a)\}$ (2) π **4.5.2** $\sqrt{\pi}/2$

4.5.3 (1) $1/2$ (2) $1<a$ のとき $\pi/(a-1)$，$a \leqq 1$ のとき発散. (3) $\pi/2$

4.6.1 $(4/3)\pi abc$ **4.6.2** $\pi a^4/2$ **4.6.3** πa^3 **4.6.4** $(8\sqrt{2}-7)\pi/6$

4.6.5 $\pi/12$

4.7.1 (1) 8 (2) $2\sqrt{2}+2\log(1+\sqrt{2})$

4.7.2 (1) $(\pi/6)\{(1+4a^2)^{3/2}-1\}$ (2) $2\pi-4$ **4.7.3** 略

4.8.1 (1) $g(b-a)(d-c)(f-e)$ (2) $4/21$ **4.8.2** (1) πa^4 (2) $a^6/48$

(3) $4\pi/3$ **4.8.3** $(8\sqrt{2}-7)\pi/6$ **4.8.4** (1) $1/8$ (2) $8\pi/15$ (3) $2\pi^{3/2}/3$

4 章演習問題

1 証明は略. $S=32\pi/5$ **2** (1) $m(a^2+b^2)/12$ (2) $(2/3)ma^2$

(3) $(2/5)ma^2$ **3** $3\pi a^2/8$ **4** (1) 2π (2) $4\pi/15$ (3) $\pi/4$ (4) $4\pi/15$

5 (1) 4π (2) 4π **6** (1) $4\pi a^3/35$ (2) $\pi/3$ **7** (1) 0 (2) $\pi/2$

付録 A の問題

A.1.1 (1) $-\log(2-\exp x)$ (2) $\sqrt{2-x^2}$ **A.1.2** (1) $x+\sqrt{1+2x^2}$

(2) $(1+\sqrt{1+4x^2})/2$ **A.1.3** (1) $\exp(1-\exp x)-1$

(2) $(1/3)\left(1+x+2x^2-\sqrt{1+x^2}-x\sqrt{1+x^2}\right)$

A.2.1 (1) $\exp(\sqrt{2}x)+\exp(-\sqrt{2}x)$ (2) $\exp(-x)\sin x$ (3) $(1+x)\exp x$

A.2.2 略

付録 B の問題

B.1.1 (4) (5) は収束，それ以外は発散.

B.1.2 (1) (4) (5) (6) (7) (10) (11) (14) (15) は収束，それ以外は発散.

B.2.1 (2) (3) は収束，それ以外は発散.

B.2.2 (1) は収束，それ以外は発散. **B.2.3** 略 **B.2.4** 略

参考文献

[1] 足立恒雄，理工基礎 微分積分学 I, II，サイエンス社.

[2] 足立俊明，微分積分学 1, 2，培風館.

[3] 有馬 哲，石村貞夫，よくわかる微分積分，東京図書.

[4] 磯崎 洋ほか，微積分入門，培風館.

[5] 真貝寿明，徹底攻略微分積分，共立出版.

[6] 鈴木 武，山田義雄，柴田良弘，田中和永，理工系のための微分積分 1, 2，内田老鶴圃.

[7] 高木貞治，解析概論，岩波書店.

索　引

ま 行

や 行

ら 行

著者略歴

米田　元（よねだ　げん）

1989年　早稲田大学理工学部卒業
現　在　早稲田大学理工学術院教授　博士（理学）

ライブラリ新数学大系＝**E4**

理工系のための **微分積分入門**

2009年11月10日 ©　　初 版 発 行
2024年2月10日　　初版第9刷発行

著 者　米田　元　　発行者　森平敏孝
　　　　　　　　　印刷者　山岡影光
　　　　　　　　　製本者　小西惠介

発行所　**株式会社　サイエンス社**

〒151–0051　東京都渋谷区千駄ヶ谷1丁目3番25号
営業　☎（03）5474–8500（代）　振替 00170–7–2387
編集　☎（03）5474–8600（代）
FAX　☎（03）5474–8900

印刷　三美印刷　　製本　ブックアート

ISBN 978-4-7819-1236-3

PRINTED IN JAPAN

サイエンス社のホームページのご案内
http://www.saiensu.co.jp
ご意見・ご要望は
rikei@saiensu.co.jp まで．